中国薄壳山核桃

姚小华　常　君　王开良等　编著

科学出版社

北京

内 容 简 介

近年来我国薄壳山核桃果用产业发展迅速，为满足产业发展的实用技术需求，作者在总结近十几年薄壳山核桃研究成果及生产经验的基础上，整合国外最新研究进展编写而成本书。本书包括薄壳山核桃生物、生态学特征，薄壳山核桃国内外栽培概况，主要栽培良种，良种繁育技术，高效果（材）用栽培技术及加工与利用技术等章节，全书理论与实践相结合，对薄壳山核桃进行了系统而详尽的介绍，以期能为我国薄壳山核桃的科研及产业发展提供指导。

本书全面系统、内容丰富、图文并茂，可供林业科研院所科研人员、农林院校广大师生和林业技术推广人员参考。部分章节也可以作为相关技术人员的培训教材。

图书在版编目(CIP)数据

中国薄壳山核桃 / 姚小华等编著. —北京：科学出版社，2014.9
ISBN 978-7-03-041754-1

Ⅰ.①中… Ⅱ.①姚… Ⅲ.①山核桃–果树园艺–中国 Ⅳ.①S664.1

中国版本图书馆 CIP 数据核字（2014）第 199946 号

责任编辑：张会格 / 责任校对：宋玲玲
责任印制：赵 博 / 封面设计：耕者设计工作室

科学出版社 出版
北京东黄城根北街 16 号
邮政编码：100717
http://www.sciencep.com

北京富资园科技发展有限公司印刷
科学出版社发行 各地新华书店经销
*

2014 年 9 月第 一 版　开本：720×1000　1/16
2025 年 1 月第二次印刷　印张：19 1/4　插页：10
字数：364 000

定价：118.00 元
（如有印装质量问题，我社负责调换）

THE RESEARCH PROCEEDING OF PECAN IN CHINA

Yaoxiaohua Changjun Wangkailiang Editors

Science Press
Beijing

BRIEF INTRODUCTION

The pecan industry develops fast in recent years in China. The author competed this book on basis of conclusion of research achievements and production experiences in recent ten years in China with referring to the latest progress of pecan research in the world. The biological and ecological characteristics, summary of cultivation status, main improved varieties, propagation techniques, high efficient cultivation techniques and processing and utility of pecan are introduced in this book. And hopefully it could provide guidance for scientific research and industry development of pecan in China.

This is a comprehensive book on pecan and can provide references to researchers, teachers and students in agricultural and forestry colleges and forestry technicians. Some chapters also can be used as teaching materials for training.

《中国薄壳山核桃》编著者名单

主　编	姚小华	常　君	王开良		
副主编	任华东	王亚萍	庄瑞林		
编著者	姚小华	常　君	王亚萍	庄瑞林	王开良
	任华东	李　川	张　鹏	赵靖明	周长富
	张运斌	夏根清	邵慰忠	徐永星	郎学军
	王年金	潘新建	金继良	龚　明	蒋志东
	辛成莲	陆　斌	周伟国	张日清	董凤祥
	张建忠	洪友君	滕建华	厉　淼	王　毅
	叶　峰	郑文海	陈红武	申明海	黄旺志
	郑文彪	刘金龙	林秀明	路晓宏	张继勇
	文　明	张文越	张浦山	曹永庆	宋春涛
	张　健	吴志辉	黄　勇	谢一青	龚建忠
	韩华柏	肖正东	陈素传		

前 言

目前，薄壳山核桃已经成为世界性的著名干果。薄壳山核桃又名长山核桃、美国山核桃，干果商品名又称为碧根果、长寿果等。由于其果大，壳薄，营养价值高，又有保健作用，深受世界各国人民的喜爱。薄壳山核桃核仁可食率高，味道香甜可口，又含有 VB_1、VB_2、VA、VE 等多种维生素和多种微量元素，如锌，锰，铜等，是构成人体生理反应酶的重要元素；油脂不饱和脂肪酸含量高，以十八碳酸为主的不饱和脂肪酸占91%～93%，而且油脂中不含胆固醇；经常食用还有利于降低血管硬度，大大降低冠心病发病率和人体血液中低密度脂蛋白水平，有利于人体健康；除此以外还具有防衰老、抗氧化、健脾胃，预防前列腺癌等作用。20世纪以来，世界上五大洲有20多个国家引种并扩大栽培薄壳山核桃，其中以色列、澳大利亚、南非等国家引种栽培面积较大，效果较好。世界上薄壳山核桃现在年均产量为16万～20万t，其中美国的产量占世界总产量的60%以上。

薄壳山核桃在我国引种栽培的历史有100多年，其间既有成功的经验，也有失败的教训。支撑产业发展的技术也在经验和教训中提高。尤其是近一二十年来发展很快，20世纪末引选国外新品种、新技术进行消化吸收后，在浙江建德、云南进行生产应用，出现了大面积的高产典型，同时，科学研究也取得了很大的成绩，突破和解决了生产上的许多问题，中国林业科学研究院亚热带林业研究所薄壳山核桃科研团队在国内联合组织了涵盖14个省（市）试验示范点的研究协作，突破了新品种引选与应用、富根实用种苗扩繁技术、授粉无性系选育和品种配置等影响产业发展的关键技术，并在全国适宜产区区域试验推广，由此推动了我国薄壳山核桃生产的大发展。为此，作者对近十几年来薄壳山核桃的科研成果和生产经验进行了全面系统的总结，写成《中国薄壳山核桃》一书，以期能为提高我国薄壳山核桃的生产效益和生态效益，建设新农村，振兴经济发挥积极的作用，进一步推动我国薄壳山核桃产业的发展。同时，以此庆祝中国林业科学研究院亚热带林业研究所建所50周年。

《中国薄壳山核桃》是总结长期科研成果的结晶，全书共七章：第一章薄壳山核桃特征；第二章薄壳山核桃栽培概况；第三章山核桃分类及主要良种介绍；第四章薄壳山核桃良种繁育技术；第五章薄壳山核桃优质高效栽培技术；第六章薄壳山核桃材用林栽培及"四旁"栽植；第七章薄壳山核桃加工与利用。本书从实际出发，面向我国经济建设，从理论上阐明了薄壳山核桃的生物学特性、生态习性、生长要求、经济性状、栽培条件与产量的关系，提出了在抓良种的基础上，抓好综合栽培措施，提高产量；在抓产品的加工与利用上，提高产值方面的问题。同时，对主要几个近缘栽培物种作了介绍。本书全面系统、内容丰富、材料新颖、结构完整，具有科学价值和实用价值，在某些章节的理论分析和技术措施中提出了一些建议，对科研、生产与教学都有一定的指导意义。《中国薄壳山核桃》一书的出版，将为推动我国薄壳山核桃产业发展起到积极的作用。

由于时间仓促，书中难免有不足之处，请广大读者给予指正。随着生产发展和技术的进步，作者将在今后不定期进行补充修改。

本书编写和出版受国家林业局科技司林业公益性行业科研专项"薄壳山核桃良种筛选与配置技术研究与示范"（201204404）、国家林业局项目"薄壳山核桃优质苗木繁殖技术引进"（2006-4-82）和浙江省重大科技专项"薄壳山核桃资源评价及新品种选育"（2012C12904-13）的支持，在此表示感谢。

编著者

2014 年 5 月

PREFACE

The *Carya illinoensis* commonly named pecan has been well known as a kind of famous dry fruit in the world at present. The products of pecan are usually trade named 'longevity fruit' in China. And it is quite popular and beloved by the people due to its thin-shell, big-fruit, high-nutrition value and health-care characteristics. The ratio of pecan kernel is high and tastes delicious, which is high content of several kinds of vitamins and mineral elements like VB_1, VB_2, VA, VE, Zinc, Manganese, Copper and so on. The unsaturated fatty acid content in pecan oil is about 91% ~93%, and no cholesterol inside. The regular consumption of pecan shows great benefits to people's health in terms of decreasing risk of angiosclerosis, coronary heart disease (CHD) and low density lipoprotein level in blood. Furthermore, it also has the effect of anti-aging, antioxidant, prevention of prostate cancer and so on. There are over 20 countries in 5 continents have done introduction and enlarge cultivation of pecan in which Israel, Australia and South Africa have larger introduction and cultivation area. The average yield of pecan in the world is 160,000 tons to 200,000 tons per year and the yield in America accounts for over 60%.

The introduction and cultivation of pecan in China dates back to over 100 years ago and experienced success and failure up to now. The production techniques also improved especially in recent 10 to 20 years. Some pecan forest stands introduced in late 20 century and planted in Jiande county of Zhejiang and Yunnan province showed high-yield characteristic accompanied with the improvement of research on pecan. During this time, the research group of pecan from the Research Institute of Subtropical Forestry (RISF) developed concerted studies which covered 14 provinces and cities and made significant breakthrough of introduction and cultivation techniques including selection and application of introduced varieties, practical propagation techniques of seedlings with rich roots, selection of pollination varieties and cultivation of varieties combination and so on. The solution of these critical techniques promoted the great development of pecan industry in China. Therefore, the author made a comprehensive conclusion for research achievements and production experiences on pecan in recent decades and wrote this book named 'PECAN IN CHINA' in order to improve the production and ecology benefits of pecan and promote the further development of pecan industry in China. To celebrate the 50th anniversary of the Research Institute of Subtropical Forestry.

This book is divided into seven chapters. CHAPTER 1: The Characteristics of Pecan; CHAPTER 2: Summary of Pecan Cultivation; CHAPTER 3: Classification of Pecan and Introduction of Main Varieties; CHAPTER 4: Propagation Techniques for Improved Varieties of Pecan; CHAPTER 5: High Efficient Cultivation Techniques for Pecan; CHAPTER 6: Pecan cultivation for Timber and 'Four-side' Plantation; CHAPTER 7: Processing and Utility of Pecan. The book systematically stated the biological, ecological and economic characteristics of pecan, clarified the relations between cultivation condition and yield and proposed some suggestions of yield increase on basis of improved varieties application. And the processing and utility of pecan is also involved. In addition, the mainly relative cultivation species of pecan are introduced in this book. This is a comprehensive book and must be with high value for scientific research and practical production of pecan. Some techniques and research analysis in this book will provide guidance for research, production and teaching of pecan in the future. Overall, the publication of this book plays a positive role in promoting the development of pecan industry in China.

Please point out the mistakes for correction if any. We will continuously perfect it in the future accompanied with the development of production techniques of pecan.

We deeply appreciated the foundation support of Forestry industry research special funds for public welfare projects 'The research and demonstration on improved variety selection and combination cultivation of pecan' (201204404), State Forestry Bureau projects 'Introduction of high quality seedlings propagation techniques of pecan' (2006-4-82), and major science and technology projects of Zhejiang province (2012C12904-13) -Resource assessment and new variety breeding in Carya illinoensis.

Editorial Board of 'PECAN IN CHINA'
May, 2014

目 录

前言
PREFACE

第一章 薄壳山核桃特征 ·· 1
第一节 薄壳山核桃的形态特征 ·· 1
第二节 薄壳山核桃的生物学特性 ··· 2
一、薄壳山核桃枝、芽生长特性 ··· 3
二、薄壳山核桃的花芽分化 ·· 5
三、薄壳山核桃雌花、雄花开花特征 ·· 5
四、薄壳山核桃果实生长发育 ·· 10
五、薄壳山核桃产量 ·· 10
第三节 薄壳山核桃花粉贮藏与萌发 ·· 10
一、薄壳山核桃无性系花粉形态 ··· 10
二、薄壳山核桃花粉贮藏特性 ·· 15
三、薄壳山核桃花粉活力 ··· 19
第四节 生态条件 ··· 22
一、温度 ·· 23
二、光照 ·· 24
三、降雨 ·· 24
四、湿度 ·· 24
五、冰雹和风暴 ··· 25
六、地形和土壤 ··· 25
第五节 不同措施对薄壳山核桃根系生长的影响 ·· 25
一、不同品种接穗对嫁接苗木根系生长发育的影响 ································· 26
二、不同基质（容器）对薄壳山核桃苗木根系生长的影响 ····················· 31
三、不同施肥梯度及截根措施对苗木根系的影响 ····································· 37
四、不同无性系种子对苗木根系生长的影响 ·· 50

第二章 薄壳山核桃栽培概况 ·· 56
第一节 薄壳山核桃在美国的生产概况 ·· 56
一、薄壳山核桃发现时间和利用现状 ·· 56

二、薄壳山核桃的分布 ……………………………………………… 58
　　三、薄壳山核桃天然成片高接良种林 …………………………… 61
　　四、薄壳山核桃推广应用情况 …………………………………… 62
　　五、美国在薄壳山核桃栽培技术上的先进性 …………………… 66
　　六、对美国薄壳山核桃品种的综合分析 ………………………… 67
　　七、薄壳山核桃在墨西哥、澳大利亚等国家的栽培概况 ……… 69
　第二节　薄壳山核桃在我国引种栽培概况 ………………………… 70
　　一、我国薄壳山核桃引种栽培历史及概况 ……………………… 70
　　二、过去我国引种栽培薄壳山核桃成效不佳的主要原因 ……… 73
　　三、我国薄壳山核桃科研与生产方面取得的主要成绩 ………… 75
　　四、今后发展薄壳山核桃中应注意的关键技术问题 …………… 83

第三章　山核桃分类及主要良种介绍 ………………………………… 85
　第一节　我国的薄壳山核桃及近缘主要栽培物种 ………………… 86
　　一、薄壳山核桃（美国当地山核桃情况） ……………………… 87
　　二、薄壳山核桃同属的近缘种 …………………………………… 93
　　三、大别山山核桃 ………………………………………………… 99
　　四、湖南山核桃 …………………………………………………… 101
　　五、贵州山核桃 …………………………………………………… 102
　　六、越南山核桃 …………………………………………………… 102
　第二节　薄壳山核桃新品种的命名和生产上良种选用的原则 …… 104
　　一、薄壳山核桃新品种的命名原则 ……………………………… 104
　　二、生产上薄壳山核桃良种选用的原则 ………………………… 105
　第三节　薄壳山核桃主要生产良种介绍 …………………………… 106
　　一、国外主要栽培良种 …………………………………………… 106
　　二、我国选育和栽培的薄壳山核桃品种 ………………………… 112
　　三、通过国家或省级良种委员会审定的良种 …………………… 115
　　四、国内实生优树品种 …………………………………………… 120

第四章　薄壳山核桃良种繁育技术 …………………………………… 121
　第一节　采穗圃营建与管理技术 …………………………………… 121
　　一、薄壳山核桃新品种采穗圃林地选择 ………………………… 121
　　二、薄壳山核桃采穗圃的规模和种类 …………………………… 122
　　三、整地 …………………………………………………………… 129
　　四、定植技术 ……………………………………………………… 129
　　五、薄壳山核桃采穗圃的抚育管理 ……………………………… 129

  六、薄壳山核桃采穗圃穗条采集、运输和贮藏 …………………… 131
 第二节　嫁接育苗技术 ……………………………………………………… 132
  一、砧木培育 ………………………………………………………… 133
  二、嫁接苗培育 ……………………………………………………… 136
  三、嫁接苗调运与质量要求 ………………………………………… 142
 第三节　扦插育苗技术 ……………………………………………………… 143
  一、插穗的选取及处理 ……………………………………………… 143
  二、插壤的准备 ……………………………………………………… 144
  三、扦插育苗方式 …………………………………………………… 144
  四、扦插及其管理 …………………………………………………… 145
 第四节　薄壳山核桃容器育苗技术 ………………………………………… 147
  一、薄壳山核桃轻基质网袋育苗 …………………………………… 147
  二、薄壳山核桃轻基质育苗基质 …………………………………… 147
  三、薄壳山核桃轻基质容器杯育苗 ………………………………… 148
  四、薄壳山核桃容器苗造林的效果 ………………………………… 149
 第五节　薄壳山核桃根段育苗 ……………………………………………… 150
  一、不同粗度根段及 ABT_6 浓度对出苗率的影响 ………………… 150
  二、不同粗度根段播种对苗木地径的影响 ………………………… 151
  三、不同粗度根段播种后对苗木高度的影响 ……………………… 152
  四、薄壳山核桃根段育苗效益评价 ………………………………… 152

第五章　薄壳山核桃优质高效栽培技术 …………………………………… 154
 第一节　薄壳山核桃栽培区划分 …………………………………………… 154
  一、栽培区划的重要性 ……………………………………………… 154
  二、栽培区划的分类 ………………………………………………… 154
  三、各栽培区的主要特点 …………………………………………… 156
 第二节　新品种高产栽培基地建设 ………………………………………… 159
  一、立地选择 ………………………………………………………… 159
  二、园地规划与林地整理 …………………………………………… 161
  三、栽培技术 ………………………………………………………… 166
  四、林分的抚育管理 ………………………………………………… 166
  五、采收技术 ………………………………………………………… 183
 第三节　低产林改造技术 …………………………………………………… 184
  一、低产林分密度调整技术 ………………………………………… 184
  二、大树用良种接冠，控制其树体和生长，实现高产稳产 ……… 185

三、加强林地抚育，科学施肥，促进高产 ……………………… 186
　第四节　主要病虫害防控技术 ………………………………………… 187
　　　一、薄壳山核桃病虫害概述 …………………………………… 187
　　　二、主要虫害及其防治 ………………………………………… 190
　　　三、主要病害及其防治 ………………………………………… 199

第六章　薄壳山核桃材用林栽培及"四旁"栽植 …………………… 207
　第一节　薄壳山核桃材用速生丰产林栽培 …………………………… 207
　　　一、营造薄壳山核桃速生丰产林要求 ………………………… 208
　　　二、薄壳山核桃速生丰产林的主要措施 ……………………… 209
　第二节　"四旁"栽植、城乡绿化 …………………………………… 211
　　　一、"四旁"栽植 ……………………………………………… 211
　　　二、城乡绿化 …………………………………………………… 212
　第三节　薄粮间作及农田防护林 ……………………………………… 215
　　　一、薄壳山核桃间作要求 ……………………………………… 215
　　　二、我国主要间作模式 ………………………………………… 217
　第四节　薄壳山核桃在沿海绿化中的应用 …………………………… 220
　　　一、盐胁迫对薄壳山核桃生长量的影响 ……………………… 221
　　　二、盐胁迫对薄壳山核桃光合特性的影响 …………………… 222
　　　三、NaCl 胁迫对水分利用效率（WUE）、瞬时羧化效率（CUE）、
　　　　　气孔限制值（Ls）、瞬时光能利用率（SUE）的影响 …… 224

第七章　薄壳山核桃加工与利用 ……………………………………… 227
　第一节　主要营养成分及经济效益 …………………………………… 227
　　　一、薄壳山核桃油的主要成分 ………………………………… 227
　　　二、薄壳山核桃营养价值和经济效益 ………………………… 229
　第二节　坚果加工技术 ………………………………………………… 231
　　　一、我国薄壳山核桃的采后加工情况 ………………………… 231
　　　二、美国核桃的商品化处理情况 ……………………………… 231
　　　三、薄壳山核桃的加工 ………………………………………… 236
　第三节　不同工艺制取山核桃油的研究 ……………………………… 243
　　　一、超临界 CO_2 流体法制取山核桃油研究及工艺优化 …… 243
　　　二、液压榨法制取山核桃油 …………………………………… 246
　　　三、浸提法制取山核桃油研究及工艺优化 …………………… 247
　　　四、水酶法制取山核桃油研究及工艺优化 …………………… 249
　　　五、不同工艺制取山核桃油的品质对比 ……………………… 252

第四节　薄壳山核桃坚果贮藏技术 …………………………………… 253
第五节　山核桃油的稳定性研究 ………………………………………… 260
　一、不同抗氧化剂对山核桃油的稳定性影响 ……………………… 260
　二、贮藏条件对油脂稳定性的影响 ………………………………… 261
第六节　我国栽培薄壳山核桃及同属近缘物种坚果含油率及脂肪酸组成
　　　　比较分析 ……………………………………………………… 264
　一、不同山核桃脂肪酸组成比较 …………………………………… 264
　二、薄壳山核桃不同无性系的含油率及脂肪酸组成 ……………… 267
　三、不同采样地浙江山核桃含油率及脂肪酸组成 ………………… 267
第七节　薄壳山核桃副产品利用 ………………………………………… 270
　一、山核桃果皮的研究利用 ………………………………………… 270
　二、山核桃籽粕的研究利用 ………………………………………… 271
　三、山核桃坚果壳的研究利用 ……………………………………… 271

参考文献 ……………………………………………………………………… 273

附录 1 ………………………………………………………………………… 279

附录 2 ………………………………………………………………………… 287

附录 3 ………………………………………………………………………… 288

图版

第一章 薄壳山核桃特征

薄壳山核桃是世界性干果。由于其果大，壳薄，营养价值高，深受世界各国消费者的喜爱。20世纪以来，世界上五大洲有20多个国家引种并扩大栽培薄壳山核桃，其中以以色列、澳大利亚、南非等国家引种栽培面积较大，且效果较好，发展较快，获得初步成功。以色列于1930年开始引种薄壳山核桃，主要栽培在沿海一带及北部岛屿山谷，海拔一般在100m左右，冬季温暖，年平均降雨量为800mm左右；在早期主要种植的是原产美国的台尔马斯（Delmas）、纳里斯（Nelis）、圣泊白、海尔勃脱（Halbert）、财神（Mone Maker）等13个品种，种植株行距为10m×10m，到20世纪80年代以色列薄壳山核桃产量已经达到5000t以上。以色列气候与美国加利福尼亚州相似，发展薄壳山核桃前景广阔。澳大利亚是在1960年才开始发展薄壳山核桃，在亚新南威尔的宾宁格种植了740hm^{2}的薄壳山核桃，每公顷种植163株，几年之后产量达到8505kg。澳大利亚其他地方也建立了不少薄壳山核桃种植园，其经营管理水平较高，产量高，效益好，起到很好的示范带动作用。此外，印度、加拿大、日本、中国等许多国家都引种栽植了薄壳山核桃。

目前，世界上薄壳山核桃年均产量为16万～20万t。美国年产量为10万～15万t。据美国农业部1991年统计，美国的薄壳山核桃产量占世界总产量的60%，居世界第一位。墨西哥的薄壳山核桃产量占世界总产量的29.7%，居世界第二位。其他还有10.3%的产量分散在澳大利亚、以色列、南非、秘鲁等国家；中国、法国、西班牙、印度、日本、巴西等国家也有少量的产量。

第一节 薄壳山核桃的形态特征

薄壳山核桃又名长山核桃，美国山核桃（*Carya illinoensis* Koch），属胡桃科山核桃属，英文名pecan（美国将薄壳山核桃以外的山核桃属物种称为hickory）。乔木，树高达50m以上。树皮深裂，黑褐色；冬芽黄褐色，被短柔毛，芽鳞镊合状排列；嫩枝被短柔毛，成长后无毛，具稀疏皮孔。复叶有小叶9～17片，具短柄，全长25～35cm，叶柄和叶轴初被柔毛，后几乎无毛；小叶卵状披针形或长椭圆状披针形，有时为长椭圆形，通常稍成镰刀状弯曲，长7～18cm，宽2.5～4.0cm，基部歪斜阔楔形或近圆形，先端渐尖，叶缘具单锯齿或重锯齿，初被腺体及柔毛，以后毛脱落，仅叶脉上有疏毛。雄花为柔荑花序，3条1束，几乎无总梗，长8~14cm，花药有毛。雌花序为穗状、直立，有雌花3~10朵，花序轴密被柔毛，总苞长卵形，其裂片有毛。果实矩圆状或长椭圆形，一般长3~5cm，实生树果形和大小变异大。外果皮（总苞）有4条纵棱，果熟时沿纵棱裂开成4瓣，总苞干燥后革质。核果果壳表面光滑，淡灰或灰黄褐色，具褐色粉末状斑痕，在顶部具黑色条纹，基部不完全2室。4月底开花，10~11月果实成熟。

坚果出仁率为42.3%~54.3%，果仁含油率63.95%~73.40%，含蛋白质12.1%，糖类12.2%。坚果壳厚0.9mm，壳薄易剥，核仁肥厚细嫩，香甜味美。材质使用和胡桃相同，其木材坚韧，是军工、建筑、家具、运动器械及雕刻用材。又因枝叶茂密、树形优美，可作为行道树、园林、庭院绿化及生态防护林树种，效果很好。

第二节　薄壳山核桃的生物学特性

对薄壳山核桃的生物学特性观察在中国林业科学研究院亚热带林业研究所的试验基地、杭州市余杭区长乐林场薄壳山核桃资源收集圃中进行。在薄壳山核桃种源基地A、B、C、D 4个区内共选择72株具有代表性的薄壳山核桃树种，其中在A、B、C 3个区内共选择22株嫁接树种，在D区选择50株不同品种的核桃树种，分3个层次观察分析现有核桃树种的物候和生长特性：①在薄壳山核桃基地的不同方位选择72株不同品种薄壳山核桃定株挂牌、编号，进行发芽、生长、开花等物候观察，包括顶芽萌动日期、新梢开始生长日期、新梢停止生长日期、叶芽萌动日期、开始展叶日期、叶子完全展开日期、雄花芽萌动日期、雄花序生长日期、雄花开放日期、雄花开放盛期、雄花序脱落日期、雌花芽萌动日期、雌花生长日期、雌花开放日期、雌花开放盛期、雌花脱落日期16项物候观察；②在每株薄壳山核桃树上选定5个带有顶芽的易测枝条，每个枝条选定1片叶子、1个雄花序和1朵雌花，进行薄壳山核桃新梢、叶、雄花序、雌花生长节律的观察与测量。此项工作开始是使用墨笔进行定枝做标记，后来改用蜡纸做标签，编号挂在待测枝条上做标记，使其容易观察与测量，提高了工作效率。测量日期从新梢开始生长至雌、雄花脱落时结束；③待同一株薄壳山核桃树上同时出现雌、雄花时，调查薄壳山核桃的新枝数、雌花数、雄花数、雌雄花比，同株调查5个老枝，观察每个老枝上发出的新枝数；调查花数指在一个新枝上调查，雌雄花比指在同一枝上的比，各调查5个新枝。每调查一株，结束一株，不同株可以不同时期调查，每株调查一次即可。

一、薄壳山核桃枝、芽生长特性

1. 薄壳山核桃芽和枝的类型

薄壳山核桃芽有4种：①叶芽，主要着生在营养枝顶端及叶腋间，叶芽呈三角形，有棱，在一枝上由下而上逐渐增大，萌发后只长出枝和叶子；②雄花芽，裸芽，多在1年生枝条的中部或中下部，单生或叠生，短圆锥状，顶部稍细，鳞片极小，不能被覆芽体，萌发后形成柔荑花序；③混合芽，芽体肥大，近圆形，鳞片紧包，萌发后长出枝和叶，并在近顶端形成雌花序；④隐芽，也称休眠芽，生在枝条的基部或下部，形态不明显，一般不萌发，只有受到刺激才萌发，可作为枝条或树体更新用。未达开花年龄的幼树，只具叶芽。成年树枝条上的芽则有不同的情况，或同时具有3种芽；或以雄花或叶芽为主，极少混合芽；或以混合芽为主等。薄壳山核桃的枝条可分为3种：①营养枝，只着生叶芽或叶片的枝条，也可称为生长枝；②结果枝，着生混合芽的枝条称为结果枝，混合芽多着生于结果枝顶端及上部几节，春季萌发抽生结果枝；③雄花枝，为着生雄花芽的细弱枝，多着生在老弱树或树膛郁闭处。

2. 新枝生长特性

薄壳山核桃叶芽与顶芽同时或稍晚于顶芽抽生，于3月中下旬萌动，4月上旬开始抽枝展叶，此时叶片生长极为迅速，20d左右即可达叶片总面积的94%，5月上旬新枝基本停止生长。不同品种的薄壳山核桃新枝生长物候又不尽相同，有些薄壳山核桃树顶芽萌动晚，但抽枝早，如薄壳山核桃树A6-6，3月27日萌动，4月1日新枝就开始生长；而有的则相反，如薄壳山核桃B3-6，3月21日萌动，到4月3日才开始生长。不同品种的顶芽萌动期与新枝生长期相差5~14d。有些品种虽然抽枝晚，但新枝停止生长的日期早，如D3-19，4月7日开始抽枝，5月2日就停止生长；而B3-6，4月3日开始抽枝，5月8日停止生长。由此可见，薄壳山核桃的新枝生长期为26~36d。叶芽萌动早的比萌动晚的大概早8d，从叶芽萌动到开始展叶需要8~12d，从开始展叶到叶子完全展开需要1~24d。

3. 新枝、叶生长的动态规律

薄壳山核桃于4月上旬开始抽枝生长，抽枝后20d枝条生长量达全年生长量的86%。由图1-1可以看出，抽枝早的比抽枝晚的要早10d左右，如株号D7-41与D7-23薄壳山核桃4月9日已抽枝，而株号D7-20薄壳山核桃在4月19日才开始抽枝。但就总体而言，4月中下旬生长量最大，4月15日~5月1日为新梢生长高峰期，5月上旬逐渐停止生长，5月中旬基本停止生长。薄壳山核桃叶片于4月10号左右开始展叶生长，5月初基本停止生长，4月15日~4月30日是薄壳山核桃叶片的生长高峰期（图1-2）。但个别树种如D7-6开始展叶期比其他薄壳山核桃树种晚10d左右，开始展叶时，展叶速度慢，后来叶子几乎和雄花序同时出现，此后，其生长速度快，长势猛，生长期短。

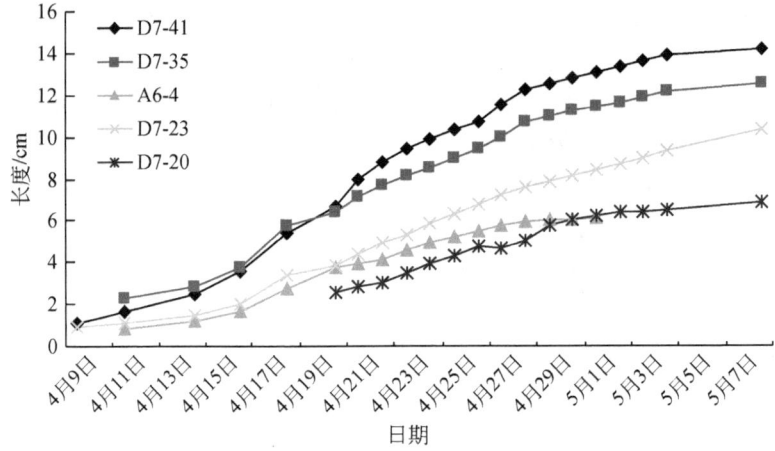

图1-1　新枝生长量（姚小华等，2004）

Fig. 1-1　Growth of new branch

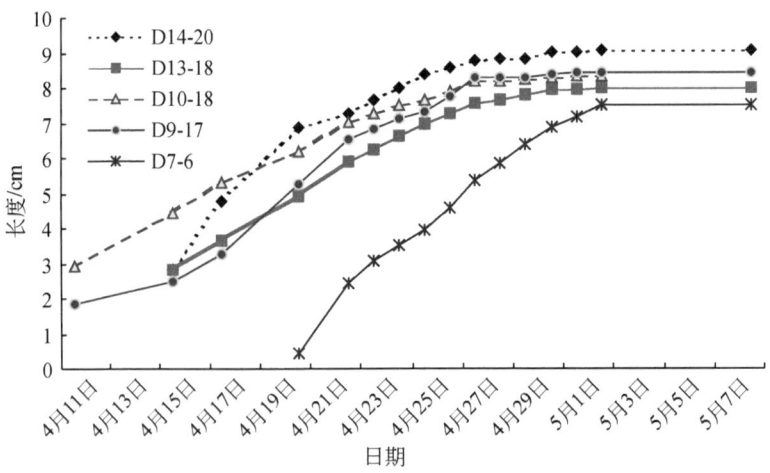

图1-2　叶子生长量（姚小华等，2004）

Fig. 1-2　Growth of leaves

二、薄壳山核桃的花芽分化

在一般情况下，薄壳山核桃实生林要 12～15 年才开花结果。通过嫁接苗栽植，一般 3～5 年就会开花结果，7～8 年逐渐进入盛果期。另外，不同品种进入盛果期的早迟也存在差异。

据浙江农林大学王白坡教授的观察，在浙江一带，薄壳山核桃雌花芽生理分化时间在开花前一年的 7 月下旬至 9 月上旬。雄花芽的生理分化比雌花芽早 10～20d。雄花是在当年生枝条基部腋芽分化，雄花与腋芽是同源器官。也有人说，腋芽形成后不久雄花便开始分化。雄花序为柔荑花序，其形态分化于前一年夏、秋季开始，冬季停止，春天又继续分化，整个分化过程可分为花序形成期、苞片形成期和雄蕊形成期 3 个阶段。雌花芽的形态分化在 3 月中、下旬开始，时长 70 多天（浙江），其形态分化过程可分为花芽分化初期、花序形成期、小花原基形成期、雌花总苞形成期和雌蕊形成发育期 5 个时期。

三、薄壳山核桃雌花、雄花开花特征

1. 薄壳山核桃雄花开花习性

雄花于 4 月上、中旬开始萌动，伸长成为雄花序，多着生于 1 年生枝的中上部，每个雄花由数朵到 100 多朵小花呈螺旋状排列。根据雄花的构造及每朵小花在开放过程中的形态变化，其开放过程可分为：花芽膨大伸长、花轴变长、花粉散粉、花序变黑和小花脱落 5 个时期。雄花发育过程受气候影响较大，在温度较高和干旱时，则开放散粉较快；在雄花序少且大风情况下，雄花序脱落较早和较快，雄花花粉从基部开始，并向先端延伸，散粉的盛期只有 2～3d，这与天气有很大的关系。在此期间，如遇阴雨天，花序会提前早落，对散粉和授粉受精都不利。品种不同其萌动的早迟也不同，一般从雄花序萌动至雄花序脱落需要 22～40d，雄花序在整个生长过程中，长势趋于平稳，花序平均长度为 6～11cm，个别花序可长达 15～20cm。雄花序于 4 月 10 日开始，各品种开始生长期可相差 2～9d，4 月中下旬生长量最大，可达整个生长期的 80% 左右，5 月上旬停止生长。雄花序的生长速度也与天气有关。因此，要注意观察，掌握不同品种的动态是非常必要的。

雄花着生在柔荑花序上。柔荑花序由 1 年生枝条的侧芽形成。春季生长开始不久，柔荑花序的花芽沿着新梢基部开始分化，几乎要 1 年时间才能完成其发育和散粉。很多芽内形成的柔荑花序，用一个生长季的时间完成其生长发育，并在翌年春季开始在生长期内散出花粉，1 个柔荑花序能产出 200 万～300 万粒花粉，从一朵朵柔荑花序中生产的花粉数量是非常多的，用以雌花授粉。一棵结果树可能有几千个柔荑花序,完全能满足受精需要,这是每个树种所固有的特性。然后,花粉是由重力和风力来传播的,除了落在雌花上外,其余大部分都落到地上和被吹到其他地方,花粉经过干燥、蓬松,在柔荑花序散粉以后,变成褐色后不久就脱落。

2. 薄壳山核桃雌花开花习性

雌花由总苞、4裂的花被及子房组成。随着新梢停止生长,于4月下旬在顶端显现绿色小圆点为显先期(雌花生长),其特点是幼小子房露出,二裂柱头合拢,此时无授粉受精能力,经过5~6d,即5月上旬,子房逐渐膨大,柱头开始向两侧张开,当柱头呈"倒八字"形时(图1-3),柱头正面呈现突起并且分泌物增多,此时为盛期期,是授粉最佳时期,3~5d以后,柱头干掉逐渐翻转,丧失授粉能力。自雌花序萌动到雌花脱落需要15~20d。在观察的品种中,薄壳山核桃雌先型占绝大多数,这对自然授粉是非常不利的。为提高薄壳山核桃的产量,应进行人工辅助授粉。雌花盛开在5月上旬,而雄花开放大多数集中在5月中旬,只有少数雄花集中在5月上旬;雄先型植株花期相差4~11d,雌先型植株花期相差1~7d。因此,掌握开花特性对人工辅助授粉是非常重要的。

图1-3 薄壳山核桃雌雄花

Fig. 1-3 Male and female flowers of pecan

雌花经过授粉和受精后,发育成薄壳山核桃果实。由于树木本身的遗传因素或由于不同的环境条件,树体往往不能产生大量雌花。雌花为2~10朵的穗状花序,着生在当年生的新梢上。生长雌花序的枝条可能由顶芽或侧芽发育而成,偶尔由1年生枝条的副芽形成。晚冬或初春在1年生芽内分化,在春季生长开始前处于不完全发育状态。相反,雄花在前1年夏天分化,当新枝长至15~20cm及以上时停止生长,这时已可用肉眼辨识出雄花。

柱头颜色由深绿色变成浅黄色时为雌花的可授粉时间。某些栽培品种当雌花处于可授粉时柱头的近缘变成红色。落到柱头上的花粉萌发后并长出花粉管，花粉粒经过花粉管与卵子结合，在可授期开始之后5~6周，没有授粉受精的雌花会自行脱落。一般雄花散粉与雌花的可授期往往不能相遇，某些雄花散粉在雌花可授期前，而有些则在可授期后。这就需要了解和掌握每个栽培品种的花期特性，以保证种植园的适时授粉。每一个栽培品种都有其固有的生长发育规律，但因天气关系每年都会有所变化。无论自花授粉还是异花授粉，都可以顺利完成受精和果实的生长发育。而自花授粉有的不结果或质量很低。在薄壳山核桃种植园中一定要配置授粉树，混合种植在园中，这样，可实现异花授粉，保证果园高产和果实品质。

3. 薄壳山核桃雌、雄花序成熟性与开花物候差异

薄壳山核桃雌雄同株异型异花，开花期极不一致。在同一株树上，雌雄花期也常不一致，称为"雌雄异熟"。其中雄花先开的为雄先型，雌花先开的为雌先型，雌雄花同时开的为同时型。此次定株调查的72株薄壳山核桃只有15株开有雌花，占总调查数的20.8%。其中，雄先型的有11株，占总调查数的15.3%；雌先型的有1株，占总调查数的1.4%；同时型的有3株，占总调查数的4.2%（图1-4）。由此可见，薄壳山核桃雄先型占绝大多数，这对自然授粉极为不利，为了提高薄壳山核桃的产量，应进行人工辅助授粉。雌花开放盛期大多数都在5月上旬，而雄花开放大多都在5月中旬，只有少部分雄花在5月上旬开放。根据此次观察，雄先型植株雌雄花期相差4~11d，雌先型植株花期相差1~7d。

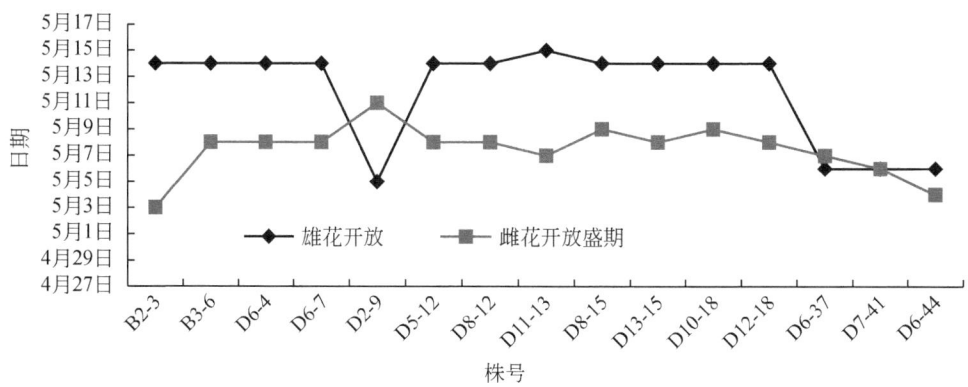

图1-4 雌雄花期比较（姚小华等，2004）

Fig. 1-4 Flowering period comparison of male and female flowers

4. 薄壳山核桃雌雄花比分析

此次定株调查的薄壳山核桃树中，只有15株树同时开有雌雄花，其中有10株单枝雄花多于雌花，且比值大，多的达5.55倍；有4株单枝雄花少于雌花；1株雄花与雌花数目相同（图1-5）。因此，薄壳山核桃建园时，选择花期具有较长时间重叠的品种进行搭配种植，以提高薄壳山核桃的授粉效果，提高产量，这是非常必要的增产措施。

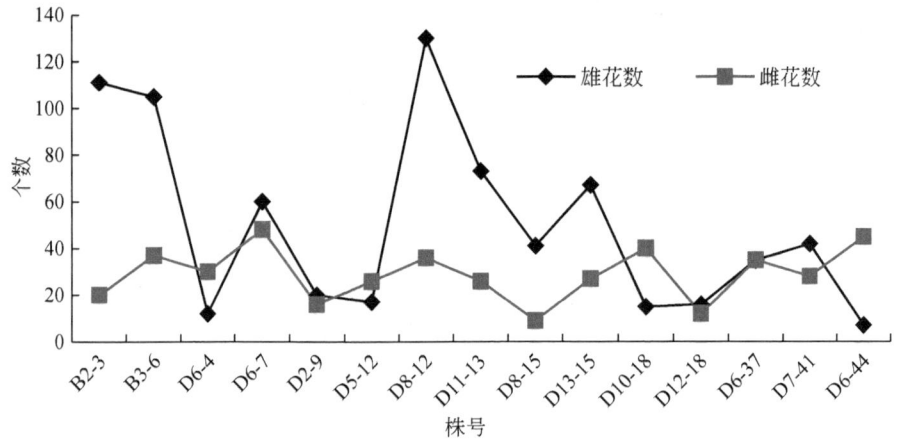

图1-5 雌雄花比（姚小华等，2004）

Fig. 1-5 Ratio of female and male flowers

5. 薄壳山核桃不同年份开花物候

作者于2009~2011年对浙江省建德市更楼街道洪宅村薄壳山核桃种质园内的104号无性系作了开花物候观测（表1-1）。结果表明，不同年份薄壳山核桃开花物候类型是一致的，都属于"雌先型"，其中2009年雌花可授期比雄花散粉期晚11d，2010年雌花可授期比雄花散粉期晚14d，2011年雌花可授期比雄花散粉期晚13d，雌花可授期都不包含在雄花散粉期内。不同年份雌雄花开花始期时间不同，对雌花而言，大多年份始花期在4月25日左右，但也有个别年份始花期比常年推迟了7~10d，如2010年雌花始花期为5月5日，这与2010年气温比常年低有很大的关系；对雄花而言，开花始期差异明显，在13d左右，如2009年雄花始花期为5月6日，2010年雄花始花期为5月19日，2011年雄花始花期为5月10日。不同年份开花持续天数、盛花持续天数不存在明显的差异，2009~2011年雌花开花持续天数为11~12d，盛花持续天数为7~8d，雄花开花持续天数为9~10d，盛花持续天数为5~6d。

表 1-1　薄壳山核桃 104 号无性系不同年份开花物候（月/日）（李川等，2011a）

Table 1-1　Flowering phenology of clone number 104 during different year

年份	无性系号	始花期	盛花期	终花期	开花持续天数/d	盛花持续天数/d
2009	104	4/25（5/06）	4/28～5/04（5/09～5/13）	5/05（5/14）	11（9）	7（5）
2010	104	5/05（5/19）	5/08～5/15（5/22～5/26）	5/16（5/27）	12（9）	8（5）
2011	104	4/27（5/10）	4/30～5/07（5/13～5/18）	5/08（5/19）	12（10）	8（6）

注：括号内为雄花。

可授期和散粉期的长短实际上是温度、降雨、湿度和风速等因子综合影响的结果，一般温度越高，风速越大，花期持续时间就越短。如花期内适逢降雨，花期持续时间就延长。薄壳山核桃同一无性系在不同年份，开花物候存在一定差异，但在不同年份开花的先后次序却相对稳定。

6. 薄壳山核桃不同树冠部位开花物候

作者于 2009 年对建德市更楼街道洪宅村薄壳山核桃种质园内的薄壳山核桃无性系 104 号 6 个单株东、西、南、北 4 个方位和上、下 2 个树冠层雌雄花的开花物候进行观察，结果表明：对雌花而言，东、南、西、北 4 个方位开花时间存在细微的差异，东、南 2 个方位的雌花比西、北方位早 1d 左右，树冠上层比树冠下层始花期晚 1～2d（表 1-2），这可能与日照差异、结果母枝的营养积累及局部微环境有关；对雄花而言，东、西、南、北 4 个方位的开花物候差异不明显，而树冠上、下 2 层的雌花开放时间有差异，树冠上层明显比下层早 1d 左右，这可能同日照长短及局部微环境有关。

表 1-2　薄壳山核桃 104 号无性系不同部位开花物候（月/日）（李川等，2011a）

Table 1-2　Flowering phenology of clone number 104 on different position in canopy

树冠方位	树冠方位	始花期	盛花期	终花期	开花持续天数/d	盛花持续天数/d
上	东	4/28（5/10）	5/01～5/07（5/13～5/18）	5/08（5/19）	11（10）	7（6）
上	南	4/28（5/10）	5/01～5/07（5/13～5/18）	5/08（5/19）	11（10）	7（6）
上	西	4/29（5/10）	5/02～5/08（5/13～5/18）	5/09（5/19）	11（10）	7（6）
上	北	4/29（5/10）	5/02～5/08（5/13～5/18）	5/09（5/19）	11（10）	7（6）
下	东	4/27（5/11）	4/30～5/07（5/14～5/18）	5/08（5/19）	12（9）	8（5）
下	南	4/27（5/11）	4/30～5/07（5/14～5/18）	5/08（5/19）	12（9）	8（5）
下	西	4/28（5/11）	5/01～5/07（5/14～5/18）	5/08（5/19）	11（9）	7（5）
下	北	4/28（5/11）	5/01～5/08（5/14～5/18）	5/09（5/19）	12（9）	8（5）

注：括号内为雄花。

四、薄壳山核桃果实生长发育

根据观察结果表明，大多数品种的果实生长发育过程，可明显地划分为果实缓慢生长期、果实迅速膨大期、果壳硬化期和果仁生长期4个阶段。这4个阶段彼此都是完全独立的。第1阶段，果实生长缓慢，几乎占整个生长期的50%，这个时期果实的总干重累计很少，大多数的干重和矿物质成分都是在生长周期的后3个阶段积累完成。从末花至果实成熟期整个过程大约需要160d。在我国浙江省坚果成熟较早在10月中、下旬，较迟在11月上、中旬。果实生长快慢、油脂形成、积累的快慢和高低等，与当年的气候有很大关系，每年可能都有变化，但其基本规律是一致的。在有利的天气和状况下，果实生长较快，油脂形成快，积累较高，反之，则低。

薄壳山核桃一般有两次落果，第一次实际上是落花，一般发生在开花后不久的5月，花蕊发育不良，未能授粉；营养不良，水分胁迫等均可能导致落花。第二次是在6月，主要原因是未能受精，即卵细胞发育异常或没有受精受孕而引起的。因此，授粉树的配置非常重要，这既可以减少落花落果，又可增大果实的生长发育。另外，在8月还会因树体负载量过大，或化合产物不足而引起落果。因此，要实现丰产优质，必须做到合理负载，合理施肥，保证营养充分合理，避免不利因素的影响，从而达到真正的丰产、优质。

薄壳山核桃果实有大有小，坚果壳一般都很薄，出仁率最高可达56.8%，显著高于其他核桃品种。人们一般喜欢大个头的品种，但有些果实个头虽小，但由于种仁饱满，味甜质优而有较大的销售市场。影响种仁质量的因子有品种选择、树木负载量、土壤湿度和光照条件等，在栽培中要引起注意。

五、薄壳山核桃产量

产量高低是反映一个品种的丰产性能和经济效益的重要指标。一般丰产性差、产量低的品种，往往被生产部门所淘汰。在栽培品种中，有结果早的，有结果迟的，一般在定植后第3~4年开始挂果，7~8年逐渐进入盛果期，盛果期最丰产的品种可达到3000kg/hm^2。开始受益后，产量会年年增加，可连续受益百年以上。现在，在美国南方有些地方，几百年以上的大树，年株产果在500kg以上的并不少见，可见其生产潜力。在我国因树龄和经营管理水平的不同，高产树还不多。

第三节 薄壳山核桃花粉贮藏与萌发

一、薄壳山核桃无性系花粉形态

从薄壳山核桃种植园中选取生产上结果性状表现较好的6个薄壳山核桃无性

系作为供试材料，分别为无性系5号、21号、27号、28号、35号和104号。于2011年5月上旬采集花粉，当天将花粉鲜样送浙江大学紫金港校区生物科学研究院，按如下流程制样：取材→2.5%戊二醛、0.1mol/L PBS（pH7.2）→固定2h以上→0.1mol/L PBS洗3次（0.5h/次）→1%锇酸、0.1mol/L PBS(2h以上)→0.1mol/L PBS洗3次（0.5h/次）→脱水［30%→50%→70%→80%→90%→95%→100%→100%→100%（每次15~20min）］→乙酸异戊酯（20min）→临界点干燥→装台→离子镀膜。

将所制样品置于日立H-3000N电镜下，600倍下观察花粉的群体形态、2000倍下观察花粉的个体形态（赤道面观、极面观）、6000倍下观察花粉的萌发孔及外壁纹饰特征，并拍照记录。同时进行花粉粒大小测定，重复30次。运用SPSS13.0进行单因素方差分析、聚类分析，多重比较采用Duncan方法进行分析。

1. 花粉形态分析

对薄壳山核桃无性系花粉形态观测可知（表1-3），6个无性系花粉粒极轴长（P）为29.56~40.21μm，平均极轴长33.73μm，其中无性系104号和35号平均极轴长最大，分别为36.61μm、35.43μm，显著大于无性系5号、21号、27号和28号。3个无性系花粉赤道轴长（E）为35.66~45.66μm，平均赤道轴长39.46μm，无性系35号和104号赤道轴长显著大于其他4个无性系，为40.72μm；其中最小的是无性系27号，为38.35μm；无性系5号、21号和28号赤道轴长介于27号和35号、104号之间。6个薄壳山核桃无性系花粉极轴长与赤道轴长（P/E）之比存在显著性差异（$P<0.05$），经多重比较可知，无性系104号极轴长与赤道轴长比值最大，显著大于其他5个无性系，为0.900；无性系35号、27号和21号极轴长与赤道轴长比值次之，3个之间无显著性差异，但与其他3个无性系差异显著；无性系5号、28号极轴长与赤道轴长比值最小，分别为0.836、0.816。根据王开发等对花粉形状的分级标准，可以将无性系5号、21号、27号、28号和35号5个无性系花粉划分为扁球形，无性系104号为近球形。

据扫描电镜观察，薄壳山核桃无性系花粉具3个萌发孔，均匀分布在赤道面上。6个薄壳山核桃无性系花粉萌发孔长、宽均存在显著性差异（$P<0.05$），无性系104号花粉粒萌发孔长最大，为4.98μm，与其他5个无性系存在显著性差异；无性系104号花粉粒萌发孔宽最大，为4.57μm，其次是无性系28号（3.83μm）、无性系21号（2.63μm）、无性系35号（2.58μm）、无性系5号（1.96μm），最小的是无性系27号，为1.85μm。

表1-3 6个薄壳山核桃无性系花粉特征表（姚小华等，2011）

Table 1-3 Pollen characteristics of 6 pecan clones

观测项目	无性系5号	无性系21号	无性系27号	无性系28号	无性系35号	无性系104号
极轴长/μm	32.71±1.68b	32.34±0.94b	33.30±2.03b	32.00±0.85b	35.43±2.57a	36.61±1.57a
赤道轴长/μm	39.15±1.66b	38.56±1.62b	38.35±1.44b	39.24±1.50b	40.72±1.33a	40.72±1.80a
P/E	0.836±0.037c	0.839±0.025bc	0.869±0.044b	0.816±0.033c	0.870±0.056b	0.900±0.045a
花粉粒形状	扁球形	扁球形	扁球形	扁球形	扁球形	近球形
极面观	近圆形	近圆形	近圆形	近三角形	近三角形	近圆形
赤道面观	椭圆形	椭圆形	椭圆形	椭圆形	椭圆形	椭圆形
萌发孔长/μm	4.37±0.14b	4.38±0.13b	3.58±0.23c	4.65±0.49ab	4.39±0.55b	4.98±0.13a
萌发孔宽/μm	1.96±0.13d	2.63±0.20c	1.85±0.28d	3.83±0.25b	2.58±0.38c	4.57±0.27a
表面纹饰	颗粒状，颗粒分布稀疏	颗粒状，颗粒分布密集	颗粒状，颗粒分布密集	颗粒状，颗粒分布稀疏	颗粒状，颗粒分布中等	颗粒状，颗粒分布中等

注：同一观测项目不同字母表示差异达5%显著水平。

供试的 6 个无性系花粉粒群、赤道面观、极面观、萌发孔及表面纹饰特征见图 1-6。6 个无性系花粉赤道面观均呈椭圆形；无性系 5 号、21 号、27 号和 104 号极面观呈近圆形，而无性系 28 号和 35 号极面观呈近三角形；6 个薄壳山核桃无性系花粉表面均呈颗粒状纹饰，均匀分布着颗粒状的突起，其中无性系 21 号和 27 号花粉表面颗粒状分布密集，无性系 5 号和 28 号花粉表面颗粒状分布稀疏，无性系 35 号和 104 号花粉表面颗粒状分布介于二者之间。

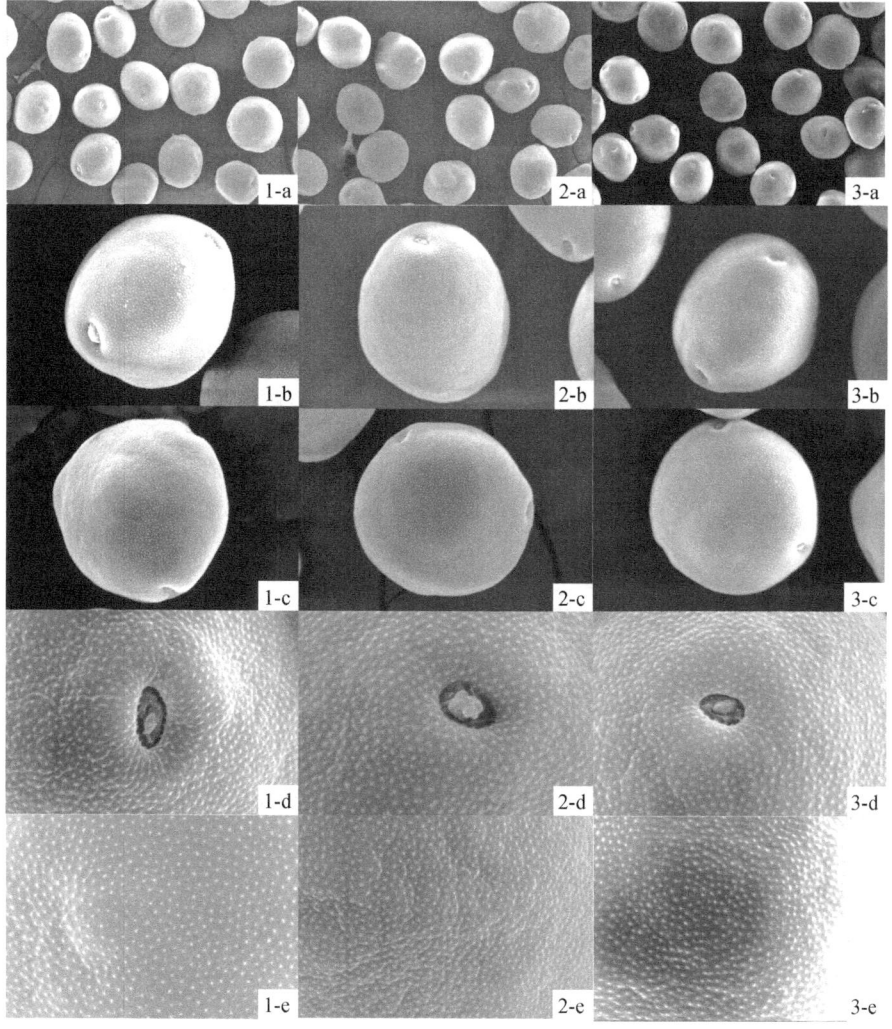

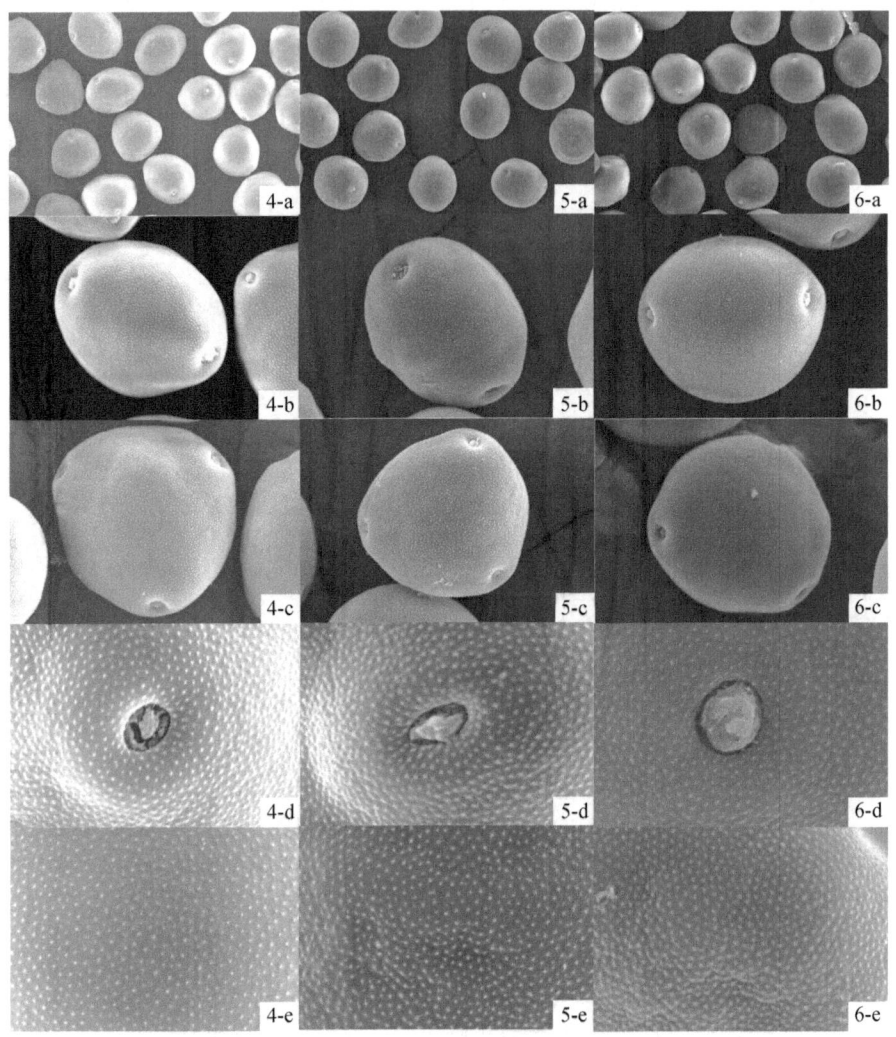

图 1-6　6 个薄壳山核桃无性系花粉电镜观察图

Fig. 1-6　Scanning electron micrographs of 6 pecan clones

a、b、c、d、e 分别代表薄壳山核桃花粉粒的群体（×600）、赤道面观（×2000）、极面观（×2000）、萌发孔（×6000）、表面纹饰（×6000）；"1"代表无性系 5 号，"2"代表无性系 21 号，"3"代表无性系 27 号，"4"代表无性系 28 号，"5"代表无性系 35 号，"6"代表无性系 104 号

2. 不同无性系花粉聚类

根据扫描电镜观察测量，5 个定量分析指标不变，将 4 个定性分析指标转化成定量指标，参见王文莉的方法。花粉粒形状："0"代表扁球形，"1"代表近

球形。极面观:"0"代表近圆形,"1"代表近三角形。赤道面观:"0"代表椭圆形。表面纹饰:"1"代表颗粒状分布稀疏,"2"代表颗粒状分布中等,"3"代表颗粒状分布密集。然后再进行聚类分析,结果如图1-7所示,6个无性系可以分成2大类,无性系35号和104号为一类,其余4个无性系为一类。其中这4个无性系又可以分为2个亚类:21号和27号为一亚类,5号和28号为另一亚类。

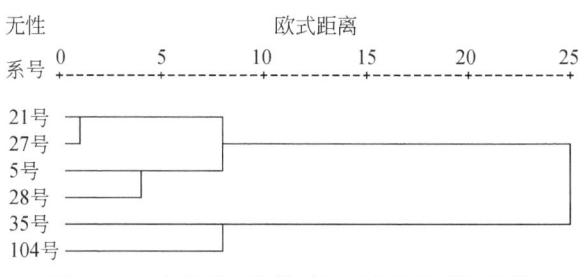

图1-7 6个薄壳山核桃无性系花粉欧式聚类图

Fig. 1-7 Cluster analysis of pollen from 6 pecan clones

对供试的6个薄壳山核桃无性系花粉进行电子显微镜扫描观测,根据王开发等对孢粉大小、形状的分级标准,可以认为6个无性系花粉大小属于中等,形状为扁球形(无性系104号为近球形);花粉粒都具有3个萌发孔,均匀分布在赤道面上,这些结果与对薄壳山核桃花粉形态的描述基本一致。无性系花粉系统聚类分析结果表明,聚为一类的无性系试验所观测测量的9个指标极为接近,如无性系35号和104号、21号和27号、5号和28号,从孢粉学方面反映了亲缘关系的远近。

二、薄壳山核桃花粉贮藏特性

在薄壳山核桃无性系5号、27号、35号散粉盛期,早上8:00采集雄花序,并装在硫酸纸袋里,冷冻保存运往中国林业科学研究院亚热带林业研究所,花粉处理方法采用室内阴干,24h后过筛,收集花粉。将收集的无性系5号、27号、35号花粉用硫酸纸袋包成72小包,分成4份装于盛有硅胶的塑料瓶中,密封。分别贮藏在室温、0~5℃、-20℃和-79℃条件下。在第0d、1d、2d、4d、8d、16d、30d、60d、90d、180d、270d时测定3个无性系花粉活力,直到花粉活力消失为止。花粉活力测定方法采用红四氮唑溶液TTC染色法,3次重复,按照以下公式计算有活力花粉的百分数:

$$有活力花粉的百分数 = \frac{被染红的花粉数目}{同一视野中花粉总数} \times 100\%$$

1. 室温条件下花粉活力变化

由图 1-8 可知，在室温条件下，无性系 5 号、27 号、35 号随着时间的延长，花粉活力逐渐降低，但下降的速度有所不同。无性系 5 号、27 号和 35 号在贮藏第 1d 时花粉活力分别为 62.08%、72.27%、76.34%，其中无性系 5 号花粉活力下降最快。无性系 5 号、27 号和 35 号在贮藏前 4d，下降的速度基本一致，花粉活力处于快速下降阶段，在贮藏第 4d 时，无性系 5 号、27 号和 35 号花粉活力分别只有贮藏第 0d 的 47.44%、50.61%、47.23%，但无性系 5 号在第 2d 的时候比无性系 27 号和 35 号下降得缓慢些。从贮藏的第 8d 开始，无性系 5 号花粉活力比无性系 27 号和 35 号花粉活力下降得快些，而无性系 27 号和 35 号花粉活力下降的速度基本一致，到贮藏的第 30d 时，无性系 5 号、27 号和 35 号花粉活力分别为 0、1.67%、4.24%。

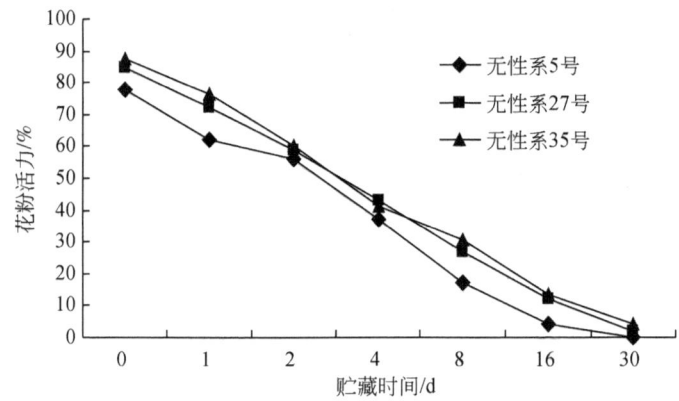

图 1-8 室温条件下不同薄壳山核桃无性系花粉活力变化（姚小华等，2011）
Fig. 1-8 Changes of pecan pollen activity at room temperature

2. 0~5℃条件下花粉活力变化

由图 1-9 可知，在 0~5℃条件下，在贮藏第 0~2d，无性系 5 号、27 号、35 号随着时间的延长，花粉活力逐渐降低，但下降的速度基本相同。在贮藏第 2~8d，无性系 5 号和无性系 27 号比无性系 35 号下降得快些，此时 3 个无性系花粉活力分别是贮藏第 0d 的 48.27%、51.21%、57.59%。第 8~60d，无性系 5 号、27 号、35 号花粉活力下降速度处于整个贮藏阶段的中等，在贮藏的第 60d 时，无性系 5 号、27 号、35 号花粉活力分别为 14.48%、20.69%、25.36%。第 60~270d，无性系 5 号、27 号、35 号花粉活力下降速度缓慢，在贮藏的第 270d 时，无性系 5 号、27 号、35 号花粉活力基本为 2% 左右。

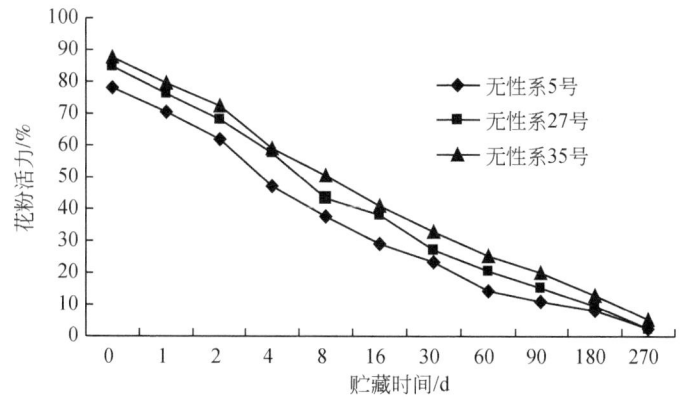

图 1-9　0～5℃条件下不同薄壳山核桃无性系花粉活力变化（姚小华等，2011）
Fig. 1-9　Changes of pecan pollen activity at 0～5℃

因此，对于 3 个薄壳山核桃无性系，0～5℃低温冷藏比常温贮藏要好。其中贮藏 60d 花粉活力还在 20% 左右的无性系有 27 号和 35 号，其中无性系 35 号最耐贮藏，无性系 5 号最不耐贮藏，花粉活力下降最快。

3. -20℃条件下花粉活力变化

由图 1-10 可知，在 -20℃条件下，无性系 5 号、27 号、35 号随着时间的延长，花粉活力逐渐降低，但下降的趋势基本相同。第 0～16d 时，无性系 5 号、27 号、35 号花粉活力下降速度最快的是无性系 27 号，在贮藏第 16d 时，无性系 5 号、27 号、35 号花粉活力分别为贮藏第 0d 的 65.40%、60.94%、67.53%。到贮藏第 60d 时，花粉活力都在 30% 以上，分别为 33.70%、39.41%、47.86%。到贮藏第 180d 时，无性系 5 号、27 号、35 号花粉活力分别为 18.44%、26.13%、33.08%，花粉活力是贮藏第 0d 时的 23.05%、30.80%、37.82%，3 个无性系花粉活力均在 20% 以上。第 180～270d，无性系 5 号、27 号、35 号花粉活力下降速度变缓，到贮藏第 270d 时，无性系 5 号、27 号、35 号花粉活力分别为 13.27%、17.45%、23.67%，分别是贮藏第 0d 花粉活力的 16.93%、20.57%、27.06%。

因此，薄壳山核桃花粉贮藏在 -20℃条件下比贮藏在 0～5℃条件下要好，在 -20℃条件下，花粉活力在贮藏 180d 时仍然很高，其中花粉活力最高的是无性系 35 号，其次是无性系 27 号，最低是无性系 5 号，3 个无性系花粉活力为 18%～34%，而贮藏在 0～5℃条件下，到 180d 时，3 个无性系花粉活力仅为 7%～13%。

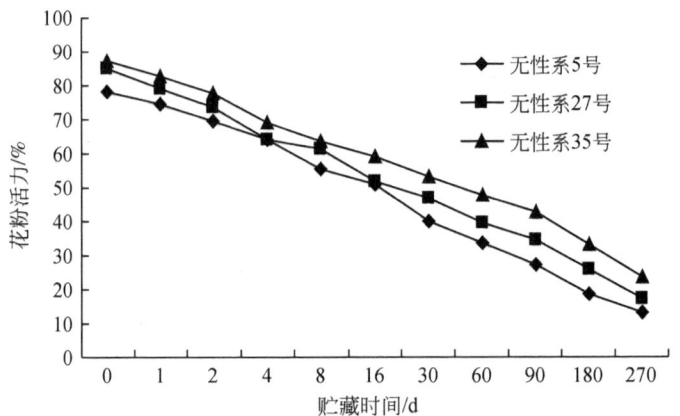

图 1-10 -20℃条件下不同薄壳山核桃无性系花粉活力变化（姚小华等，2011）

Fig. 1-10 Changes of pecan pollen activity at -20℃

4. -79℃条件下花粉活力变化

由图 1-11 可知，在-79℃条件下，在第 0～16d 时，3 个无性系花粉活力下降速度最快的是无性系 27 号，到贮藏第 16d 时，无性系 5 号、27 号、35 号花粉活力分别为 56.22%、57.95%、65.72%，是贮藏第 0d 时的 72.11%、68.31%、75.14%。在第 16～180d，3 个无性系花粉活力下降速度逐渐减缓，到贮藏第 180d 时，3 个无性系花粉活力都在 30% 以上，无性系 5 号、27 号、35 号花粉活力分别是贮藏第 0d 的 41.79%、37.61%、42.94%。到贮藏第 270d 时，无性系 5 号、27 号、35 号花粉活力均在 22% 以上，其中最高的是无性系 35 号，其次是无性系 5 号，花粉活力最小的是无性系 27 号。

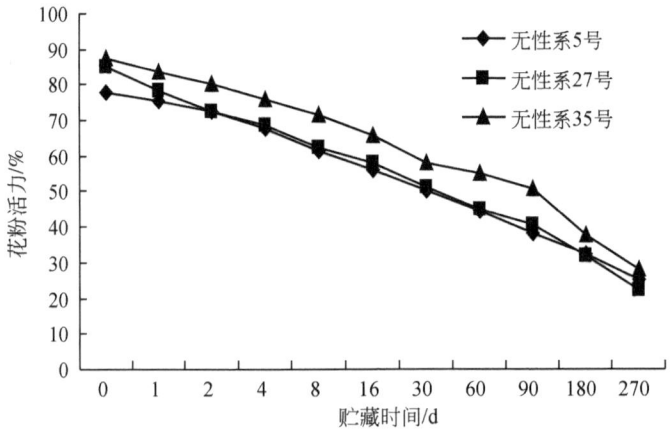

图 1-11 -79℃条件下不同薄壳山核桃无性系花粉活力变化（姚小华等，2011）

Fig. 1-11 Changes of pecan pollen activity at -79℃

4种不同的贮藏条件（室温、0~5℃、-20℃和-79℃贮藏条件）对薄壳山核桃无性系花粉活力存在显著的影响，在室温条件下，3个无性系花粉活力在16d时就已经很低，到贮藏第30d时，3个无性系花粉基本丧失了活力。此种方法贮藏时间很短，只能用于当年收集雄花早散品种的花粉贮藏，为雌花晚开的雌花品种进行人工辅助授粉。在0~5℃条件下，3个无性系花粉在贮藏第90d时花粉活力就已经下降到20%以下，但其中无性系35号最耐贮藏，在180d时花粉活力仍在10%以上。因此，此种方法贮藏时间较长，但也只能用于当年薄壳山核桃雌雄花花期不遇时人工辅助授粉。在-20℃和-79℃低温贮藏条件下，3个无性系花粉活力贮藏时间最长，其中超低温-79℃比低温-20℃贮藏时，花粉活力耐贮藏性更强。在贮藏270d时，超低温-79℃条件下，3个无性系花粉活力在22%~28%；低温-20℃条件下，3个无性系花粉活力在13%~22%。因此，-20℃和-79℃低温贮藏可用于第二年薄壳山核桃人工辅助授粉，在生产上具有应用价值。虽然-20℃和-79℃贮藏是较好的贮藏方法，但只是低温干燥贮藏的结果。如用低温真空贮藏效果可能更佳，有待于后续进一步研究。

三、薄壳山核桃花粉活力

植物遗传育种与花粉有着密切的关系，探讨花粉的特性是研究薄壳山核桃开花结实的主要内容之一。花粉生活力的大小直接关系到杂交育种的成败，也是杂交过程中花粉用量的一个重要决定因素，因此研究植物的花粉活力意义重大。同时植物的花粉形状独特、外壁结构复杂、纹饰细腻，遗传上具有较强的保守性和稳定性，在植物的分类、起源与演化等方面得到了广泛的应用。前人已对竹子、核桃、梨、油茶等其他物种的花粉形态及活力进行了报道，但有关薄壳山核桃花粉形态及活力等方面的研究甚少，李雪等仅对贮藏条件对薄壳山核桃4个品系花粉活力影响做了研究，对薄壳山核桃花粉形态的研究在国内尚未见报道。以下内容对薄壳山核桃花粉活力进行了研究，以期对探讨薄壳山核桃开花后结实率低的原因及进行杂交育种等研究提供理论依据和参考。

试验地位于浙江省建德市更楼街道洪宅村薄壳山核桃种质园内，选择薄壳山核桃5号、27号和35号无性系为试验对象，在开花始期、开花盛期、开花末期这3个阶段，早上8：00采集雄花序，并装在硫酸纸袋里，冷冻保存运往中国林业科学研究院亚热带林业研究所对花粉进行处理。花粉处理方法采用室内阴干、干燥剂（硫酸纸下面铺一层硅胶）、30℃烘箱烘干（上海东星建材试验设备有限公司101-4型恒温烘干箱）及日晒干燥等方式，分别于隔夜、24h后、48h后和72h后收集花粉，进行花粉活力的测定。花粉活力采用TTC染色法，3次重复。数据处理运用SPSS13.0进行单因素方差分析、多重比较，多重比较采用Duncan

方法进行分析。

1. 不同处理方式花粉活力

经单因素方差分析可知,同一薄壳山核桃无性系在不同处理方式下收集的花粉活力均达到了显著性差异($P<0.05$)。由图1-12可知,对无性系5号而言,多重比较分析可知,干燥剂处理后收集的花粉活力最大,为78.29%,与阴干处理后收集的花粉无显著性差异,为77.01%,但与30℃恒温烘干处理、日照干燥处理的花粉活力存在显著性差异($P<0.05$);30℃恒温烘干处理后收集的花粉活力次之,为51.79%;日照干燥处理后收集的花粉活力最小,为27.19%。对无性系27号而言,干燥剂处理后收集的花粉活力最大,为86.46%,与阴干处理后收集的花粉无显著性差异,为84.84%,但与30℃恒温烘干处理、日照干燥处理的花粉活力存在显著性差异($P<0.05$);30℃恒温烘干处理后收集的花粉活力次之,为52.56%;日照干燥处理后收集的花粉活力最小,为34.45%。对无性系35号而言,阴干处理、干燥剂处理后收集的花粉无显著性差异($P<0.05$),花粉活力大小分别为87.46%、83.41%,与30℃恒温烘干处理、日照干燥处理的花粉活力存在显著性差异,30℃恒温烘干处理后收集的花粉活力次之,为59.55%;日照干燥处理后收集的花粉活力最小,为35.75%。

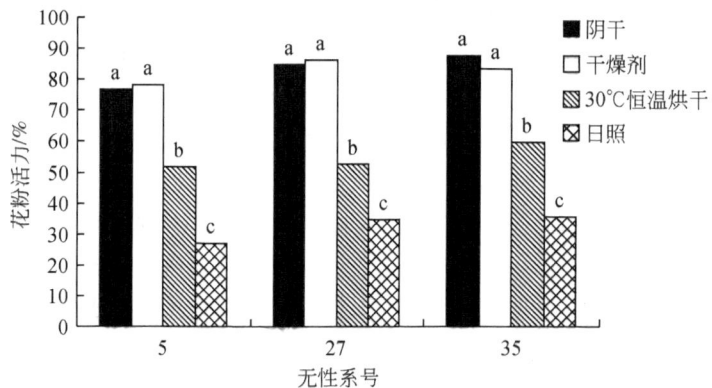

图1-12 不同处理方式下的花粉活力(姚小华等,2011)
同一无性系号不同字母表示差异达5%显著水平
Fig. 1-12 Effect of different treatments on pecan pollen activity

2. 不同采摘时间花粉活力

经单因素方差分析可知,同一薄壳山核桃无性系不同开花时期采集的花粉活力均达到了显著性差异($P<0.05$)。由图1-13可知,3个薄壳山核桃无性系花粉

活力均表现出，盛花期>始花期>末花期。

经多重比较分析可得，无性系 5 号始花期时的花粉活力与盛花期时的花粉活力无显著性差异（$P<0.05$），但始花期和盛花期时的花粉活力与末花期时的花粉活力存在显著性差异（$P<0.05$），始花期、盛花期和末花期花粉活力分别为 68.17%、77.96%、40.75%；无性系 27 号和无性系 35 号各始花期、盛花期、末花期时采集的花粉之间均存在显著性差异（$P<0.05$），其中无性系 27 号盛花期时的花粉活力分别是始花期和末花期的 117.99%、288.58%；无性系 35 号盛花期时的花粉活力分别是始花期和末花期的 111.63%、221.56%。

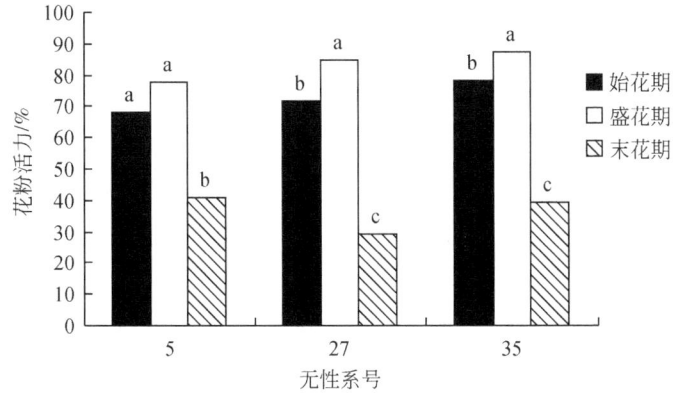

图 1-13　不同采摘时期花粉活力（姚小华等，2011）
同一无性系号不同字母表示差异达 5% 显著水平

Fig. 1-13　Effect of different collection period on pecan pollen activity

3. 不同出粉时间的花粉活力

经单因素方差分析可知，同一薄壳山核桃无性系阴干 24h、48h、72h 后收集的花粉，活力均达到了显著性差异（$P<0.05$）。由图 1-14 可知，3 个薄壳山核桃无性系花粉活力均表现出，24h 后收集的花粉活力>48h 后收集的花粉活力>72h 后收集的花粉活力。

经多重比较可得，无性系 5 号、27 号和 35 号 24h 后收集的花粉活力、48h 后收集的花粉活力、72h 后收集的花粉活力之间均表现出显著性差异。对无性系 5 号而言，24h 后收集的花粉活力是 48h 后收集的花粉活力和 72h 后收集的花粉活力的 130.01%、247.81%；对无性系 27 号而言，24h 后收集的花粉活力是 48h 后收集的花粉活力和 72h 后收集的花粉活力的 132.51%、260.24%；对无性系 35 号而言，24h 后收集的花粉活力是 48h 后收集的花粉活力和 72h 后收集的花粉活力的 124.35%、181.54%。

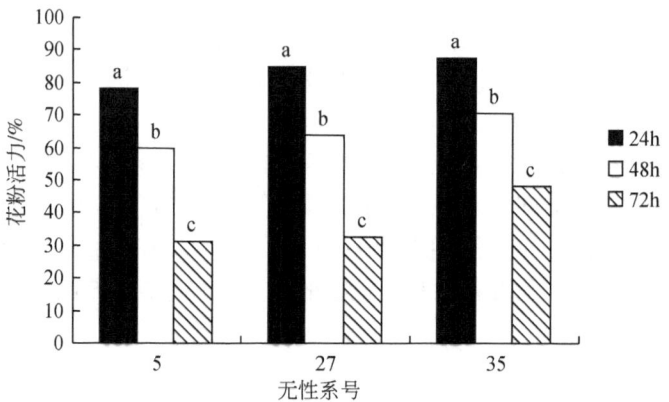

图 1-14 不同出粉时间花粉活力（姚小华等，2011 年）
同一无性系号不同字母表示差异达 5% 显著水平

Fig. 1-14 Effect of different pollen flying duration after collection on pecan pollen activity

以上试验结果表明，同一薄壳山核桃无性系不同处理方式下收集的花粉活力均达到了显著性差异（$P<0.05$），总体表现为干燥剂处理后收集的花粉活力与阴干处理后收集的花粉活力最大，30℃恒温烘干处理后收集的花粉活力次之，日照干燥处理后收集的花粉活力最小，这与贺澄日等对玉米花粉不同干燥方法试验得出的日照干燥处理后收集的花粉活力最小这一结论基本相符。张毅等测定了山核桃整个散粉周期的花粉活力，最后得出在整个散粉初期、散粉盛期、散粉末期的过程中，花粉活力变化平均值呈正态分布，符合拟合的正态分布图；王翔等对耐冬山茶 4 个品种不同开花时期（1~37d）花粉活力进行了研究，结果表明，花粉活力随时间的增长，均呈现递减的趋势；对非洲菊的研究结果也表明，4 个品种在不同开花时期的花粉萌发率不同。本试验中，同一薄壳山核桃无性系不同开花时期采集的花粉活力均达到了显著性差异（$P<0.05$），无性系 5 号、27 号、35 号花粉活力均表现出，盛花期>始花期>末花期；同一薄壳山核桃无性系阴干 24h、48h、72h 后收集的花粉活力均达到了显著性差异（$P<0.05$），无性系 5 号、27 号、35 号花粉活力均表现出，24h 后收集的花粉活力>48h 后收集的花粉活力>72h 后收集的花粉活力。

第四节 生态条件

薄壳山核桃自然分布集中在北美大陆，如得克萨斯州，俄克拉何马州、阿肯色州、路易斯安那州和密西西比州等地，但经济栽培集中在中南部及东南部地区，即西经 100°以东，北纬 40°以南广大地区的十几个州，主要产区在佐治亚州、亚拉巴马州、路易斯安那州、佛罗里达州、得克萨斯州和密西西比州等。在漫长的历史驯化栽培过程中形成了许多的品种，它们对不同气候有一定的生存适应性。大多数品种适应了南方湿润温暖的热带和亚热带气候，但也有一些品种适应于在北方干旱、寒冷的气候条件下生长，开花结果。在南北纬25°～40°为适应生长区，年平均温度5～20℃，1月平均温度为4～12℃，7月平均温度为23～30℃，极端最低温度为-30～-8℃，≥10℃的积温3300～5400℃，无霜期180～245d，年降雨量为224～1626mm；土壤pH6～8，最佳pH为7.0以上。土层深厚肥沃、质地疏松、保水保土性好、地下水位低的冲积土或沙壤土，最适宜生长，结果也较好。

薄壳山核桃产区的地理分布主要取决于气候，它的树体生长和结果受生长季的长短、温度、湿度、降雨量和风暴等因素的影响。薄壳山核桃需要较长的生长期，从春季生长开始，直到秋季果实成熟，不同栽培品种所需的生长天数为140～245d。在美国，薄壳山核桃可分为南方栽培品种和北方栽培品种，这主要取决于果实成熟所需要的生长天数，即生长季的长短。

一、温度

薄壳山核桃最适合生长于夏季平均气温为23.8～29.4℃，昼夜温差不大的地区。实际积温比冬季寒冷和生长季短更为重要。在同一纬度上，中西部比沿海各州的夏季温度要高，在平均气温和生长季达到要求上，这种气候显然是温暖的环境，适宜薄壳山核桃生长，但有的地方由于生长季天数的关系，某些薄壳山核桃品种虽然可以生长，但果实可能不饱满。

生长季的长短，对薄壳山核桃的生长发育和结果非常重要，生长季太短，即无霜期短，只有140多天，在早春、晚秋常易遭受霜冻，尤其是早春花芽遭受霜冻后，会影响正常生长发育。薄壳山核桃主产区的无霜期一般在200d以上，而大多数薄壳山核桃品种要求无霜期在180～200d及以上，这一点在选种品种时要特别注意。

积温是决定薄壳山核桃是否适宜生长的又一重要因子。从薄壳山核桃的自然分布和种植范围来看，它的积温在10℃时要求为3300～5400℃，在低积温地方，不能满足树体生长发育的要求，尤其是南方品种，需要天数长一些，积温高一点，在低积温地区种植，就会出现结果推迟或种仁不饱满，甚至空壳现象。

冬季的极端低温，也是一个重要气象因子。薄壳山核桃在原产地的天然分布区内，能耐-29℃的极端低温。但薄壳山核桃的抗寒性种内变异很大，一般来讲，实生的比嫁接的抗寒性强；北方型品种比南方型品种抗寒性强；成年大树比幼树抗寒性强等。抗寒性的强弱也因品种存在差异。南方品种在北移或向其他地区种植时，极端低温应不低于-18℃为好。在我国北方引种薄壳山核桃时，最好引种北方型品种为宜。

薄壳山核桃新梢易受晚霜危害而造成当年减产。同样，一次严重的早霜或冰冻也会冻坏未成熟的薄壳山核桃。早霜也会造成树木冻害而减少翌年的果实产量。虽然薄壳山核桃是一种适宜温暖气候条件下生长的树种，但在冬天还是需要有一定寒冷时间天数的。如果种植区太靠南，可能不能于春季适时开花和生长，因为没有达到适时的寒冷度（即寒冷时间和天数）。有的栽植者在调查和研究后认为，薄壳山核桃需要有低于-6℃左右的温度持续一定时间（636h）的寒冷度，它才能正常开花结果。在无霜期特别长（超过250d以上）时，不能满足薄壳山核桃对低温的要求，它虽能生长，但产量不理想，有些无性系并不要求这么多的寒冷度也能生长结果很好，如在得克萨斯州的一些谷地等。因此，栽培品种的不同，所需要寒冷度的时间也是不同的。只要达到适当的寒冷度，它就能正常生长开花结果。后来有人发现，寒冷度，因品种和无性系不同而不同，有500h以上就够了。

二、光照

薄壳山核桃是喜光性树种，通常情况下，几乎没有光饱和点。在阳光不足影响正常光合作用的条件下，会影响树体生长，造成减产和降低果实品质，因此，在适宜栽培的范围内选择光照条件充足的坡地或坡向是种植薄壳山核桃重要的条件。

三、降雨

充足的土壤水分对薄壳山核桃生长是十分必要。土壤水分一般可以从地下水、地表灌溉水和自然降水得到。降雨量的多少是薄壳山核桃生长的一个重要因素，在美国分布范围内，东南部的降雨量一般在1000mm以上，西部和北部干旱区仅为500~800mm。降雨过多，尤其是花期降雨多，会直接影响授粉受精，严重时会造成当年减产，甚至没有收成。在有适当降雨和土壤水充足的地方，空气相对湿度在55%以上时，薄壳山核桃能很好生长，结果较多。

四、湿度

薄壳山核桃通常生长在湿度较高的地方，但这种条件有几方面不利结果。一是在相对湿度高于80%的地方，尤其是在花期，由于湿度大，花的开裂散粉受到严重影响，有碍薄壳山核桃的正常授粉受精。二是危害薄壳山核桃叶和果实的病虫害比较严重，从而影响正常生长和结果。三是收获季节湿度过高或遇雨天，会导致果实提前脱落而减产。因此，在常年湿度较大的地方，尤其是在花期和果实成熟期湿度较大的地方，不宜发展薄壳山核桃。

五、冰雹和风暴

沿海地区的薄壳山核桃比内陆更容易遭受风暴等的袭击。在花期和生长季中如遇到风暴等会造成薄壳山核桃减产甚至绝收，在发展薄壳山核桃时应加以考虑。

六、地形和土壤

薄壳山核桃生长的生态条件，除温度、湿度和降雨外，地形和土壤因素对薄壳山核桃的生长和结果影响也较大。因此，在建园时，应重视地形和土壤的选择。薄壳山核桃喜爱土层深厚的土壤，泥土过于浅薄，不宜栽植。土壤要求土层深厚，肥沃疏松，排水良好。

土壤质地关系到土壤持水力，土壤可供水性能及根系延伸的难易，同时，也关系到土壤保肥力和通气性。薄壳山核桃喜爱质地疏松的沙壤，表土层以沙壤土或壤土为好，心土层质地同表土层或者为中性。重壤土的土壤也适合生长，但过于黏重，尤其是心土层黏重的酸性土、石性土壤不宜种植。在排水不良，透气性差或者地下水过高的地方也不宜种植。对土壤 pH 要求不严，但在 5.8~8.0 为好，否则会导致生长不良。土壤过酸过碱，都会造成土壤中营养的不平衡，表现为缺素症，只有通过平衡施肥，防止某种养分的短缺，才能有利于薄壳山核桃的生长发育和结果。

薄壳山核桃是深根性树种，主根非常发达，侧根分布广而深，成年树干根系可达 3~4m 及以上。在种植薄壳山核桃时，土层深度最好在 1m 以上为宜。薄壳山核桃适宜在背风向阳的缓坡生长，同一海拔，因地方不同会造成局部气候上的差异，影响其生长和结果。丘陵地带高温干旱是发展薄壳山核桃的限制因子，生长在阴坡、半阴坡的树，其生长和经济性状往往优于阳坡，而在高海拔地区，因湿度和温度低，以阳坡为好。薄壳山核桃在云南有些高海拔条件下引种成功，填补了该省中海拔无良好经济林树种生长的空白，为当地农民脱贫致富，增加收入提供了支持。

人们在规划发展薄壳山核桃时，一定要重视生态条件和造林地的选择，做到适地适树，克服盲目性，这样才能获得较高产量和良好的经济效益。

第五节 不同措施对薄壳山核桃根系生长的影响

薄壳山核桃的根大致可分为主根、侧根和毛细根，毛细根又叫吸收根。主根发达且粗长是薄壳山核桃根系的特点,其主根直接向下生长,侧根向水平方向伸展,毛细根则是向各个方向发展延伸。主侧根形成早期是很细长的,主要发挥吸收作用,随着年龄的增加而不断加粗,逐渐发挥贮藏、支持和输导的功能。根系的生长发育往往受外界环境的影响,主要有温度、土壤水分、质地、土壤结构和营养状况等。温度对根系生长发育有影响:生长根,即吸收根在温度低于-2℃时,就会被冻死;温度高于38℃时,就会热炽而死;在温度为0~15℃时根系生长缓慢;在温度为15~30℃时,生长速度最快;当遇到炎热天气,气温在38℃且高温连续几天后,地表生长根也会死亡,这时,对老根也有影响。

从实生幼苗到大树根系发育的规律来看,种子苗木一年后地下部分生长量较小,主根能长0.5~1.0m,这也与土壤的肥力、水分和立地有关。第2年可达1.5m以上,第3年,主根的长度、干高和侧根长度大致相等。第4年干高超过主根长度,侧根的长度为干高的2倍。在第5年根系没有明显的生长,侧根和生长根较发达。在苗木栽植几年后,根系和地上部分的差异也会逐渐消失。根系的水平分布,一般在耕作的果园内,根系主要分布在离地表30~50cm的土层。当深挖深垦时,根系的水平分布就深,耕作较浅或地面进行复垦时,根系的水平分布较浅。所以,耕作对根系生长发育有较大的影响。

一、不同品种接穗对嫁接苗木根系生长发育的影响

试验安排在浙江省建德市薄壳山核桃育苗基地,2006年3月18日,选取大小基本一致,无病虫害的薄壳山核桃两年实生苗为砧木进行嫁接,接穗为30号、27号、51号、5号、黄山1号和马罕6个品种(30号、27号、51号和5号为实生群体选育出的优良无性系),2007年3月18日取样,不同接穗嫁接苗重复15次,每次取苗1株。用游标卡尺、卷尺分别测定苗粗、苗高;根系质量用1/100电子天平称量;根冠比为根系干重/地上部分干重;采用加拿大Regent公司(Regent Instruments Inc)的STD1600+、双光源专用扫描仪对根系扫描,根系图像分析采用该公司的根系图像分析软件WinRHIZO Pro 2005b,得出根系长度、根系表面积、根系体积、各根级根系长度、根系表面积、根系体积等指标。

1. 不同接穗对薄壳山核桃苗木根系影响特征

从表1-4方差分析中可以看出,薄壳山核桃不同接穗嫁接苗根系长度、根系表面积、根系体积、根系鲜重、根系干重和根冠比等之间都存在极显著的差异,地上部分的生长指标嫁接点以上粗度、嫁接点以上长度也存在极显著差异。根系总长最大为黄山1号,为2911.36cm,最小为27号,仅为1601.34cm,达1.82倍;根系表面积最大也为黄山1号,为573.07cm^2,最小的是27号,仅为

319.51cm², 达 1.79 倍；根系体积差异也比较大，最大为黄山 1 号，可达 10.83cm³，最小为 30 号，仅为 5.14cm³，达 2.11 倍。

表1-4 不同接穗薄壳山核桃嫁接苗各参数方差分析（常君等，2007）
Table 1-4 Variance analysis of parameters from seedlings grafted by different scions

变因	df	根系长度/cm		根系表面积/cm²		根系体积/cm³		嫁接点以上粗度/cm	
		MS	F	MS	F	MS	F	MS	F
组间	5	3 083 289	3.513**	169 782	6.064**	100.5	5.614**	0.498 0	43.81**
组内	84	877 587		27 998		17.90		0.011 37	

变因	df	嫁接点以上长度/cm		根系鲜重/g		根系干重/g		根冠比（干重）	
		MS	F	MS	F	MS	F	MS	F
组间	5	4 690	44.89**	16 781	7.845**	6 966	10.48**	4.363	9.034**
组内	84	104.5		2 139		664.7		0.482 9	

*为显著性差异；**为极显著差异。

从表 1-5 中可以看出，黄山 1 号、马罕二者在各指标之间未表现出显著性差异外，与其他不同接穗嫁接苗均显著性差异（51 号除外）；嫁接点以上粗度、嫁接点以上长度显著性差异完全一致，黄山 1 号、马罕和 5 号三者两两之间未表现出显著性差异，分别与 51 号、27 号、30 号均显著性差异；地下部分鲜重、地下部分干重显著性差异也比较一致，黄山 1 号、马罕二者之间未表现出显著性差异，与 5 号、51 号、27 号、30 号均显著性差异，5 号与 51 号、30 号与 27 号之间未表现出显著性差异；根冠比为衡量根系机能的一个重要指标，根冠比值高说明根系的机能活性强，反之则弱，由表 1-5 多重比较可看出，30 号根冠比值与 27 号、5 号、

表1-5 不同接穗薄壳山核桃嫁接苗各参数均值、多重比较（常君等，2007）
Table 1-5 Multiple comparisons of parameters from seedlings grafted by different scions

接穗	根系长度/cm	根系表面积/cm²	根系体积/cm³	嫁接点以上粗度/cm	嫁接点以上长度/cm	根系鲜重/g	根系干重/g	根冠比（干重）
黄山 1 号	2911.36a	573.07a	10.83a	0.993a	53.59a	161.42ab	94.21a	2.52cd
51 号	2332.53ab	463.05ab	7.94ab	0.692b	19.80b	121.39c	59.92bc	2.58cd
马罕	2272.73ab	514.84a	10.67a	0.992a	50.33a	164.32a	87.33a	2.21d
5 号	1995.88b	360.86bc	5.81b	0.942a	46.32a	128.59bc	67.24b	2.84bc
30 号	1873.92b	325.42c	5.14b	0.615b	19.12b	93.71cd	45.89c	3.73a
27 号	1601.34b	319.51c	5.53b	0.637b	23.27b	83.55d	40.92c	3.16b

注：显著水平为 5%，同列相同字母表示两者差异不显著。

51号、黄山1号、马罕均显著性差异，27号与5号二者之间未表现出显著性差异，27号分别与黄山1号、马罕、51号显著性差异，51号、黄山1号与马罕三者两两之间均未表现出显著性差异。就造林成活率角度考虑，黄山1号无论是根系长度、根系表面积还是根系体积均最大，适宜造林，但其结果性状还有待于进一步追踪观测；马罕品种，虽然根系长度、根系表面积和根系体积不是最大，造林时对其成活率可能有一定影响，但其结实性状较好，经济价值较高，为目前主要推广品种。关于不同接穗薄壳山核桃品种的综合经济效益评价还有待于进一步的研究。

2. 不同接穗薄壳山核桃苗各参数相关性分析

从表1-6中可以看出，除根冠比外，根系长度、根系表面积、根系体积、嫁接

表1-6 不同接穗薄壳山核桃苗各参数相关性分析（常君等，2007）

Table 1-6　Correlation analysis of parameters from seedlings grafted by different scions

指标	根系长度/cm	根系表面积/cm²	根系体积/cm³	嫁接点以上粗度/cm	嫁接点以上长度/cm	地下部分鲜重/g	地下部分干重/g	地上部分鲜重/g	地上部分干重/g	根冠比
根系长度/cm	1									
根系表面积/cm²	0.8509**	1								
根系体积/cm³	0.5107**	0.8715**	1							
嫁接点以上粗度/cm	0.3797**	0.5102**	0.4984**	1						
嫁接点以上长度/cm	0.3042**	0.4269**	0.4288**	0.9163**	1					
地下部分鲜重/g	0.4577**	0.7037**	0.7203**	0.6875**	0.6107**	1				
地下部分干重/g	0.4619**	0.6955**	0.7092**	0.7181**	0.6619**	0.9803**	1			
地上部分鲜重/g	0.4466**	0.6605**	0.6589**	0.8345**	0.7987**	0.8291**	0.8433**	1		
地上部分干重/g	0.4536**	0.6645**	0.6617**	0.8253**	0.7917**	0.8220**	0.8419**	0.9977**	1	
根冠比（干重）	-0.0582	-0.0772	-0.0616	-0.3882**	-0.3786**	0.0666	0.0546	-0.4430**	-0.4433**	1

﹡为显著相关，﹡﹡为极显著相关。

点以上粗度、嫁接点以上长度、地下部分鲜重、地下部分干重、地上部分鲜重、地上部分干重两两之间均呈极显著正相关,根系表面积与根系长度、根系体积 ($r=0.8509^{**}$、0.8715^{**}),嫁接点以上粗度与嫁接点以上长度、地上部分鲜重、地上部分干重 ($r=0.9163^{**}$、0.8345^{**}、0.8253^{**}),地下部分鲜重与地下部分干重、地上部分鲜重、地上部分干重 ($r=0.9803^{**}$、0.8291^{**}、0.8220^{**}),地下部分干重与地上部分鲜重、地上部分干重 ($r=0.8433^{**}$、0.8419^{**}),地上部分鲜重与地上部分干重 ($r=0.9977^{**}$) 的相关系数均在 0.8 以上,估计精度在 95% 的可靠性水平也都在 90% 以上。根冠比值与嫁接点以上粗度、嫁接点以上长度、地上部分鲜重、地上部分干重 ($r=-0.3882^{**}$、-0.3786^{**}、-0.4430^{**}、-0.4433^{**}) 均表现出极显著负相关,但与地下部分鲜重、地下部分干重相关不显著,根冠比值与地上部分关系较为密切。

3. 不同接穗薄壳山核桃苗木根系生物量与根系分级

生物量是生态系统获取能量能力的主要体现,对生态系统结构的形成具有十分重要的影响。从图 1-15 可以看出,接穗不同对薄壳山核桃嫁接苗木根系生物量影响比较大,经方差分析都表现极显著差异 ($F_{鲜重}=7.85$,$F_{干重}=10.48$,$F_{0.01}=3.24$),其中以马罕根系生物量最大 ($W_{鲜重}=164.32g$),其次为黄山 1 号、5 号和 51 号,30 号根系生物量最少,含水率经方差分析也表现出极显著差异 ($F=13.53$,$F_{0.01}=3.24$),变化范围不大,集中在 40%~50%。

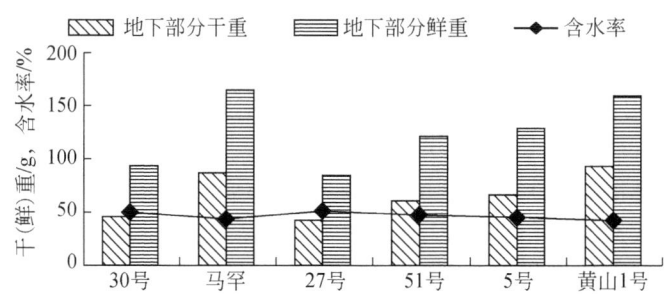

图 1-15 不同接穗薄壳山核桃苗木根系生物量及含水量(常君等,2007)

Fig. 1-15 The roots biomass and water content of seedlings grafted by different scions

细根在森林生态系统初级生产力分配中占有较大比例,并在养分循环中起着重要作用。许多研究表明,虽然细根仅占森林总生物量的 3%~30%,但它具有巨大的吸收表面积、生理活性强,是树木水分和养分吸收的主要器官。同时细根生长和周转迅速,对树木碳分配和养分循环起着十分重要的作用。其生长量可占森林初级生产力的 50%~75%。从图 1-16 可以看出,接穗不同薄壳山核桃苗木不同根级根系长度存在较大差异，根系长度均在 0.0mm<d≤0.5mm，为最长，其次为 0.5mm<d≤1.0mm 和 1.0mm<d≤3.0mm，d>3.0mm 根级根系长度最小，在同一根级中不同接穗薄壳山核桃苗木根系长度也存在较大差异，如在 0.0mm<d≤0.5mm 根级中，黄山 1 号根系长度最大，其次分别为 5 号、30 号、51 号和马罕，27 号根系长度最小，在其他 3 个根级中，除个别例外外，表现出与 0.0mm<d≤0.5mm 根级相似的规律；不同接穗薄壳山核桃苗木不同根级之间根系表面积和同一根级内根系表面积均存在较大差异，根系表面积在 1.0mm<d≤3.0mm 最大，其次分别为 0.0mm<d≤0.5mm 和 d>3.0mm，在 0.5mm<d≤1.0mm 根级根系表面积最小，在同一根级内，根系表面积表现出与根系长度相同的规律，同样以 0.0mm<d≤0.5mm 根级说明，黄山 1 号根系表面积最大，其次分别为 5 号、30 号、51 号和马罕，27 号根系表面积最小，在其他 3 个根级中，除个别例外外，表现出与 0.0mm<d≤0.5mm 根级相似的规律；根系体积在不同根级之间表现出与根系长度相反的规律，在 d>3.0mm 根级根系体积最大，其次分别为 1.0mm<d≤3.0mm 和 0.5mm<d≤1.0mm，在 0.0mm<d≤0.5mm 根级根系体积最小，而在同一根级内，根系体积也表现出与根系长度、根系表面积相同的规律，在 0.0mm<d≤0.5mm 根级内，黄山 1 号根系体积最大，其次分别为 5 号、30 号、51 号和马罕，27 号根系体积最小，在其他 3 个根级中，除个别例外外，表现出与 0.0mm<d≤0.5mm 根级相似的规律。

综合图 1-16 可以看出，根系体积大的，根系长度和根系表面积不一定大，如 d>3.0mm 根系，虽然体积最大，根系长度反而最小，而在 0.0mm<d≤0.5mm 根级根系虽然体积最少，但是根系长度最长，根系表面积也较大，这也说明了毛细根对于苗木的重要性，它拥有巨大的根系表面积，是水分和养分吸收的重要保障。

由于不同接穗对苗木根系影响的不同，结合生产实践，为提高造林成活率，可选择不同接穗促进苗木根系生长，尤其是促进细根的生长。除此之外，还应综合评价其经济效益，结合开花结实习性，作出综合评价，以用于指导生产实践。对不同接穗薄壳山核桃苗木根系生物量、根系长度、根系表面积、根系体积、苗木的粗度和高度等指标分析表明，不同接穗薄壳山核桃苗木根系之间均存在极显著差异，根系总长均值最大可达 2911.36cm，为最小值的 1.82 倍；根系表面积最大为 573.07cm^2，为最小值的 1.79 倍；根系体积差异也比较大，最大可达 10.83cm^3，是最小值的 2.11 倍。接穗不同薄壳山核桃苗木不同根级之间根系长度、根系表面积、根系体积均存在较大差异，根系长度最大在 0.0mm<d≤0.5mm 根级，根系表面积最大在 1.0mm<d≤3.0mm 根级，根系体积最大在 d>3.0mm 根级。在同一根级内接穗不同薄壳山核桃苗木根系长度、根系表面积、根系体积也存在较大差异。

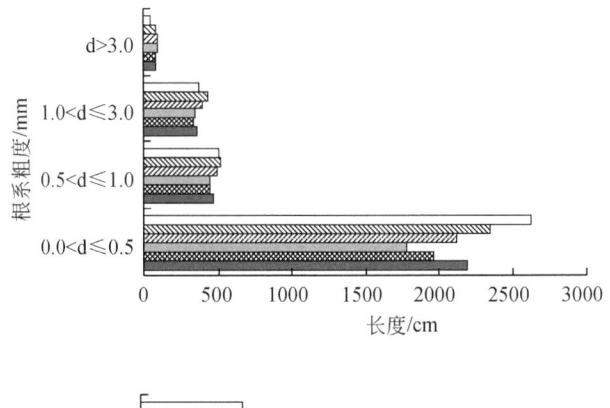

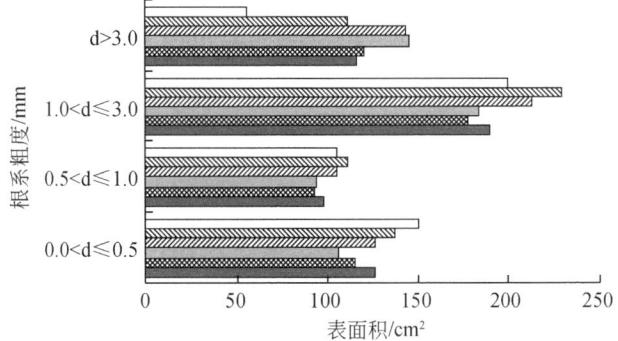

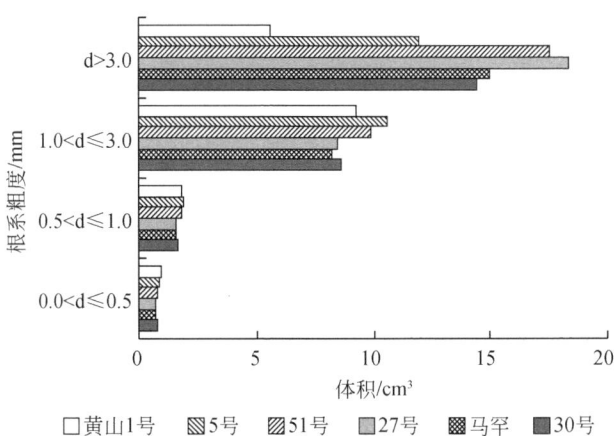

图 1-16 不同接穗薄壳山核桃苗木根系长度、表面积和体积（常君等，2007）

Fig. 1-16 The roots length, surface area and volume of seedlings grafted by different scions

二、不同基质（容器）对薄壳山核桃苗木根系生长的影响

试验材料为生长健壮、无病虫害、大小基本一致的薄壳山核桃播种苗，由不

同去胚尖措施（C_1 不去胚尖、C_2 去 1/3 胚尖、C_3 去 1/2 胚尖）、不同育苗容器（A_1 空气截根容器、A_2 化学截根容器、A_3 普通育苗容器）和不同育苗基质（表1-7）3 个因素采用 $L_9 3^4$ 正交设计安排试验，共 9 个处理，每个处理 4 次重复，每盆 1 株。于 2007 年 4 月初安排好试验，为了满足苗木生长对养分的需求，分别于 2007 年 5 月、7 月进行追肥。于 2007 年 10 月下旬取样进行调查，采用加拿大 Regent 公司（Regent Instruments Inc）的 STD1600+、双光源专用扫描仪对根系扫描，根系图像分析采用该公司的根系图像分析软件 WinRHIZO Pro 2005b，得出根系长度、根系表面积、根系体积等指标，并对数据进行汇总分析。

表1-7 不同基质各成分所占比例（单位:%）（常君等，2007）
Table 1-7 The ratio of different ingredients in growing media of pecan seedlings

	基质配比				
	耕作土	泥炭土	珍珠岩	蛭石	腐熟锯末
B_1	80%	20%			
B_2		40%	40%	20%	
B_3		30%	20%		50%

1. 不同育苗措施对苗木地径、苗木高度的影响

1）对苗木地径的影响

苗木地径生长是衡量植株横向生长的指标，由表1-8 方差分析结果表明，不同育苗措施对苗木地径均有较大影响。其中容器种类和基质类型对苗木地径表现出显著性差异，显著水平分别为 0.042 和 0.035，而去胚尖措施对苗木地径表现出极显著差异，显著水平为 0.012。

表1-8 不同育苗措施苗木地径正交设计方差分析表（常君等，2007）
Table 1-8 Variance analysis of ground diameter of seedlings by different culture treatments

变异来源	平方和	自由度	均方	F 值	显著水平
x（1）	0.084	2	0.042	3.54	0.042
x（2）	0.089	2	0.045	3.77	0.035
空白	0.037	2	0.018		
x（4）	0.122	2	0.061	5.14	0.012
模型误差	0.037	2	0.018	1.62	0.453
重复误差	0.308	27	0.011		
合并误差	0.345	29	0.012		

由表1-9 各育苗措施对苗木地径多重比较结果表明，仅空气截根容器和普通

育苗容器二者之间地径表现出显著差异，其他容器两两之间未表现出显著性差异，其中以普通育苗容器地径最大，为0.73cm，空气截根容器苗木地径最小，为0.62cm；40%泥炭+40%珍珠岩+20%蛭石基质配比苗木地径分别与其他两种基质（80%耕作土+20%泥炭；30%泥炭+20%珍珠岩+50%腐熟锯末）苗木地径表现出显著性差异，其中以40%泥炭+40%珍珠岩+20%蛭石基质苗木地径最大，为0.74cm，80%耕作土+20%泥炭基质苗木地径最小，为0.64cm；不同去胚尖部位对苗木地径也有较大影响，其中去1/3胚尖和不去胚尖两种措施间苗木地径表现出显著性差异，其他措施间未表现出显著性差异，其中以去1/2胚尖苗木地径最大，为0.74cm，不去胚尖苗木地径最小，为0.60cm。

表1-9 不同育苗措施下苗木地径均值、多重比较（单位：cm）（常君等，2007）

Table 1-9 Multiple comparisons of ground diameter of seedlings by different culture treatments

处理措施	A（容器种类）		B（基质种类）		C（去胚尖措施）	
水平	均值	范围	均值	范围	均值	范围
1	0.62b	0.48~0.85	0.64b	0.53~0.86	0.60b	0.48~0.73
2	0.66ab	0.58~0.86	0.74a	0.58~1.08	0.67ab	0.55~0.85
3	0.73a	0.55~1.08	0.63b	0.55~0.73	0.74a	0.59~1.08

注：5%显著水平，同列不同字母表示差异显著。

2）对苗木高度的影响

由表1-10方差分析结果表明，各措施对苗木高度的影响与地径稍有不同，仅容器种类对苗木高度表现出显著性差异，显著水平为0.044，其他各措施均未表现出显著性差异。

表1-10 不同育苗措施苗木高度正交设计方差分析表（常君等，2007）

Table 1-10 Variance analysis of height of seedlings by different culture treatments

变异来源	平方和	自由度	均方	F值	显著水平
x（1）	288.557	2	144.279	3.488	0.044
x（2）	52.7039	2	26.352	0.637	0.536
空白	106.527	2	53.264		
x（4）	121.496	2	60.748	1.469	0.247
模型误差	106.527	2	53.264	1.316	0.523
重复误差	1093.053	27	40.483		
合并误差	1199.580	29	41.365		

由表1-11各不同育苗措施对苗木高度多重比较结果表明，空气截根容器、

化学截根容器苗木高度分别与普通育苗容器表现出显著性差异,其中化学截根容器苗木高度最大,为41.96cm,空气截根容器苗木高度最小,仅为35.30cm;基质类型、不同去胚尖部位对苗木高度均未表现出显著性影响,其中以30%泥炭+20%珍珠岩+50%腐熟锯末基质苗木高度最大,为38.93cm,80%耕作土+20%泥炭为基质苗木高度最小,为36.36cm;去1/2胚尖苗木高度最大,为40.54cm,去1/3胚尖苗木高度最小,为36.14cm。

表1-11 不同育苗措施下苗木高度均值、多重比较(单位:cm)(常君等,2007)

Table 1-11 Multiple comparisons of height of seedlings by different culture treatments

处理措施	A(容器种类)		B(基质种类)		C(去胚尖措施)	
水平	均值	范围	均值	范围	均值	范围
1	35.30b	29.2~43.5	36.36a	31.2~44.8	37.53a	24.5~55.8
2	41.96a	36.0~46.4	38.92a	29.2~48.3	36.14a	29.2~46.4
3	36.95ab	24.5~55.8	38.93a	24.5~55.8	40.54a	32.5~48.3

注:5%显著水平,同列不同字母表示差异显著。

2. 不同育苗措施对苗木根系生长的影响

1)对苗木根系长度的影响

根系作为"隐藏的一半",现在越来越受到国内外学者的关注。由于根系的隐藏性,对根系的研究难度较大,本研究内容通过容器育苗来初步探索研究根系长度、根系表面积和根系体积等生长指标,以期能够对薄壳山核桃苗木根系生长规律有所了解。由表1-12方差分析结果表明,容器种类对根系长度未表现出显著性影响,而基质种类、去胚尖部位不同对根系长度均表现出极显著影响,显著水平分别为0.002和0.008。

表1-12 不同育苗措施苗木根系长度正交设计方差分析表(常君等,2007)

Table 1-12 Variance analysis of roots length of seedlings by different culture treatments

变异来源	平方和	自由度	均方	F值	显著水平
x(1)	2 884 093	2	1 442 046	0.693	0.508
x(2)	33 988 367	2	16 994 183	8.166	0.002
空白	12 070 390	2	6 035 195		
x(4)	23 551 614	2	11 775 807	5.659	0.008
模型误差	12 070 390	2	6 035 195	3.375	0.254
重复误差	48 279 253	27	1 788 120		
合并误差	60 349 643	29	2 081 022		

由表1-13各不同育苗措施多重比较结果表明，容器种类两两之间对苗木根系长度均未表现出显著性差异，其中以普通育苗容器苗木根系长度最长，为3159.59cm，空气截根容器苗木根系长度最小，为2514.33cm；40%泥炭+40%珍珠岩+20%蛭石为基质和30%泥炭+20%珍珠岩+50%腐熟锯末为基质二者之间根系长度未表现出显著性差异，但分别与80%耕作土+20%泥炭为基质苗木根系长度表现出显著性差异，其中以40%泥炭+40%珍珠岩+20%蛭石为基质苗木根系长度最长，为4075.92cm，80%耕作土+20%泥炭为基质苗木根系长度最小，仅为1754.33cm；去1/3胚尖和去1/2胚尖二者之间根系长度未表现出显著性差异，分别与不去胚尖根系长度表现出显著性差异，其中以去1/3胚尖苗木根系长度最长，为3445.36cm，不去胚尖苗木根系长度最小，为1627.42cm。

表1-13 不同育苗措施下苗木根系长度均值、多重比较（单位：cm）（常君等，2007）
Table 1-13 Multiple comparisons of roots length of seedlings by different culture treatments

处理措施	A（容器种类）		B（基质种类）		C（去胚尖措施）	
水平	均值	范围	均值	范围	均值	范围
1	2514.33a	812.48~6848.02	1754.33b	812.48~3398.96	1627.42b	812.48~3165.92
2	2617.34a	1564.09~5500.31	4075.92a	1753.76~8045.52	3445.36a	1464.52~5500.31
3	3159.59a	902.44~8045.52	2461.02b	902.44~5500.31	3218.49a	1564.09~8045.52

注：5%显著水平，同列不同字母表示差异显著。

2) 对苗木根系表面积的影响

由表1-14苗木根系表面积方差分析结果表明，容器种类对苗木根系表面积均未表现出显著性差异，基质类型、去胚尖部位不同对苗木根系表面积均表现出极显著差异，显著水平分别为0.001和0.019。

表1-14 不同育苗措施苗木根系表面积正交设计方差分析表（常君等，2007）
Table 1-14 Variance analysis of roots surface area of seedlings by different culture treatments

变异来源	平方和	自由度	均方	F值	显著水平
x（1）	137 546.20	2	68 773.12	1.02	0.373
x（2）	1 048 342.00	2	524 171.10	7.77	0.001
空白	387 773.40	2	193 886.70		
x（4）	607 077.70	2	303 538.80	4.500	0.019
模型误差	387 773.40	2	193 886.70	3.338	0.256
重复误差	1 568 285.00	27	58 084.61		
合并误差	1 956 058.00	29	67 450.27		

由表1-15各不同育苗措施多重比较结果表明,容器种类根系表面积两两之间均未表现出显著性差异,其中以普通育苗容器苗木根系表面积最大,为577.91cm²,空气截根容器苗木根系表面积最小,为441.54cm²;80%耕作土+20%泥炭为基质和30%泥炭+20%珍珠岩+50%腐熟锯末为基质二者之间苗木根系表面积未表现出显著性差异,但分别与40%泥炭+40%珍珠岩+20%蛭石为基质苗木根系表面积表现出显著性差异,其中以40%泥炭+40%珍珠岩+20%蛭石为基质苗木根系表面积最大,为723.73cm²,80%耕作土+20%泥炭为基质苗木根系表面积最小,仅为319.78cm²;去1/3胚尖和去1/2胚尖二者之间苗木根系表面积未表现出显著性差异,分别与不去胚尖表现出显著性差异,其中以去1/2胚尖苗木根系表面积最大,为622.07cm²,不去胚尖苗木根系表面积最小,仅为313.89cm²。

表1-15 不同育苗措施下苗木根系表面积均值、多重比较(单位:cm²)(常君等,2007)

Table 1-15 Multiple comparisons of roots surface area of seedlings by different culture treatments

处理措施	A (容器种类)		B (基质种类)		C (去胚尖措施)	
水平	均值	范围	均值	范围	均值	范围
1	441.54a	173.59~979.97	319.78b	173.59~500.92	313.89b	167.27~486.18
2	452.75a	320.16~754.68	723.73a	277.98~1650.84	536.22a	220.11~979.97
3	577.91a	167.27~1650.84	428.69b	167.27~754.68	622.07a	303.88~1650.84

注:5%显著水平,同列不同字母表示差异显著。

3) 对苗木根系体积的影响

由表1-16苗木根系体积方差分析结果表明,容器种类对苗木根系体积均未表现出显著性影响,而基质类型、去胚尖措施对苗木根系体积均表现出极显著差异,显著水平分别为0.005和0.013。

表1-16 不同育苗措施苗木根系体积正交设计方差分析表(常君等,2007)

Table 1-16 Variance analysis of roots volume of seedlings by different culture treatments

变异来源	平方和	自由度	均方	F值	显著水平
x(1)	58.837	2	29.419	1.731	0.195
x(2)	220.847	2	110.424	6.497	0.005
空白	75.995	2	37.997		
x(4)	172.214	2	86.107	5.066	0.013
模型误差	75.995	2	37.997	2.461	0.330
重复误差	416.883	27	15.440		
合并误差	492.878	29	16.996		

由表1-17不同育苗措施下根系体积多重比较结果表明，空气截根容器对根系体积两两之间均未表现出显著性差异，其中以普通育苗容器苗木根系体积最大，为9.37cm³，化学截根容器苗木根系体积最小，为6.65cm³；80%耕作土+20%泥炭为基质和30%泥炭+20%珍珠岩+50%腐熟锯末为基质二者之间苗木根系体积未表现出显著性差异，分别与40%泥炭+40%珍珠岩+20%蛭石为基质苗木根系体积表现出显著性差异，其中以40%泥炭+40%珍珠岩+20%蛭石为基质苗木根系体积最大，为11.03cm³，80%耕作土+20%泥炭为基质苗木根系体积最小，仅为5.41cm³；去1/3胚尖和去1/2胚尖二者之间苗木根系体积未表现出显著性差异，分别与不去胚尖苗木根系体积表现出显著性差异，其中以去1/2胚尖苗木根系体积最大，为10.24cm³，不去胚尖苗木根系体积最小，仅为4.89cm³。

表1-17 不同育苗措施下苗木根系体积均值、多重比较（单位：cm³）（常君等，2007）
Table 1-17 Multiple comparisons of roots volume of seedlings by different culture treatments

处理措施	A（容器种类）		B（基质种类）		C（去胚尖措施）	
水平	均值	范围	均值	范围	均值	范围
1	6.66a	2.95~12.85	5.41b	2.95~8.79	4.89b	2.61~9.96
2	6.65a	4.59~9.96	11.03a	4.59~28.65	7.55ab	3.46~12.85
3	9.37a	2.61~28.65	6.23b	2.61~8.96	10.24a	4.61~28.65

注：5%显著水平，同列不同字母表示差异显著。

不同容器种类、不同基质及不同去胚尖措施均对薄壳山核桃苗木各指标有较大影响，其中以容器种类对苗木地上部分的苗木地径和苗木高度影响较大，均以普通育苗容器值最大，基质类型和去胚尖措施对苗木地径也有一定影响，但对苗木高度未表现出影响；对于苗木地下部分根系来讲，除容器种类对地下部分的根系长度、根系表面积及根系体积未表现出显著性影响外，基质类型和去胚尖措施均对苗木根系长度、根系表面积及根系体积有较大影响。其中以40%泥炭+40%珍珠岩+20%蛭石为基质及去1/2胚尖根系各指标为最优。因此在实际生产应用中，可选择普通育苗容器、40%泥炭+40%珍珠岩+20%蛭石为基质和去1/2胚尖的模式进行容器苗的培育，不仅可以获得基质较轻、苗木健壮的容器苗，同时其苗木根系发达，可大大提高造林成活率和保存率。

三、不同施肥梯度及截根措施对苗木根系的影响

于2007年2月初，选择生长健壮、无病虫害的1年生薄壳山核桃苗，采取截主根（主根保留15cm）和不截主根（主根保留在25cm以上）2种措施，截主根把1年生苗进行移栽时，将主根保留到15cm左右，然后进行栽植，不截主根将1年生苗保留于原圃地内，并对其密度进行调整，使其和移栽后的1年生苗密

度相当，施肥梯度为高（30g/株）、中（20g/株）、低（10g/株）3个梯度和不施肥作为对照进行试验，每个处理60株，共480株，定植2个月后开始取样，每月取样1次，进行各指标的测定。施肥分别于5月、7月、8月、9月4次施肥，肥料为复合肥。取样每个处理重复3次，每次取样1株，最后一次取样重复10次，每次取样1株。采用加拿大Regent公司（Regent Instruments Inc）的STD1600+、双光源专用扫描仪对根系扫描，根系图像分析采用该公司的根系图像分析软件WinRHIZO Pro 2005b；得出根系长度、根系表面积、根系体积、各根级根系长度、根系表面积、根系体积等指标，进行不同处理间各指标的方差分析和相关分析。

1. 不同施肥梯度及截主根措施对苗木根系长度的影响

由表1-18根系长度二因素方差分析结果表明，截主根与否对苗木根系长度影响较大，表现出极显著差异，显著水平为0.0001以上，而不同施肥梯度对苗木根系长度影响不大，未表现出显著性差异，截主根措施及不同施肥梯度二者之间表现出交互作用，显著水平为0.0031，达差异极显著。

表1-18 根系长度二因素方差分析表（常君等，2007）
Table 1-18 Two-factor variance analysis of roots length

变异来源	平方和	自由度	均方	F值	显著水平
A因素间	19 910 464.00	1	19 910 464.00	34.25	0.000 1
B因素间	1 835 383.30	3	611 794.40	1.05	0.374 8
A×B	8 802 027.10	3	2 934 009.00	5.05	0.003 1
误差	41 857 791.00	72	581 358.20		
总变异	72 405 666.00	79			

图1-17为不同截根措施及不同施肥梯度苗木根系长度多重比较结果，截主根

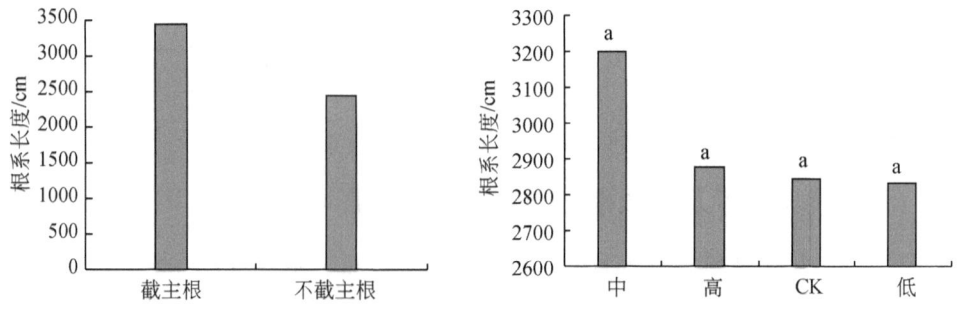

图1-17 不同截根措施及不同施肥梯度苗木根系长度多重比较

Fig. 1-17 Multiple comparisons of roots length of seedlings by different root-cut and fertilization treatments

后根系长度为3437.37cm，为不截主根根系长度的1.41倍，截主根后苗木地径、苗木高度等大小虽有所降低，但截主根措施可明显促进苗木根系的生长，其根系长度远远高于不截主根苗木根系长度；不同施肥梯度根系长度未表现出显著性差异，以中施肥苗木根系长度最大，为3199.43cm，其次为高施肥和对照根系长度，分别为2876.27cm和2844.91cm，低施肥苗木根系长度最小，为2833.37cm。中施肥、高施肥苗木根系长度分别比对照（CK）根系长度高12.46%和1.10%，低施肥苗木根系长度和对照根系长度相差无几。由此可见，在实际育苗过程中，并不是肥料越多越好，应该控制在适宜范围内，不仅可节约成本，还可以培育优质苗木。

由表1-19截主根措施及不同施肥梯度各组合苗木根系长度多重比较结果表明，截主根高施肥、截主根中施肥和截主根不施肥三者苗木根系长度两两之间未表现出显著性差异，分别与不截主根不施肥、不截主根高施肥苗木根系长度表现出极显著差异，显著水平均在0.0001以上（个别除外），此外，截主根高施肥苗木根系长度还与截主根低施肥、不截主根中施肥、不截主根低施肥根系长度表现出极显著差异，显著水平分别为0.0060、0.0029和0.0026，截主根中施肥分别与截主根低施肥、不截主根中施肥、不截主根低施肥苗木根系长度表现出显著性差异，显著水平分别为0.0391、0.0214和0.0191，截主根低施肥、不截主根中施肥及不截主根低施肥三者根系长度两两之间均未表现出显著性差异，分别与不截主根高施肥表现出极显著差异，显著水平分别为0.0053、0.0160和0.0120。各组合苗木根系长度均以截主根各施肥梯度下最大，截主根高施肥苗木根系长度最大，为3848.34cm，其次分别为截主根中施肥、截主根不施肥、截主根低施肥、不截主根中施肥、不截主根低施肥和不截主根不施肥苗木根系长度，分别为3600.38cm、3417.10cm、2883.66cm、2798.47cm、2783.07cm和2272.71cm，不截主根高施肥苗木根系长度最小，为1904.19cm。

图1-18为各不同处理下，苗木根系长度随生长时间变化曲线，由图可明显看出，不同处理苗木根系长度均表现出先增加后又减少的规律，从4月开始，一直到9月上旬，苗木根系长度逐渐呈现上升趋势，9月上旬以后，根系长度逐渐呈现减小的趋势。由于截主根，在4月和5月，不截主根不同施肥梯度苗木根系长度要大些，从6月开始，随着截主根后苗木根系的逐渐愈合，新根的生长等，截主根后苗木根系长度逐渐大于不截主根，一直到10月上旬，仍以截主根后苗木根系长度较大，11月上旬开始，由于苗木吸收根、细根的减少等，不截主根苗木根系长度又比截主根后苗木根系长度要长些。

图1-19为不同月份截主根根系长度与不截主根根系长度比值，由图明显可以看出，4月、5月不截主根苗木根系长度要大得多，6月上旬，截主根后苗木根系长度与不截主根基本一致，略高于不截主根，到7月上旬，截主根后苗木根系长度

表 1-19 截主根措施及不同施肥梯度各组合间苗木根系长度多重比较（常君等，2007）

Table 1-19 Multiple comparisons of roots length of seedlings by main root cut and different fertilization treatments

处理方式	截主根高施肥	截主根中施肥	截主根不施肥	截主根低施肥	不截主根中施肥	不截主根低施肥	不截主根不施肥	不截主根高施肥
截主根高施肥	3848.34	0.4695	0.2101	0.0060**	0.0029**	0.0026**	0.0001**	0.0001**
截主根中施肥	3600.38	247.95	0.5926	0.0391*	0.0214*	0.0191*	0.0002**	0.0001**
截主根不施肥	3417.10	431.23	183.28	0.1221	0.0738	0.0671	0.0013**	0.0001**
截主根低施肥	2883.66	964.68	533.44	85.19	0.8034	0.7689	0.0774	0.0053**
不截主根中施肥	2798.47	1049.87	618.64	100.59	15.39	0.9641	0.1275	0.0106**
不截主根低施肥	2783.07	1065.26	634.03	610.95	525.76	510.36	0.1388	0.0120**
不截主根不施肥	2272.71	1575.63	1144.39	610.95	525.76	510.36		0.2834
不截主根高施肥	1904.19	1944.14	1696.19	1512.90	979.46	894.27	878.88	368.51

注：下三角为均值差，上三角为显著水平。
* 为显著性差异，** 为极显著差异。

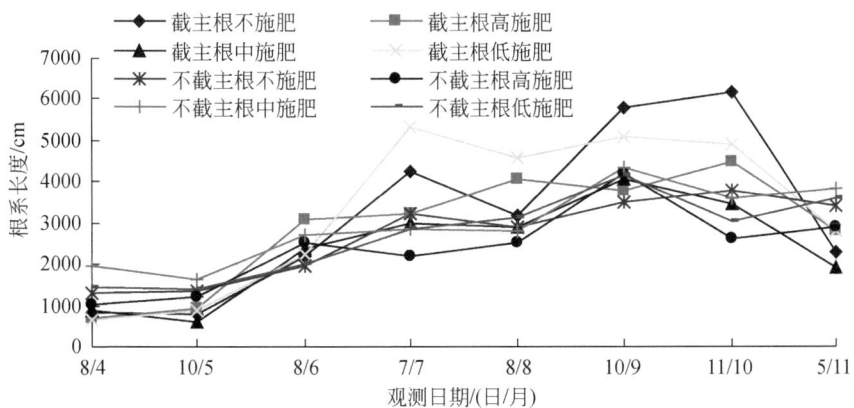

图 1-18 不同措施下苗木根系长度随生长时间变化（常君等，2007）

Fig. 1-18 Changes of roots length of seedling by different treatments

为不截主根的 1.42 倍，远远高于不截主根，截主根苗木根系长度为 2978.11～5332.92cm，不截主根长度为 2187.81～3224.23cm；到 8 月上旬截主根苗木根系长度为不截主根的 1.30 倍，截主根苗木根系长度为 2879.09～4581.57cm，不截主根长度为 2534.72～3125.07cm；9 月上旬的时候，截主根苗木根系长度为不截主根的 1.16 倍，截主根苗木根系长度为 3802.21～5809.24cm，不截主根长度为 3481.32～4352.99cm；到 10 月上旬为止，截主根苗木根系长度与不截主根比值达最大，为 1.46，截主根苗木根系长度为 3453.04～6159.16cm，不截主根长度为 2613.58～3780.56cm；11 月上旬开始，截主根苗木根系长度又比不截主根要短，为不截主根的 71%，与 4 月、5 月截主根苗木根系长度与不截主根相比，11 月截主根苗木根系长度与不截主根苗木根系长度比值提高近 20%。

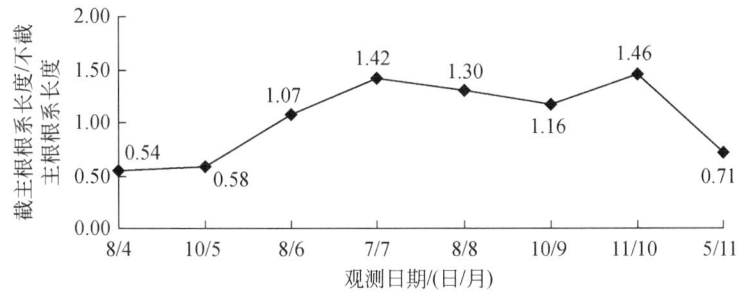

图 1-19 不同月份截主根根系长度与不截主根根系长度比值（常君等，2007）

Fig. 1-19 Ratio of roots length between main root cut treatment and non-treatment seedling in different months

2. 不同施肥梯度及截主根措施对苗木根系表面积的影响

由表 1-20 根系表面积二因素方差分析结果表明，截主根与否对苗木根系表面积影响较大，表现出极显著差异，显著水平为 0.0027，不同施肥梯度苗木根系表面积之间也表现出显著性差异，显著水平为 0.0171，截主根措施与不同施肥梯度二者之间还表现出一定的交互作用，显著水平为 0.0027。

表 1-20　根系表面积二因素方差分析（常君等，2007）
Table 1-20　Two-factor variance analysis of roots surface area

变异来源	平方和	自由度	均方	F 值	显著水平
A 因素间	844 659.48	1	844 659.50	9.63	0.002 7
B 因素间	952 617.60	3	317 539.20	3.62	0.017 1
A×B	1 358 172.40	3	452 724.10	5.16	0.002 7
误差	6 314 879.90	72	87 706.67		
总变异	9 470 329.40	79			

图 1-20 为截主根措施及不同施肥梯度苗木根系表面积多重比较，截主根后苗木根系表面积为 1279.54cm^2，不截主根苗木根系表面积为 1074.03cm^2，截主根后根系表面积比不截主根提高 19.13%；中施肥和高施肥二者苗木根系表面积未表现出显著性差异，分别与对照表现出显著性差异，显著水平分别为 0.0037 和 0.0301，除此之外，中施肥苗木根系表面积与低施肥苗木根系表面积也表现出显著性差异，显著水平为 0.0353，其他各处理间苗木根系表面积未表现出显著性差异。中施肥苗木根系表面积最大，为 1315.92cm^2，其次分别为高施肥和低施肥苗木根系表面积，分别为 1241.68cm^2 和 1115.05cm^2，对照苗木根系表面积最小，为 1034.48cm^2。

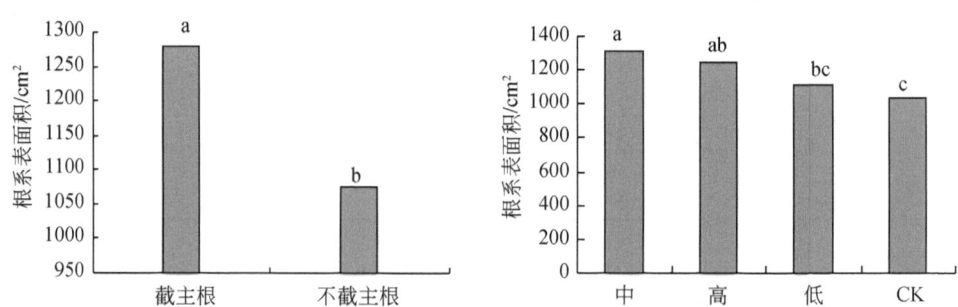

图 1-20　截主根及不同施肥梯度根系表面积多重比较（常君等，2007）
Fig. 1-20　Multiple comparisons of roots surface area of seedlings by main root cut and different fertilization treatments

表 1-21 截主根措施及不同施肥梯度各组合苗木根系表面积多重比较（常君等，2007）

Table 1-21 Multiple comparisons of roots surface area of seedlings by main root cut and different fertilization treatments

处理方式	截主根高施肥	截主根中施肥	不截主根中施肥	不截主根低施肥	截主根不施肥	截主根低施肥	不截主根高施肥	不截主根不施肥
截主根高施肥	1529.18	0.4281	0.0179*	0.0141**	0.0037**	0.0004**	0.0001**	0.0001**
截主根中施肥	1423.62	105.56	0.1083	0.0899	0.0304*	0.0044**	0.0007**	0.0005**
不截主根中施肥	1208.22	320.95	215.39	0.9262	0.5625	0.1930	0.0591	0.0448*
不截主根低施肥	1195.92	333.26	227.70	12.30	0.6264	0.2260	0.0721	0.0552
截主根不施肥	1131.17	398.01	292.45	77.06	64.75	0.4664	0.1857	0.1486
截主根低施肥	1034.18	494.99	389.43	174.04	161.73	96.98	0.5477	0.4691
不截主根高施肥	954.18	574.99	469.44	254.04	241.74	176.99	80.00	0.9019
不截主根不施肥	937.79	591.38	485.82	270.43	258.12	193.37	96.39	16.38

注：下三角为均值差，上三角为显著水平。

* 为显著性差异，** 为极显著差异。

中施肥、高施肥和低施肥苗木根系表面积分别比对照提高 27.21%、20.03% 和 7.79%。

表 1-21 为截主根措施及不同施肥梯度各组合苗木根系表面积多重比较，由于二者之间存在交互作用，其大小顺序与根系长度有所不同。截主根高施肥苗木根系表面积除与截主根中施肥未表现出显著差异外，与其他各组合间均表现出极显著差异；截主根中施肥苗木根系表面积除与截主根高施肥未表现出显著性差异外，还分别与不截主根中施肥、不截主根低施肥之间未表现出显著性差异，与截主根不施肥表现出显著性差异，与其他各组合间均表现出极显著差异；不截主根中施肥仅与不截主根不施肥苗木根系表面积表现出显著性差异，与其他各组合间均未表现出显著性差异。截主根高施肥苗木根系表面积最大，为 1529.18cm²，其次分别是截主根中施肥、不截主根中施肥、不截主根低施肥、截主根不施肥、截主根低施肥和不截主根高施肥苗木根系表面积，分别为 1423.62cm²、1208.22cm²、1195.92cm²、1131.17cm²、1034.18cm² 和 954.18cm²，不截主根不施肥苗木根系表面积最小，为 937.79cm²。

图 1-21 为不同组合下苗木根系表面积随生长时间变化，由图可知，4 月上旬到 5 月上旬，苗木根系表面积增长速度较慢，增长幅度也不大，从 6 月上旬开始，由于根系长度等增长速度加快，根系表面积增长速度也较快，部分组合在 9 月中旬出现极值，部分组合在 10 月出现极值，到 11 月，各组合苗木根系表面积又开始逐渐下降。虽然根系在逐渐增粗，表面积也应逐渐增大，11 月开始，由于大量的毛细根死亡，从而根系表面积逐渐下降。

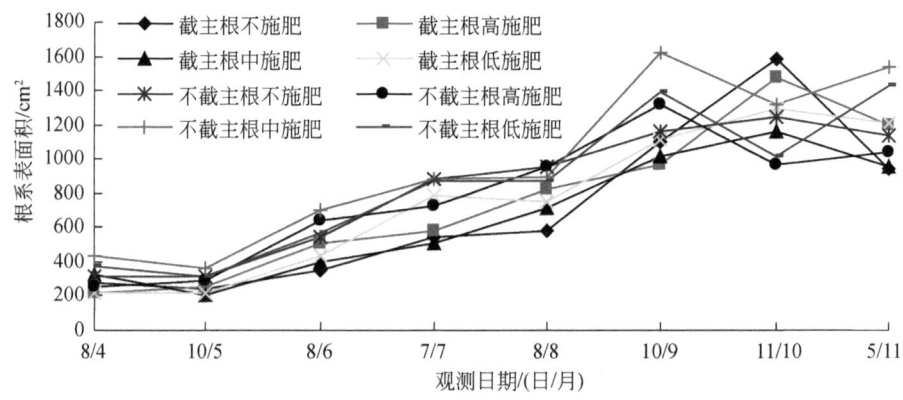

图 1-21　不同措施下苗木根系表面积随生长时间变化（常君等，2007）

Fig. 1-21　Changes of roots surface area of seedlings by different treatments

3. 不同施肥梯度及截主根措施对苗木根系体积的影响

由表 1-22 苗木根系体积二因素方差分析结果表明，截主根与否对苗木根系体积影响较小，未表现出显著性差异，不同施肥梯度对苗木根系体积表现出显著性差异，显著水平为 0.025 3，截主根措施和不同施肥梯度二者之间对根系体积未表现出交互作用。

表 1-22　根系体积二因素方差分析表（常君等，2007）
Table 1-22　Two-factor variance analysis of roots volume

变异来源	平方和	自由度	均方	F 值	显著水平
A 因素间	606.73	1	606.73	1.97	0.165 1
B 因素间	3 048.23	3	1 016.08	3.29	0.025 3
A×B	1 787.36	3	595.79	1.93	0.132 1
误差	22 207.53	72	308.44		
总变异	27 649.85	79			

图 1-22 为截主根措施及不同施肥梯度苗木根系体积多重比较，结果表明，不同截主根措施苗木根系体积之间差异不显著，不截主根苗木根系体积较大，为 46.39cm³，截主根苗木根系体积较小，为 40.89cm³；高施肥和中施肥苗木根系体积与对照（CK）表现出显著性差异，显著水平为 0.008 5 和 0.014 1，其他各处理间未表现出显著性差异。高施肥苗木根系体积最大，为 49.99cm³，其次分别为中施肥和低施肥苗木根系体积，为 48.93cm³ 和 40.69cm³，对照根系体积最小，为 34.96cm³。高施肥、中施肥、低施肥苗木根系体积分别比对照提高 43.01%、39.98% 和 16.43%。

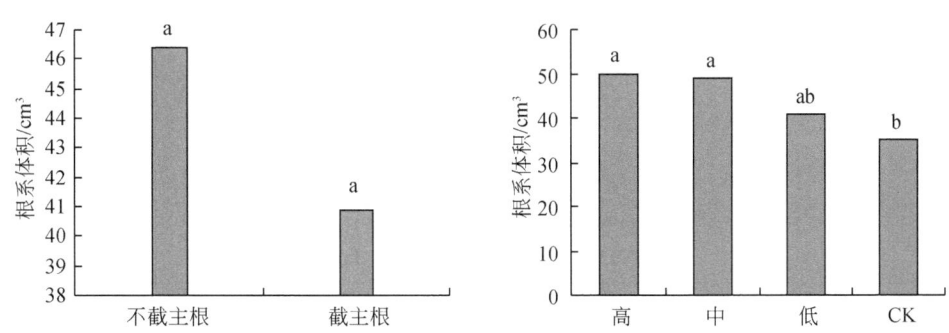

图 1-22　截根措施及不同施肥梯度根系体积多重比较（常君等，2007）

Fig. 1-22　Multiple comparisons of roots volume of seedlings by main root cut and different fertilization treatments

图 1-23 为苗木根系体积随生长时间变化规律,结果表明,截主根不同施肥梯度苗木根系体积均小于不截主根不同施肥梯度苗木根系体积,而各生长曲线随生长天数表现出逐渐上升的趋势,4月、5月、6月和7月苗木根系体积增长速度较慢,到8月中旬以后,根系体积增长速度加快。截主根高施肥、截主根中施肥和截主根低施肥苗木根系体积分别比截主根不施肥提高 30.22%、21.41% 和 26.71%;不截主根高施肥、不截主根中施肥和不截主根低施肥苗木根系体积分别比不截主根不施肥提高 -9.39%、17.21% 和 7.96%。

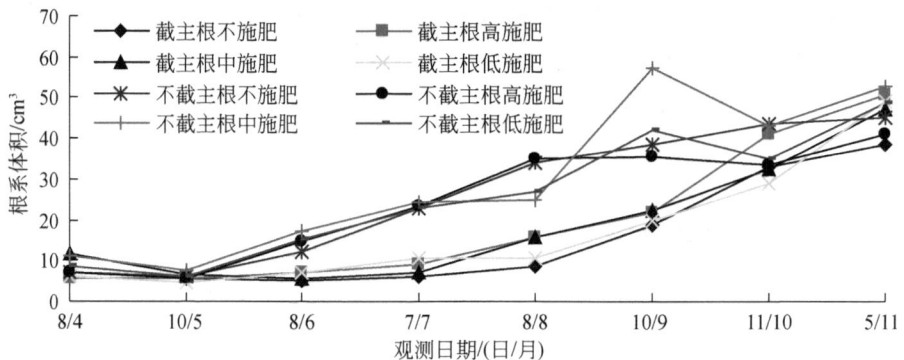

图 1-23 不同措施下苗木根系体积随生长时间变化(常君等,2007)

Fig. 1-23 Changes of roots volume of seedlings by different treatments

4. 不同根级不同施肥梯度及截根措施根系分布规律

将苗木根系按直径分为 $0.0\text{mm}<d\leqslant1.0\text{mm}$、$1.0\text{mm}<d\leqslant2.0\text{mm}$、$2.0\text{mm}<d\leqslant3.0\text{mm}$ 和 $d>3.0\text{mm}$ 4 个径级,进一步了解各措施不同径级下根系长度生长规律。由表 1-23 不同径级下苗木根系长度方差分析结果表明,$0.0\text{mm}<d\leqslant1.0\text{mm}$ 和 $d>3.0\text{mm}$ 径级内不同措施对苗木根系长度表现出极显著差异,显著水平均在 0.0001 以上,$1.0\text{mm}<d\leqslant2.0\text{mm}$ 和 $2.0\text{mm}<d\leqslant3.0\text{mm}$ 径级内苗木根系长度未表现出显著性差异。

表 1-23 不同径级苗木根系长度方差分析表(常君等,2007)

Table 1-23 Variance analysis of roots length of different grades seedlings classified by ground diameter

变异来源	df	$0.0\text{mm}<d\leqslant1.0\text{mm}$			$1.0\text{mm}<d\leqslant2.0\text{mm}$		
		MS 值	F 值	显著水平	MS 值	F 值	显著水平
处理间	7	3 284 373.00	8.94**	0.000 0	17 933.97	0.87	0.533 7
处理内	72	367 415.60			20 593.12		

续表

变异来源	df	2.0mm<d≤3.0mm			d>3.0mm		
		MS值	F值	显著水平	MS值	F值	显著水平
处理间	7	2 742.29	0.95	0.48	36 177.71	9.24**	0.000 1
处理内	72	2 890.12			3 916.28		

**为极显著差异。

图1-24为不同措施不同径级苗木根系长度，其中0.0mm<d≤1.0mm径级实际长度为图上长度的10倍。在0.0mm<d≤1.0mm径级，截主根高施肥苗木根系长度最大，为2973.72cm，其次分别为截主根中施肥、截主根不施肥、截主根低施肥、不截主根低施肥、不截主根中施肥和不截主根不施肥苗木根系长度，分别为2828.28cm、2718.42cm、2257.45cm、2099.55cm、2080.55cm和1710.52cm，不截主根高施肥苗木根系长度最小，为1312.42cm，这一径级截主根苗木根系长度比不截主根高49.63%；在1.0mm<d≤2.0mm径级，截主根高施肥苗木根系长度最大，为461.66cm，其次分别为不截主根中施肥、不截主根低施肥、截主根不施肥、不截主根不施肥、截主根中施肥和截主根低施肥苗木根系长度，分别为434.03cm、414.61cm、405.33cm、372.30cm、367.45cm和351.32cm，不截主根高施肥苗木根系长度最小，为340.86cm，这一径级内截主根苗木根系长度仅比不截主根高1.53%；在2.0mm<d≤3.0mm径级，截主根高施肥苗木根系长度最大，为107.75cm，其次分别为截主根不施肥、截主根高施肥、截主根中施肥、不截主根中施肥、截主根低施肥和不截主根低施肥苗木根系长度，分别为101.98cm、96.46cm、95.20cm、92.76cm、87.97cm和85.09cm，不截主根不施肥苗木根系长度最小，为53.17cm，这一径级内截主根苗木根系长度比不截主根高19.97%，在d>3.0mm径级，截主根中施肥苗木根系长度最大，为288.05cm，其次分别为截主根高施肥、不截主根中施肥、截主根不施肥、不截主根低施肥、截主根低施肥和不截主根高施肥苗木根系长度，分别为281.93cm、177.97cm、171.83cm、170.33cm、170.28cm和146.77cm，不截主根不施肥根系长度最小，为125.50cm，这一径级内，截主根苗木根系长度比不截主根高46.98%。由以上结果可知，截主根可明显促进苗木根系长度的增加，尤其是0.0mm<d≤1.0mm径级毛细根的增加。在生产上，可以通过移栽等措施达到截主根的目的，进而培育侧须根多的优质苗木。

由图1-25不同措施不同径级苗木根系长度随生长时间变化结果表明，在0.0mm<d≤1.0mm径级，根系长度先逐渐增加，在9月中旬大部分达到峰值，最大可达5171.39cm，10月开始，个别措施苗木根系长度开始减少，到11月上旬以后，全部措施苗木根系长度都表现出下降趋势；在1.0mm<d≤2.0mm和

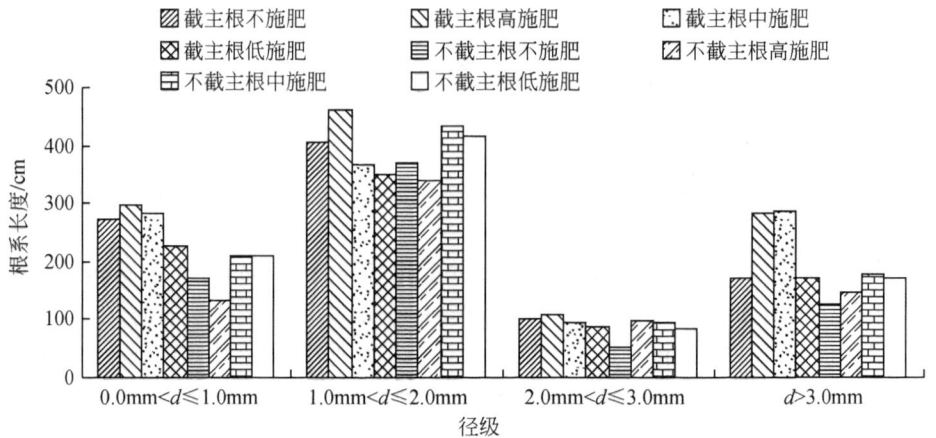

图 1-24 不同措施不同径级苗木根系长度

Fig. 1-24 Effect of different treatments on roots length of seedlings of different grades classified by ground diameter

2.0mm<d≤3.0mm 径级，苗木根系长度随生长时间变化规律基本一致，在 4 月、5 月、6 月和 7 月缓慢增加，8 月上旬开始，增长速度明显提高，到 10 月中旬达到峰值，进入 11 月后，不同措施苗木根系长度由于毛细根等的死亡和转化等又开始逐渐减小；在 d>3.0mm 径级，根系长度随着生长时间不断延长呈现出缓慢上升的趋势。

截主根后苗木根系长度、根系表面积、根系体积等远远高于不截主根，不同施肥梯度对根各指标影响不大。截主根后根系长度为不截主根的 1.41 倍，中施肥苗木根系长度最大，其次为高施肥和对照根系长度，低施肥苗木根系长度最小，仅为 2833.37cm。中施肥、高施肥苗木根系长度分别比对照高 12.46% 和 1.10%，低施肥苗木根系长度和对照相差无几。各组合苗木根系长度均以截主根不同施肥梯度最大，其中截主根高施肥苗木根系长度最大，为 3848.34cm，其次分别为截主根中施肥、截主根不施肥、截主根低施肥、不截主根中施肥、不截主根低施肥和不截主根不施肥苗木根系长度，分别为 3600.38cm、3417.10cm、2883.66cm、2798.47cm、2783.07cm 和 2272.71cm，不截主根高施肥苗木根系长度最小，为 1904.19cm；截主根苗木根系表面积比不截主根高 19.13%，不同施肥梯度以中施肥苗木根系表面积最大，其次为高施肥和低施肥苗木根系表面积，中施肥、高施肥和低施肥苗木根系表面积分别比对照提高 27.21%、20.03% 和 7.79%。不同措施各组合以截主根高施肥苗木根系表面积最大，为 1529.18cm²，其次分别为截主根中施肥、不截主根中施肥、不截主根低施肥、截主根不施肥、截主根低施肥和不截主根高施肥苗木根系表面积，分别为 1423.62cm²、

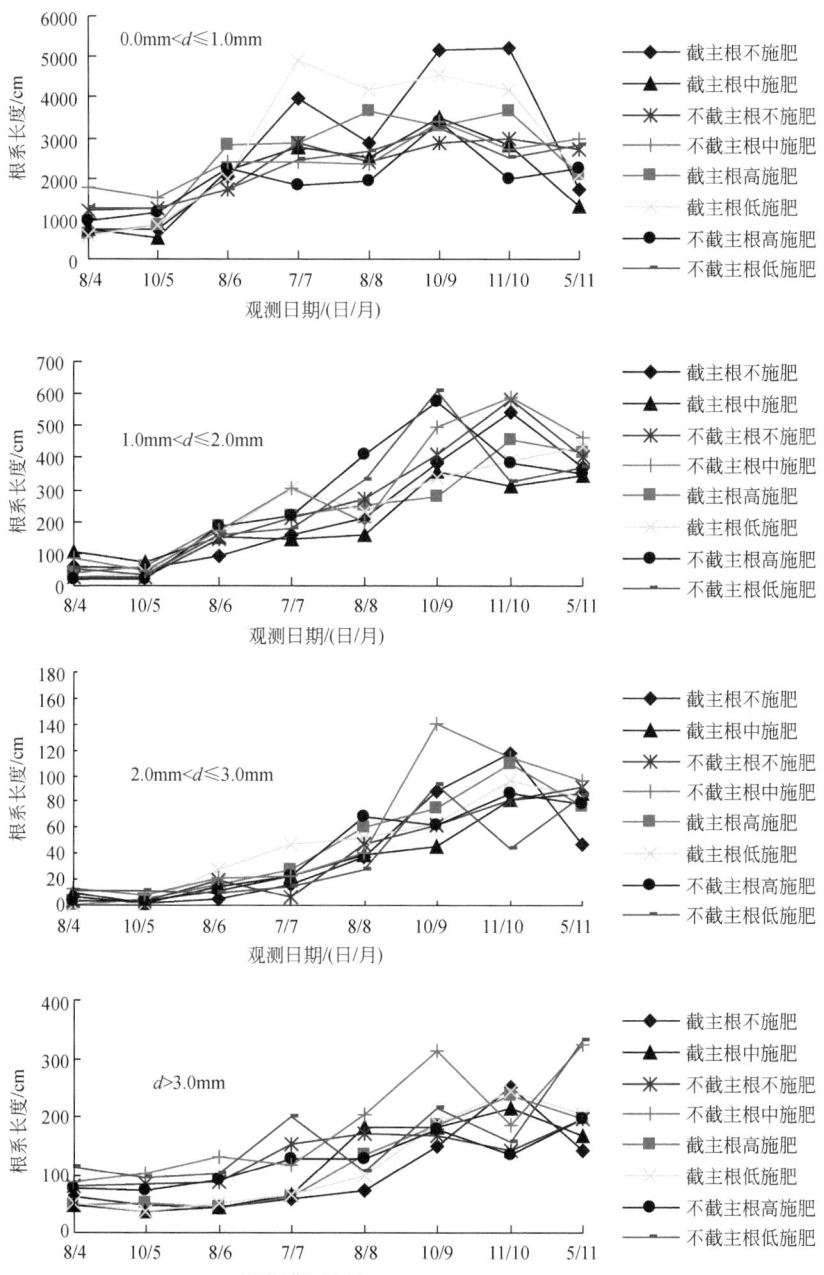

图 1-25 不同措施不同径级苗木根系长度随生长时间变化（常君等，2007）

Fig. 1-25 Changes of roots length of different grades seedlings classified by ground diameter under different treatments

1208.22cm²、1195.92cm²、1131.17cm²、1034.18cm²和954.18cm²，不截主根不施肥苗木根系表面积最小，为937.79cm²；不截主根苗木根系体积较大，为46.39cm³，截主根仅为40.89cm³，不同施肥梯度以高施肥苗木根系体积最大，其次为中施肥和低施肥根系体积，对照根系体积最小。高施肥、中施肥、低施肥苗木根系体积分别比对照提高43.01%、39.98%和16.43%。

为了进一步说明各措施对苗木根系的影响，作者将苗木根系按直径分为$0.0mm<d\leq1.0mm$、$1.0mm<d\leq2.0mm$、$2.0mm<d\leq3.0mm$和$d>3.0mm$ 4个径级，结果表明，不同施肥梯度对不同径级根系长度有一定影响，但没有截主根措施影响大，截主根后不同径级苗木根系长度远远高于不截主根，特别是毛细根，截主根后细根长度比不截主根高达49.63%。因此可以通过截主根等措施促进其美国山核桃侧须根生长，提高造林成活率。

四、不同无性系种子对苗木根系生长的影响

种子采自浙江省长乐林场和建德林场薄壳山核桃种质资源收集圃内，分别选择1号、17号、21号、22号、26号、27号、28号、30号、33号、35号、37号、48号种子，于2006年12月26日进行播种，采取地膜加小拱棚的形式，播种密度为20cm×30cm，2007年4月气温回升后拆去小拱棚，于2007年10月底对出苗率、苗木高度和地径进行调查，并取样，每个无性系重复10次，每次取样1株，对其根系进行扫描并进行各指标的分析。

1. 不同无性系种子大小比较

由图1-26可以看出，各不同无性系种子大小差异较大，其中最大的为35号，无论是核高、核径还是核重，均最大，33号、35号、37号3个无性系种子核高均在5.5cm以上，核径均在2.00cm以上；核高为4.00~5.00cm的有21号、22号、26号和48号；而1号、17号、27号、28号、30号核高均小于4.00cm，其中以17号核高最小，仅为2.78cm。核径除个别例外外，均随着核高的减小而减小。

2. 不同无性系播种试验对地径、苗高的影响

由图1-27可以看出，不同无性系之间地径差别较大，最大的为35号，地径达1.11cm；其次为33号、22号、27号、37号、21号和30号，均在1.00cm以上，分别为1.09cm、1.06cm、1.05cm、1.03cm、1.02cm和1.00cm；最小的为26号，仅为0.83cm，为最大值的75.12%。结合图1-26不难看出，地径随着无性系种子大小的增大表现出上升的趋势（个别除外，如26号，种子单重、核高

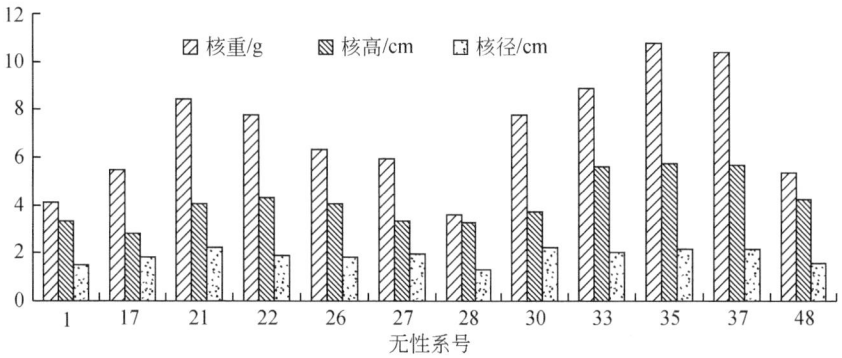

图 1-26　不同无性系种子核重、核高、核径（常君等，2007）

Fig. 1-26　The weight, height and diameter of different clones seeds

与核径虽都不是最小，地径却最小；28号，种子单重、核高与核径虽较小，地径却比较大）。多重比较结果表明，35号、33号、22号分别与28号、48号、17号、1号和26号两两之间表现出显著性差异，而35号、33号和22号三者两两之间无显著性差异，28号、48号、17号、1号和26号五者两两之间未表现出显著性差异，27号、37号、21号和30号分别与35号、33号、22号未表现出显著性差异，分别与17号、1号和26号之间表现出显著性差异。

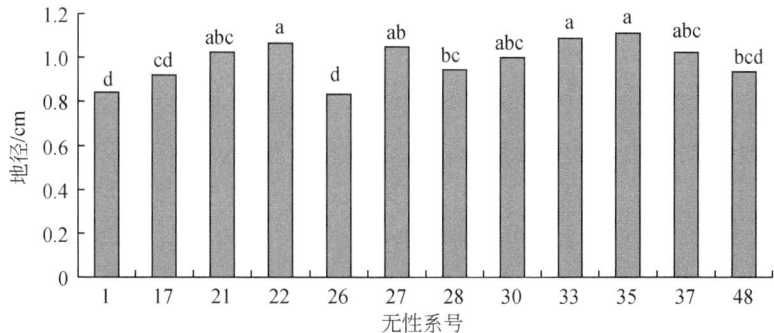

图 1-27　不同无性系苗木地径多重比较（常君等，2007）

Fig. 1-27　Multiple comparisons of ground diameter of different clones seedlings

图 1-28 表明，不同无性系之间苗木高度也存在明显差别，最大的为22号，达51.96cm；各无性系苗高均值为43.09cm，其中21号、27号、30号、33号、35号、17号和28号，均高于平均水平，分别为48.87cm、48.22cm、48.03cm、45.86cm、44.32cm、43.39cm和42.13cm；其他在平均值以下，最小的为1号，仅为31.51cm，为最大值的60.63%。综合图1-26，可以看出苗木高度与地径表现出的规律基本一致，即随着无性系种子大小的增大苗木高度表现增大的趋势

（个别除外，如1号，种子单重、核高与核径虽都不是最小，苗木高度却最小）。多重比较结果表明，22号、21号、27号、30号和33号两两之间未表现出显著性差异，分别与37号、26号、48号和1号表现出显著性差异，35号、17号、28号三者两两之间未表现出显著性差异，分别与22号、1号表现出显著性差异。综上所述，种子大小对苗木地径、苗木高度均有较大影响，育苗过程中，应该选择中等以上的无性系种子进行育苗，以获得优质苗木。

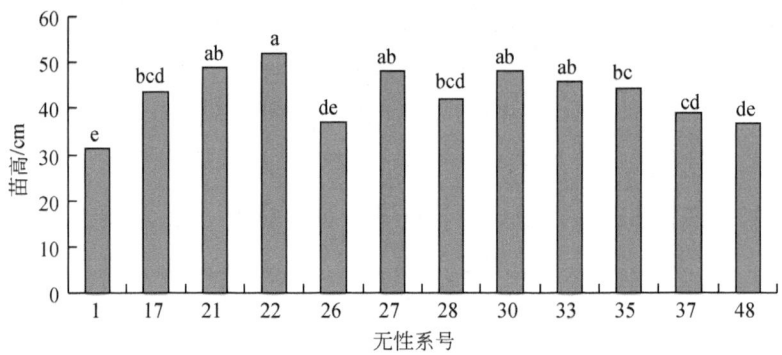

图1-28　不同无性系苗木高度及其多重比较（常君等，2007）

Fig. 1-28　Multiple comparisons of seedlings height of different clones

不同字母表示差异显著

3. 不同无性系播种试验对苗木生物量的影响

由图1-29可以看出，无论是鲜重还是干重，地上部分和地下部分在不同无性系间均有较大差异。其中地上部分鲜重最大为22号，为77.79g，其次分别为35号、33号、37号、30号、27号、17号、21号、28号、26号和1号，最小的为48号，为34.65g；地下部分鲜重最大的为22号，为131.95g，其次分别为33号、37号、35号、30号、28号、27号、21号、48号、17号和26号，最小的为1号，仅为52.79g，结合图1-26不难发现，虽然有个别例外，但不同无性系苗木地上部分鲜重和地下部分鲜重随着种子大小的降低而基本呈现下降的趋势。地上部分干重最大为22号，为44.29g，其次分别为35号、27号、33号、37号、30号、21号、17号、26号、28号和1号，最小的为48号，为18.07g；地下部分干重最大的为22号，为66.59g，其次分别为37号、35号、33号、28号、27号、30号、21号、48号、17号和26号，最小的为1号，仅为26.73g。和鲜重规律基本一致，地上部分干重与地下部分干重也是随着不同无性系种子大小的降低而呈现出下降趋势。

由表1-24多重比较结果表明，22号地上部分鲜重分别与1号、26号、28号

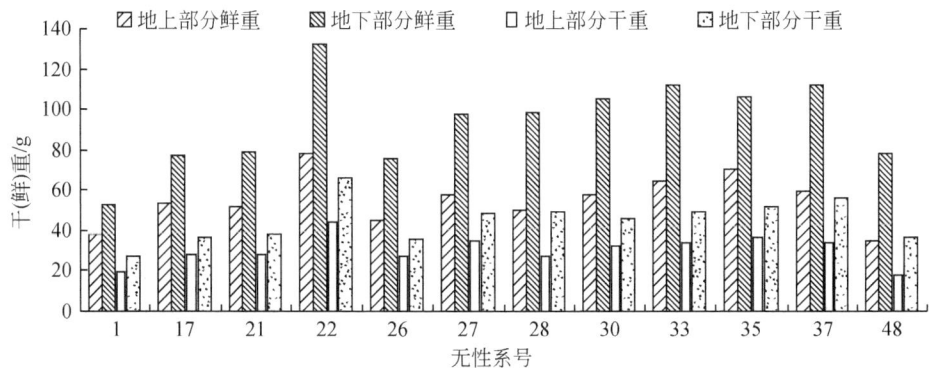

图1-29 不同无性系苗木地上（下）部分干（鲜）重（常君等，2007）

Fig. 1-29 Dry (fresh) weight of overground (underground) part of different clones seedlings

和48号表现出显著性差异，与其他各无性系未表现出显著性差异，48号除与22号表现出显著性差异外，还与33号、35号表现出显著性差异，与其他各无性系间未表现出显著性差异；地上部分干重各无性系间差异与鲜重略有不同，22号分别与1号、17号、21号、26号、28号和48号表现出显著性差异，与其他各无性系未表现出显著性差异，35号分别与1号、48号表现出显著性差异，与其他各无性系未表现出显著性差异；22号地下部分鲜重分别与1号、17号、21号、26号和48号表现出显著性差异，与其他各无性系未表现出显著性差异，1号除与22号表现出显著性差异外，还分别与27号、28号、30号、33号、35号和37号表现出显著性差异；地下部分干重多重比较结果基本与鲜重一致。

表1-24 不同无性系苗木地上部分、地下部分生物量均值及多重比较（常君等，2007）

Table 1-24 Biomass of overground and underground part of different clones seedlings

无性系	地上部分鲜重/g	地下部分鲜重/g	地上部分干重/g	地下部分干重/g
1号	37.93cd	52.79c	19.37cde	26.73d
17号	53.46abcd	77.23bc	28.12bcde	36.35bcd
21号	51.82abcd	79.30bc	28.15bcde	37.80bcd
22号	77.79a	131.95a	44.29a	66.59a
26号	44.70bcd	75.73bc	27.48bcde	35.33cd
27号	57.74abcd	97.77ab	34.40abc	48.58abc
28号	50.17bcd	98.79ab	27.37bcde	49.02abc
30号	58.09abcd	104.79ab	32.07abcde	46.17bc
33号	64.11abc	112.22ab	34.36abcd	49.47abc
35号	70.25ab	106.15ab	36.84ab	51.69abc
37号	59.59abcd	111.70ab	33.59abcde	55.82ab
48号	34.65d	77.81bc	18.07ce	36.52bcd

注：5%显著水平，同列不同字母表示差异显著。

4. 不同无性系播种试验对苗木根系的影响

由图1-30可知，不同无性系苗木的根系长度、根系表面积、根系体积均有较大差别，其中根系长度最长的是35号，为1490.01cm，其次分别为30号、22号、33号、27号、37号、17号、28号、21号、48号和1号，最小的为26号，仅为660.54cm，相当于最大值的44.33%；根系表面积最大为22号，为500.50cm^2，其次分别为35号、33号、30号、37号、28号、27号、21号、17号、48号和26号，最小的为1号，仅为248.38cm^2，为最大值的49.63%；根系体积最大的为22号，为16.12cm^3，其次分别为37号、33号、35号、28号、30号、27号、21号、17号、48号和26号，最小的为1号，为7.19cm^3，为最大值的44.59%。结合图1-26可以看出，种子较大的无性系，其苗木根系长度、根系表面积与根系体积也较大，而种子较小的无性系，其根系各参数也较小。说明种子大小不仅对苗木地径、苗高有较大影响，对隐藏着的地下部分同样有较大的影响。

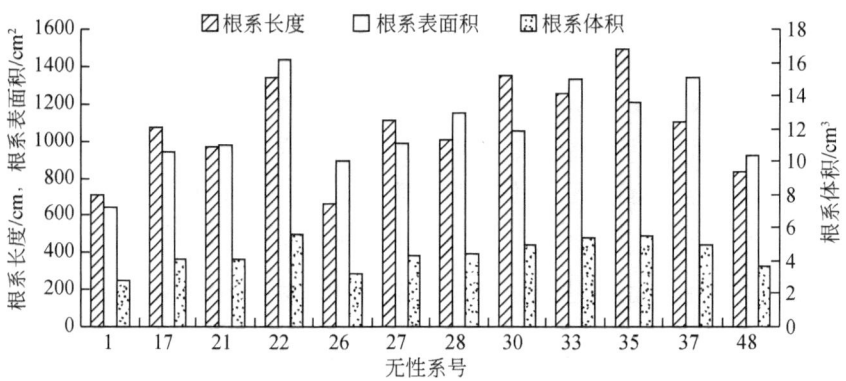

图1-30 不同无性系苗木根系长度、根系表面积、根系体积（常君等，2007）

Fig. 1-30 Roots length, surface area and volume of different clones seedlings

由表1-25多重比较结果表明，1号、21号、26号、28号和48号根系长度两两之间未表现出显著性差异，但分别与22号、30号、33号和35号表现出显著性差异，而22号、30号、33号和35号四者两两之间未表现出显著性差异；22号根系表面积分别与1号、17号、21号、26号和48号表现出显著性差异，而1号、17号、21号、26号和48号两两之间未表现出显著性差异，1号除与22号表现出显著性差异外还分别与27号、28号、30号、33号、35号和37号表现出显著性差异，其他各无性系两两之间未表现出显著性差异；22号根系体积分别与1号、26号和48号表现出显著性差异，与其他各无性系间未表现出显著性差异，1号除与22号表现出显著性差异外，还分别与28号、33号、35号和37号表现出显著性差异，其他各无性系两两之间未表现出显著性差异。

表 1-25 不同无性系苗木根系长度、根系表面积和根系体积均值及多重比较（常君等，2007）

Table 1-25　Multiple comparisons of roots length, surface area and volume of different clones seedlings

无性系	根系长度/cm	根系表面积/cm²	根系体积/cm³
1号	707.74e	248.38e	7.19c
17号	1073.16bcd	361.78bcde	10.58abc
21号	967.44cde	362.03bcde	10.95abc
22号	1337.33abc	500.50a	16.12a
26号	660.54e	283.79de	10.02bc
27号	1114.76bcd	387.29abcd	11.10abc
28号	1003.16bcde	397.00abcd	12.89ab
30号	1349.08ab	442.65abc	11.82abc
33号	1259.22abc	478.95ab	15.03ab
35号	1490.00a	493.09ab	13.53ab
37号	1098.73bcd	438.89abc	15.10ab
48号	832.02de	323.08cde	10.33bc

注：5%显著水平，同列不同字母表示差异显著。

不同无性系种子苗木地径、苗木高度、根系长度、根系表面积、地下部分干重均表现出极显著差异，而根系体积、地上部分干重和根冠比也表现出显著性差异。苗木地径最大为1.11cm，为最小地径的1.34倍；苗木高度最大为51.96cm，为最小的1.65倍；根系长度最长可达1490.01cm，为最小值的2.26倍；根系表面积最大为500.50cm²，为最小值的2.02倍；根系体积最大为16.12cm³，为最小值的2.24倍。地上部分和地下部分生物量在不同无性系种子苗木间均有较大差异，除个别例外，不同大小无性系种子苗木地上部分和地下部分生物量均随着种子大小的降低而基本呈现下降的趋势。中等大小以上的无性系种子培育的苗木，其生物量之间差别不大，因此在育苗过程中要选择中等以上的无性系种子，以获得优质苗木。

第二章 薄壳山核桃栽培概况

薄壳山核桃，又名长山核桃、美国山核桃，原产北美。美国是世界上薄壳山核桃的原产地和主要的集中分布地，产量占世界第一位，有着几百年的栽培和利用历史。现在，薄壳山核桃已成为世界性干果。近年来，薄壳山核桃在选种、品种改良、栽培技术和加工利用等方面都取得了很大的成绩。

第一节 薄壳山核桃在美国的生产概况

一、薄壳山核桃发现时间和利用现状

薄壳山核桃的栽培利用历史可以追溯到16世纪，在美国和墨西哥的原产地有大量的野生薄壳山核桃，营养丰富且美味的果实成了当地印第安人秋季的主要食物。因产地靠近密西西比河，便利的水路交通使备受人们喜爱的树种快速流传开来。1772年在纽约长岛种植的薄壳山核桃是美国最早的栽培品种。17~18世纪，薄壳山核桃逐渐被人们所认识，成为美国殖民者的商业项目。同时，薄壳山核桃产地也开始诞生。从1846年薄壳山核桃被嫁接利用成功，到1880年开始商业化繁殖利用，薄壳山核桃的生产利用出现了大发展的新局面。新奥尔良市位于密西西比河入海口附近，该市拥有天然便利的交通条件和果品交易市场，并逐渐成为薄壳山核桃商品的重要集散中心。新奥尔良市场果品的繁荣兴旺，推动了薄壳山核桃的大发展，良种推广、无性系繁殖利用等工作被重视起来，栽培面积不断扩大，促进了产业的发展。首批来美国的西班牙和法国移民者发现了分布广泛的薄壳山核桃。简·潘尼考特（Jean Penicaut）是1729年到密西西比州的几个人之一，他对本地的3种山核桃作了分类记载，薄壳山核桃是当时美国印第安人对山核桃的统称。美国早期植物学家，汉弗莱·马歇尔（Humphrey Marshall）于1758年把薄壳山核桃进行了分类，归入核桃属，以后成为公认的分类方法。

薄壳山核桃自然分布于美国的得克萨斯、俄克拉何马、阿肯色、路易斯安那等州；在堪萨斯、密苏里、田纳西、肯塔基、印第安纳、伊利诺伊、衣阿华和内布拉斯加等州也有分布，总体分布纬度是在北纬26°~42°，北至内布拉斯加和衣阿华的南部，南部西至亚利桑那，东部北至北卡罗来纳州，南至佛罗里达州。目前，薄壳山核桃的栽培利用范围已经超过其自然分布范围，扩大到墨西哥、亚利桑那、亚拉巴马、佐治亚、佛罗里达等许多州。

除美国外，在墨西哥的很多地方有天然的薄壳山核桃和改良的种植园。据2001年数据显示，美国有薄壳山核桃总株数约为1100万株，其中结果的占85%以上，分布于25个州；其中34%分布于得克萨斯州，27%分布于佐治亚州，17.5%分布于俄克拉何马州。这3个州的薄壳山核桃数量就占全美国的78.5%。现在，全美国有1.99万个种植薄壳山核桃的农场。在美国自然分布区内，仍然广泛存在着薄壳山核桃实生资源，对于成片有经济价值的，有些种植者已经嫁接成品种株，生产发展趋势使嫁接良种树所占比例不断增加。

美国是当今世界薄壳山核桃生产的第一大国。自1925年以来，薄壳山核桃生产水平稳步提高，产量不断增加。产量从1920年的9988t到1999年的18.43万t。表2-1是2000年全美薄壳山核桃坚果产量的前十名。墨西哥的产量占世界产量的29.7%，年产5万t，有15%出口美国。世界其他国家的产量加起来约占世界产量的10.3%，其中澳大利亚年产坚果为3000t，基本上能满足本国国内需求，每年还有40%的坚果出口。南非年产量约为2000t，每年以约10%的速度增加，有1/3出口。目前，美国的薄壳山核桃实生坚果价格低，为2$/kg，而良种品种坚果价格为4~8$/kg。现在，除鲜食干果外，广泛用于食品加工等方面，如面包、馅饼、沙拉、菜点、冰淇淋及糖果加工等。

表2-1 2000年美国薄壳山核桃坚果产量的前十名

Table 2-1 Top ten of pecan yield in America in 2000

排名	州名	可利用产量/t	排名	州名	可利用产量/t
1	佐治亚	36 320	6	亚拉巴马	6 810
2	新墨西哥	15 890	7	北卡罗来纳	1 721
3	得克萨斯	13 620	8	俄克拉何马	1 362
4	路易斯安那	7 718	9	佛罗里达	1 135
5	亚利桑那	7 264	10	南卡罗来纳	1 145
				总计	95 022

据报道，美国有20多个州进行薄壳山核桃的商业性生产，年总产量占世界产量的60%~80%。佐治亚州、新墨西哥州、得克萨斯州、亚利桑那州及俄克拉何马州是目前薄壳山核桃的主要产区。薄壳山核桃人均年消费量约为0.24kg。近20年来，薄壳山核桃的消费量相对比较稳定，在对来自其他地方干果的竞争中，经过改良的、高品质的薄壳山核桃保持了稳定的消费水平。另外，在每年秋、冬季节，节假日的食谱中，薄壳山核桃仍是当地群众的传统食品，替代品很少被人们接受。虽然美国山核桃的产量最高，是世界上主要出口国，但其消费量巨大，美国尚需进口一部分薄壳山核桃，以满足国内市场的需求。例如，2005年美国薄壳山核桃出口量为31.75t，因国内需求量大，而又进口45.36t，主要从墨西哥

进口,再出口到墨西哥、加拿大、中国和其他国家。2007年美国薄壳山核桃产量达到143 915t,其中出口32 334t,而进口33 614t,进口量比出口量多1280t。薄壳山核桃坚果价格高低取决于果实的大小和质量。质量指标包括果实出仁率、果仁含油量和果仁色泽,浅褐色的果仁较受人们青睐。野生薄壳山核桃由于坚果小,销售价格也很低。销售形式大多数是去壳后半片状或破碎的（作为食品用或供烤制的配料）批发销售。在2000年前后的一段时间,野生薄壳山核桃的批发价仅为1.32\$/kg,个别年份能达到2.00\$/kg,零售价为2.20\$/kg。薄壳山核桃种植者常会在实生林中选择一大块林地进行品种改良,以这样大小混合的坚果来吸引顾客,以零售的方式出售来解决坚果大小引起价格差异的问题。

目前,美国的野生薄壳山核桃林（指自然分布的实生林）面积仍很大,这些自然分布的实生林,树龄老幼不一,林相不齐,果实大小和成熟期差别很大,果实的外观差,像俄克拉何马州和得克萨斯州的这种野生薄壳山核桃林面积就超过40万hm^2,而投产面积不足20%,进行田间管理和经营的目前只有30%~40%。据估计,得克萨斯州这样的野生实生林面积约有24万hm^2。现在,美国将计划对这些有较高生产价值的野生薄壳山核桃进行商业化生产改造和利用。其主要是通过建立嫁接良种的繁殖基地,为各地提供嫁接栽培良种。在较远的西部地区,虽然薄壳山核桃的效益颇为可观,但因靠太平洋的西北部,生产发展希望较小,树木生产虽然良好,但一般结果较小,这是因为太平洋沿岸没有很适宜的生态条件所致。

二、薄壳山核桃的分布

薄壳山核桃原产北美,分布于美国密西西比河及其支流的河谷和墨西哥北部,北纬23°~41°50′,以30°~35°的地区生长最好。美国是世界上薄壳山核桃分布面积最大、产量最多的国家。它从密西西比河南部顺着河流东西两岸而上,最北分布到衣阿华州的达文珀特、克林顿等地。自俄亥俄河至辛辛那提、自瓦伯西到印第安纳州台勒荷及沿田纳西河而上,最东到查塔努加。它溯阿肯色斯河而上到俄克拉何马州,在得克萨斯州沿红河、布拉索斯河、科罗拉多河及其他河流上都发现有,并延伸到里约格蓝德河。墨西哥北部也盛产大面积的薄壳山核桃。

根据生态条件和生产情况,薄壳山核桃主要有以下几个分布地区。

1. 东部地区

东部地区是指美国东南部的得克萨斯州东部、路易斯安那、佐治亚和南部佛罗里达州等高温潮湿的气候地区,一般生长季在200d以上,降雨量在1000mm以上。主要品种有Desirable（德西拉布）（雄先型）、Choctaw（契可特）（雌先型）、Cape Fear（凯普·费尔）（雄先型）、Schley（雌先型）等,一般坚果较大，对黑斑病及其他叶部病害有较强的抗性。

2. 西部地区

西部地区位于得克萨斯州中部及以西部分的美国西南地区。这个地区气候相对干燥，降水量在500mm以下。西部品种适应相对干燥的气候条件，在一般情况下，东部品种可以在西部种植，但西部品种不宜在东部种植。主要品种有Apache（阿帕奇）（雌先型）、Wichita（威奇塔）（雌先型）、Western（威斯顿）（雄先型）、Pawnee（波尼）（雄先型）、Hopi（霍普）（雌先型）等。

3. 南部地区

南部地区是自北卡罗来纳州的威明顿到佐治亚州的亚特兰大，阿拉巴马州的伯明翰，向下南至密西西比州的杰克逊，然后到阿肯色州的派因布拉求及俄克拉何马州的麦克阿莱斯托，然后南至墨西哥湾及加尔维斯顿的西部。这一地区平均生长期为270～290d。大多数栽培品种都需要如此长的生长期，这是南线最大的商业栽植地区。

4. 北部地区

北部地区适应生长季短、抗寒、抗旱的品种。这个区域包括俄克拉何马、堪萨斯和密苏里州。这里生长季少于180d，坚果较小，但风味较好。主要品种有Collry（科尔比）（雌先型）、Giles（贾尔斯）（雄先型）、Posey（波西）（雌先型）、Major（梅杰）等，局限在洛基山脉东部。在此地区经试验栽植，结果率差，产量也不太高，但树木生长良好，颇有观赏价值。

5. 北线的中间地区

北线的中间地区是自纽波特至北卡罗来纳州的阿什维尔，然后转北到肯塔基州的路易斯维尔，从那里至印第安纳州的文森斯和密苏里州的汉尼巴，再转向西南，经奥沙克高原之南再向西至新墨西哥的圣大菲。这一地区的生长期为180～200d，是适宜起源于俄亥俄河流域及相同位置的薄壳山核桃栽培品种。它的东南地区北卡罗来纳州的皮德蒙高原，亚拉巴马州的北部和密西西比州，一些南方品种也有栽培，但果实比南方地区的小，经品种选择等可能会好些，但却不能与生长在南部的较大果实相竞争。从1900年起在南卡罗来纳州、佛罗里达州、阿肯色州及俄克拉何马州的产量有所下降，北卡罗来纳州和密西西比州的产量略有增加，而南部的一些州增产幅度更大。

6. 西北地区

西北地区位于得克萨斯州西部。这里是半干旱气候，天然薄壳山核桃生长在这一带的山脉或溪谷之间。薄壳山核桃最适宜的高度为海拔 257~803m，降水量为 457~1016mm。这个地区有 81 个县出产薄壳山核桃。得克萨斯州半数以上的薄壳山核桃都来自此地。全国几个大的薄壳山核桃种植园都在这里。在雨量少而海拔高一些的地方，薄壳山核桃树冠变得开张而且植株变矮，然而每年的产量都较稳定。西得克萨斯州地区生长最好的薄壳山核桃是在海拔 300~500m，降雨量为 500~760mm 的地方。

7. 西南地区

西南地区包括西得克萨斯州、新墨西哥州南部、亚利桑那州至加利福尼亚州。自 1950 年以来，这个地区的薄壳山核桃获得了大发展。生长在这个地区的薄壳山核桃的特点是：①大力发展了适合于灌溉的栽培品种；②采用高密度栽植，每公顷种植 74~99 株；单株和单位面积产量增加，结果早，很少有大小年，抗病虫害能力强；③全部使用机械化采收和加工。数个拥有 1000~3000hm^2、每公顷的潜在产量可达 4348kg 的新型果园已经建成。

在俄克拉何马州的许多河谷地带有大面积薄壳山核桃林，这里已建立了向阿德莫等几个著名的薄壳山核桃发展中心，许多薄壳山核桃品种进行了改良，使得这一地区的产量逐年增长。

佐治亚州处于薄壳山核桃自然生长地区范围之内，这里薄壳山核桃的选种和品种改良走在全美前列。在阿哥本内和汤姆维斯系周围到处可见到芽接的最大的薄壳山核桃树，还有一些生产水平先进的大型薄壳山核桃果园。薄壳山核桃栽培不限于这个州的南部地区，在北部皮德蒙高原也有不少薄壳山核桃种植园，不过这里的果实不如南方的大。

路易斯安那州不论是实生树选种还是在品种改良上都作了大量富有成效的工作。在 1846 年最早嫁接取得成功以后，记载有最大的薄壳山核桃树就是在这个州发现的，年产 25 桶坚果，估计为 1600kg，这棵树栽植在密西西比河的西岸阿森辛的一农场里。该州的西北区沿什里夫波特栽种了大面积优良品种的薄壳山核桃林。

密西西比州是薄壳山核桃良种嫁接品种繁殖主要产地之一，一些最佳的栽培品种都产生在这个州。该州出产的全是良种和改良的栽培品种，根本不生产实生苗。

佛罗里达州和佐治亚州都是在薄壳山核桃天然生长地区范围内，其北部从杰克逊维尔向西至亚拉巴马一带是薄壳山核桃产量较高的地方。目前，蒙提斯罗已成为这一特产的中心。

此外，在北卡罗来纳州和南卡罗来纳州每年都有相当的产量，发展潜力巨大。

在加工利用方面，20世纪50年代，80%的薄壳山核桃都是脱壳出售。在美国，加工包括分选、脱壳、果仁分选和干燥包装等，全部实现了机械化，同时，贮藏技术和设备也很完善。得克萨斯州的安东尼奥，现已成为世界薄壳山核桃加工中心。

三、薄壳山核桃天然成片高接良种林

天然的薄壳山核桃树比美国其他任何天然的果树更有利用价值。在美国，已把天然的薄壳山核桃树作为一种新的栽培品种资源和作为选定的无性系高接砧木进行利用。美国的许多优良薄壳山核桃栽培品种就是在这样的天然林中发现的。

在美国薄壳山核桃天然林中，1974~1978年的4年间，每年坚果总产量平均为4812万kg，有的年份总产量达到6129万kg。例如，得克萨斯州平均为11 577t；佐治亚州平均为7082t；路易斯安那州平均为6338t。像得克萨斯州和路易斯安那州天然林的平均坚果产量比该州栽培品种平均总产量还要多得多（表2-2）。

表2-2 各州1974~1978年薄壳山核桃年平均产量（单位：t）

Table 2-2　Average yield of pecan in different states of America during 1974~1978

州名	天然和实生的薄壳山核桃	栽培品种	总计
亚拉巴马州	2 018	5 611	7 627
阿肯色州	844	354	1 199
佛罗里达州	1 144	754	1 898
佐治亚州	7 082	27 240	34 322
路易斯安那州	6 338	1 289	7 627
密西西比州	1 298	1 572	2 860
新墨西哥州	—	6 156	6 156
北卡罗来纳州	436	672	1 108
俄克拉何马州	3 932	454	4 358
南卡罗来纳州	608	663	1 721
得克萨斯州	11 577	5 039	16 616
总计	35 276	49 795	85 070

注：亚利桑那州的栽培品种每年大约产227万kg坚果。

这些坚果主要是去壳出售，少数为带壳零售。坚果的大小、性状和质量变化也较大，大多数坚果176~330粒/kg，而且大小不一。出仁率变化也很大，平均

为 40%~42%，基本符合要求，但坚果品质不如栽培品种。

在美国，对这些天然薄壳山核桃林，通过高接，在不少地方都已建成了大片的优良品种林。高接 3~4 年以后就有一定的产量。在大多数薄壳山核桃林中，因树木密度大，并常混有其他树种及杂木等，必须进行改造。首先是清除下木和杂木等有竞争性的树木；其次在林中进行疏伐，使留下的树木得到充足的空间和光照；最后进行垦复、除草和施肥等综合技术措施，然后进行高接，这样很多天然林就结出大量的优质坚果。这项工作薄壳山核桃生产经营者从 18 世纪 80 年代就开始进行，并逐步改造成标准化栽培品种林，取得了很好的效果。到了 19 世纪 60 年代初期，在种植园已定的各栽培品种每年总产量达到 4948 万 kg。在佐治亚州、新墨西哥州、亚拉巴马州和得克萨斯州的产量一直都比较高，19 年来平均产量一直比较稳定。因此，这项工作得到了较大的发展。

四、薄壳山核桃推广应用情况

1. 推广应用概况

薄壳山核桃优良品种的推广与无性系繁殖技术的成功是密切相关的。在美国，经过几十年的努力，这一技术终于获得成功，有无性系嫁接的高档苗出售，因而出现了薄壳山核桃大发展。新品种以无性系命名的很多，现已公开发表的品种达千个以上。在这众多的品种中，有些已经不存在了，而像 Stuart（斯图尔特）是在 1886 年首次推广的品种，现在分布范围很大，已占全美国嫁接苗的 27%，与 Stuart 齐名的还有 Western Schley、Desirable（德西拉布），这 3 个品种占全美薄壳山核桃总量的 49%，3 个品种所占比例分别为 26.7%、12.9% 和 9.5%。其他 33 个最流行的薄壳山核桃品种在全美商业果园品种中所占比例达 85% 以上。由表 2-3 可知，从栽培品种来看，超过全美薄壳山核桃总面积 10% 的共有 4 个品种，即 Stuart、Western Schler、Desirable 和 Wichita，所占的比例达到全美总面积的 57.4%，美国薄壳山核桃良种化栽培的程度是较高的。

表 2-3 美国薄壳山核桃的栽培面积及各品种所占比例

Table 2-3 The cultivation area of pecan and the ratio of different varieties in America

品种	面积/hm²	所占比例/%	品种	面积/hm²	所占比例/%
Stuart	47 703	21.8	Schley	11 696	5.4
Western Schler	31 848	14.6	Cheyenne	10 448	4.8
Desirable	23 849	10.9	Success	5 550	2.5
Wichita	22 168	10.1	Cape Fear	4 786	2.2

续表

品种	面积/hm²	所占比例/%	品种	面积/hm²	所占比例/%
Moneymaker	4 295	2.2	Delmas	767	0.4
Mohawk	3 099	1.4	Sumner	735	0.3
San Saba	2 873	1.3	Barton	722	0.3
Mahan	2 856	1.3	Frotscher	707	0.3
Moore	2 825	1.3	Elliott	682	0.3
Choctaw	2 549	1.2	Pabst	668	0.3
Kiowa	1 788	0.8	Caddo	617	0.3
Siouc	1 649	0.8	Teche	615	0.3
Ideal	1 097	0.5	Burkett	526	0.2
Chickasaw	1 087	0.5	Shoshoni	454	0.2
Van Deman	877	0.4	Mobile	398	0.2
Maramec	830	0.4	Others	26 019	11.9
Cherokee	809	0.4	总计	218 449	100.0
Tejas	809	0.4			

2. 主要品种介绍

如上所述，虽然品种众多，但在生产上有一定栽培面积的也不过30多个，而其栽培面积较大的主栽品种只有4个。这里介绍生产上所占比例最大的4个品种。

1）Stuart（斯图尔特）

Stuart 是目前全美栽培面积最多的品种，面积达 47 703hm²，占全美总面积的 21.8%。

（1）品种来源

Stuart 是早年在亚拉巴马州的实生树上选出的，因其丰产性能好，果形美观，品质优良而深受人们喜爱。它于1874年在密西西比州进行商业栽培后发展起来，现在仍普遍受栽培者欢迎。

（2）主要性状

树形强旺，树姿直立，骨干枝着生部位较低，中央领导干不明显，主枝再生能力强。萌芽晚，开花习性为雌先型，果园需要配置授粉树。该品种进入结果期晚，需10年左右，但进入盛果期后产量较高，丰产性好，在中等管理水平时果园每公顷可达1480~1680t。

坚果成熟期中等，果形卵圆形，坚果体积中大，100~136粒/kg，与其他品种相比壳较厚，出仁率为45%~55%，但内隔并不发达，多数情况下，可获得较高比例的完整半仁。

该品种对疮痂病有较强的抵抗力，这对于在潮湿的南方地区发展薄壳山核桃有重要的价值。高湿地区常易发病，植株对霉斑病及脉枯病较敏感，对低温有一定的忍受能力。

2) Western（威士顿）

Western是目前全美栽培面积最多的品种之一，面积达31 848hm^2，占全美栽培面积的14.6%。

(1) 品种来源

Western起源于得克萨斯州，从近1000株的San Saba的实生苗中选出，于1924年命名推出，并被用作杂交亲本，其后代为Harper。

(2) 主要性状

树形较开张，但由于幼树易旺，且枝条的基角较小，修剪程度宜轻。萌芽较晚与Stuart相似，具有一定的自花结实能力，这是该品种产生第3次落果的主要原因。同时，降低了果仁的品质。另有资料说明充分的杂交传粉可以提高其品质。开花习性为雄先型，果实成熟期比Stuart早3d。果形为倒卵形，基部钝圆，该品种的早果性强，在良好的管理条件下定植6年后可结果。在标准定植的密度下，每公顷产量为1680~2242kg。连续结果能力强，果形不大，141粒/kg，壳薄，出仁率57%~60%，不论脱壳与否，种仁的耐藏性优良。该品种另一主要特征是秋季进入休眠期早，由此可以抵抗初冬冻害，这对于我国的引种栽种有重要的参考价值。

该品种的抗病虫能力较弱，对常见的各种病虫害都较敏感。

总之，这还是一个较理想的品种，因其丰产性能好和较强的适应性而被广泛栽种。

3) Desirable（德西拉布）

Desirable是目前全美栽培面积最多的品种之一，面积达23 849hm^2，占全美栽培面积的10.9%。

(1) 品种来源

Desirable大约是在1900年选育出，大面积推广是在20世纪60年代。该品种种植面积在佐治亚州位居第一位。以此为亲本培育的杂交品种有Houma和

Kiowa（凯威）。

（2）主要性状

幼树生长旺盛，树姿开张，因此结果部位较多，不适宜密植。在美国南部萌芽比 Stuart 早 5d，定植以后 6 年开始挂果。开花习性为雄先型，同 Stuart 相比，可早两天进入盛果期，产量要高出 15% 左右。果实椭圆形，成熟期比 Stuart 晚 4d，由于果实的穗轴较细长，不像 Stuart 那样可以一次收获。果实大小比 Stuart 大，93~102 粒/kg，果壳中等，比前者薄，易取仁，出仁率 52%~54%。由于该品种有一定比例的空壳率，种仁颜色为标准色标值 6.8，风味优于 Stuart。该品种由于种仁大，颜色浅，风味佳，通常商品售价高于 Stuart，带壳贮藏效果很好。由于萌芽早，对早春的冻害较敏感，不抗初冬冻害。因此，幼树的抗寒性是个问题，一般采用砧木高接（砧木高 30cm 以上）的办法来解决。

该品种对各种病虫害的抵抗力弱，亦不抗风。

总之，该品种是一个优良的品种，也是对栽培条件要求较高的一个品种，当条件较差时，表现不出其优良性状的特性。因此，在引种种植时要特别注意。

4）Wichita（威奇塔）

Wichita 是目前全美栽培面积最多的品种之一，面积达 22 168hm^2，占全美栽培面积的 10.1%。

树势强壮，生长旺盛，树姿较直立，侧枝萌发力中等。早果性强，丰产性好。出仁率较高，种仁品质优良。该品种宜集约化栽培。开花习性为雌先型。定植时以 Cheyenne、Cape Fear 和 Desirable 品种作授粉树组合造林效果很好。由于丰产性好，栽植中应加强管理，合理负载，负载不均时树体容易早衰。其坚果成熟较早。

该品种对疮痂病敏感，常常造成枯枝，有较重的采前落果特点，当 8~9 月落果严重时，就会造成减产，有时减产高达 20% 左右。

在美国的山核桃中，除了薄壳山核桃最具有商业性价值高而被广泛栽培利用，成为世界性重要干果外，其他还有些核桃也在开发利用，如 Juglans Higra（黑核桃）在暖湿的北美是最有价值的树种，它有商业性（果实）和木材两大方面的用途。目前，除原有黑核桃外，又新造了黑核桃人工林 2833hm^2。自然分布于美国东半部到安大略省南部与安大略湖之间的广大地区。

目前，正在繁殖和大量栽培的品种还有以下几种。①Burns（安大略）：该品种个小，壳薄，出仁率高，去壳品质优良。②Edras（衣阿华）：该品种壳薄，仁重，出仁率高，去壳品质优良。造林栽培成活率高。③El-ton（俄亥俄）：该品种壳薄，出仁率高，坚果味美。④Rmmak（伊利诺伊）：这个栽培品种在安大略省南部产量很高,壳薄,去壳品质优良,坚果味美,深受人们欢迎。⑤Harr(伊利诺伊):坚果大,去壳品质优良,出仁率高。容易芽接繁殖。在美国适合伊利诺伊州和密苏里州的环境条件下生长。此外,还有 Monterry(宾夕法尼亚)、Snyder(纽约)等十几个品种。目前,有些品种已引种新西兰和澳大利亚等国家。

在美国核桃山核桃类干果栽培是比较普遍的,除了薄壳山核桃外,核桃、黑核桃等是主要栽培干果,其他少量还有山核桃属的其他物种。又如美国西部的波斯核桃,天然分布地区广阔,从东欧的喀尔巴阡山穿过土耳其、伊拉克、伊朗、阿富汗和前苏联南部。波斯核桃在亚洲和欧洲一直作为一种有价值的坚果和木材资源。美国西部滨海各州的气候与地中海的气候相似。因此,波斯核桃已是美国加利福尼亚州和俄勒冈州的核心产业。近年来,美国从不同的波斯核桃的产区引种,在具不同气候条件的西部各州中,正在进行筛选有栽培利用价值的品种。其他核桃,包括灰核桃、心形核桃和一些杂种,也在开发利用。灰核桃也是美国分布最北的核桃,其商业价值一直落后于东部的黑核桃和波斯核桃。近年,灰核桃主要在明尼苏达到新英格兰的北部各州和加拿大南部为广大的农户种植,面积也在扩大。此外,小糙皮山核桃中已命名的栽培种也有很多,在一些地方都有种植,作为核桃资源进行商品性利用。这些物种大多数已有品种,在新的栽培基地中多采用经过改良的品种。

五、美国在薄壳山核桃栽培技术上的先进性

1. 栽培品种良种化

近几十年,几乎所有苗田出售的苗木,都是良种嫁接苗。新建的薄壳山核桃果园都是采用品种嫁接苗建园,真正实现了品种化栽培。各地建立的薄壳山核桃专业化苗圃,苗圃的嫁接和管理实现了集约化,因此苗木质量优、整齐度高。除了枝接外,良种繁育中心所采用的嫁接技术是方块芽接,即和我国的油桐嫁接法一样。主要品种有 Stuart、Western、Desirable、Wichita、Schley(施莱)、Moneymaker(莫尼梅克)等品种,北方主要品种有 Collry、Giles、Major、Peruajue(佩鲁奎)等。在薄壳山核桃实生树改接中,利用优良品种和香蕉皮嫁接方法是很常见的一种快速建园方法,在美国各地应用较多。

2. 砧木区域化和良种化

砧木是实生繁殖的,过去由于不重视砧木的选择,未发现砧木在许多性状上变异较大,对嫁接品种的生长和结果(包括早实性、丰产性和抗性等)都会产生较大的影响。通过对不同资源的研究和砧木育种试验,针对各地区具体的生态

条件，找到合适的砧木类型，在某地区推荐利用某一或几个母树的种子作砧木，实现了薄壳山核桃砧木区域化或良种化。这方面我国已纳入良种化方面的研究内容，刚开始起步工作。

3. 先进的施肥灌溉技术

绝大多数的薄壳山核桃果园都实现了分析施肥。通过取果园中土壤和叶片样品，送往专业实验室进行分析树体的营养情况。经多年大量的工作积累，政府和专业技术部门制订出薄壳山核桃果园土壤和叶样分析的各种矿物质元素的标准，参照这一标准，结合土壤和叶片分析结果，种植者可以确定在果园施肥的种类和数量。在薄壳山核桃果园普遍实施了喷灌、滴灌或渗灌技术，用先进配套的土壤水分监测仪器，根据测定的指标和降水情况实现了定量灌溉。近年来，有单位在研制果园水分红外监测仪，该仪器可以对果园的水分状况进行精确有效的监测，现已逐步推广应用。

4. 机械化程度高

由于美国经济发达和劳动力较贵，苗园和果园的许多劳动是使用机械完成的，机械化后劳动效率高。整地、挖树穴、施肥、中耕、间作和修剪都有专用的机械，采收时，又由另一机械操作，坚果采收工具（专利产品）单人即可操作，高效方便。美国是世界上薄壳山核桃机械化程度较高且先进技术应用较广泛的国家，除薄壳山核桃外，核桃、扁桃和榛子等坚果也有广泛应用。

5. 信息和技术服务

美国成立了薄壳山核桃销售协会，协会专门促进薄壳山核桃的加工、销售，增进薄壳山核桃在世界范围内的消费。美国还成立了国家级加工者协会，提供技术咨询和技术指导，为推动薄壳山核桃产业发展作贡献。

六、对美国薄壳山核桃品种的综合分析

薄壳山核桃与我国山核桃的重要区别在于：分布地域广阔，栽培区有许多不同的薄壳山核桃品种存在；同时，薄壳山核桃绝大多数单株或类型都表现出雌雄异熟性，即雌花先熟型或雄花先熟型占绝大多数，而雌雄同熟型很少，这就决定了大多数薄壳山核桃可能都是杂种，其后代性状分离很大。自然界中薄壳山核桃由于受到生态环境条件和自然杂交的影响，果实形状、大小、壳的厚薄、出仁率高低及对生态适应性都表现出了不同的变化。这些复杂情况为薄壳山核桃选种提供了良好的条件。通过选择，用无性繁殖的方式固定下来，这就是选种的前提和

重要基础。路易斯安那州的安东尼先生于1846~1847年冬首先用薄壳山核桃接穗嫁接在本砧上，前后共接活了125株，这批母树后来被正式命名为品种Centennial（百年）。以后，许多从自然界中选出的优树，通过嫁接繁育试种测定而被命名为新品种。到20世纪80年代，在全美经命名并记载和繁殖的品种达500多个，其中绝大多数是从自然野生树中选育而成的。像产自密西西比州的有Stuart、Schley、Success（萨塞斯）和Pabst（泼勃斯脱）等。在命名问题上，有些品种是以产地命名的，如Queen Lake（皇后湖）、Hlinois（伊利诺斯）、Ohio（俄亥俄）、Kentukey（肯塔基）等；但绝大多数是以发现者的名来定名，如Barton（巴顿）、Mahan（马罕）、Brooks（勃罗克斯）等。

目前，栽培面积最大的栽培品种是Stuart，其是于1870年选自一株实生树，当时这株树种植在密西西比州的派斯卡格拉的花园里，在发现其优点后进行繁殖和测定后再利用的。Schley这个品种是1887年由Stuart结果树上的种子播种以后，再从后代中选育而成的。在当时，这个出名的Stuart品种发展非常快。到1920年，已成为全美"四大栽培品种之一"。美国当时的四大主栽品种，即Stuart、Schley、Pabst和Alley（阿莱），大概在1930年以后，Stuart便成为了全美国的栽培品种。1960年以后，在有些地方，它已被一些适于密植、早熟、丰产性好、抗病虫能力强的品种所代替。然后，这个品种仍深受欢迎，在路易斯安那州的西部，年降雨量少于500mm的一些地方仍是主栽品种。

薄壳山核桃根据来源和适应性可以分为三大栽培品种群。

南部品种群：原产佐治亚州及其他一些生长季在200d以上的地区。年降雨在1200mm以上或更多的地方。

北部品种群：原产伊利诺伊州及冬季较寒冷，生长季在165d或接近160d左右的地方。

西部品种群：原产得克萨斯州及其他西部地区，这是比较干旱的地带，年降雨量在640mm或少于640mm。

薄壳山核桃按坚果大小可以分为3类，这是从加工上考虑的分类，即大果，每磅坚果数≤50粒，如马罕和纳尔逊等品种；中果，每磅坚果数50~70粒，如成功、满意、Pabst等品种；小果，每磅坚果数≥70粒，如摩尔、圣沙白等品种。

过去对良种的要求主要偏重于果实大小和外观，后又转为高产和果质优良，如要求结果早、产量高、果实大小均匀、壳薄、果饱满、取仁易而出仁率高、风味好及抗病虫等特性。过去，薄壳山核桃多是带壳经营，像雪莱、满意和斯图尔特等品种果大、壳薄，具有高质量的核仁便深受人们欢迎；现在，大多数品种经加工厂脱壳、出售果肉，坚果的大小就不重要了，因此需要果形大小中等、大小均匀、品质优良而高产的品种就可以了，像圣沙白、Elliott（埃利奥特）、Caddo（卡多）等品种。

20世纪40年代以后，美国薄壳山核桃的良种选育工作得到了大发展，各州都把薄壳山核桃品种改良和良种繁育作为重点。每个州根据自己的生态条件和经济发展来选择相应的品种，取得了很大的成绩。美国最大的良种繁育中心是美国农业部的得克萨斯州试验中心，下属272个试验站，有计划地开展各项工作。通过20多年又选育出多个新品种，极大地推动了薄壳山核桃的产业发展。

七、薄壳山核桃在墨西哥、澳大利亚等国家的栽培概况

1. 墨西哥

墨西哥也是薄壳山核桃自然分布区内的国家，在墨西哥不少地方都会分布着天然林及改造后的薄壳山核桃果园。在齐瓦瓦地区，年产坚果5万t，世界排名第二。美国的薄壳山核桃约有15%从墨西哥进口。主要品种为Western、Wichita。每年的天气、水涝和干旱，也是影响墨西哥薄壳山核桃生产的重要因素。

2. 澳大利亚

由于温度、土壤等生态因子的限制，澳大利亚的西部很少种植薄壳山核桃。薄壳山核桃主要种植在澳大利亚西北部河流及毛利附近，新南威尔士、昆士基等地。在毛利附近的斯达曼农场，有已结果的薄壳山核桃790多公顷，实现集约化经营。澳大利亚每年可产薄壳山核桃3万t，产品基本可以满足国内需求，但有时也从美国进口，每年有40%的产品出口。在澳大利亚，有薄壳山核桃种植者联合会，在栽培技术、产品质量和市场销售等方面进行密切的工作，促进了该产业迅速发展。

3. 南非

南非最早是在纳塔尔省等一些地方种植薄壳山核桃，由于该地区的空气湿度大而多发生叶斑病，产量低，坚果质量差。在20世纪80年代开始在较干旱的开普敦北部发展薄壳山核桃。目前，南非薄壳山核桃的栽植面积为2000hm^2，每年产量为2000t左右。近年来，南非每年以10%的增长速度发展薄壳山核桃，每年产量的1/3出口，其余供应国内市场。现在，南非人已制订了本国生产薄壳山核桃的各种标准，推动了薄壳山核桃产业的不断发展。

第二节 薄壳山核桃在我国引种栽培概况

一、我国薄壳山核桃引种栽培历史及概况

薄壳山核桃引种到我国的时间大约在19世纪末和20世纪初，张宏宇认为最早引入我国是在清代光绪初年（1886年）。1900年美国传教士邵女士从美国带来少量薄壳山核桃种子，在江苏省江阴市开始试种。1901年美国其他来华的传教士也带来了薄壳山核桃苗木在安徽省舒城县基督教教堂院内栽植。目前，我国在长江流域、淮河流域及其他地区均发现了早期引进、生长或结果仍良好的大树，有的超过70年，甚至有超过100年。在安徽省舒城县的薄壳山核桃树生长旺盛，已成为该县县城里的一景点，有一株树，树高25m，冠幅达400m^2。1907年美国植物学家威尔逊带了少量二年生苗木在江苏南京市的一些地方庭院种植。1916年南京金陵大学从美国佐治亚州和卡罗里郡州引种了一批种子，在校内育苗，并种植在校内，至今还保留许多当时栽植的大树，生长良好。1928年该校又从美国佛罗里达州引进一批种子，育苗后在南京市栽植。1944年，我国植物学家傅焕光先生从美国带回大批良种种子育苗，以后又在江苏南京市栽植。在此时，另一些传教士又将薄壳山核桃种子带到福建莆田，浙江杭州、嘉兴、绍兴等许多地方栽植。新中国成立初期，南京市园林局及中央林业试验站应国家城市绿化及经济林发展的需要，又从美国引进了大批薄壳山核桃。1965年法国植物病理学家访华时，赠送了 Elisbe 和 Mahan 两个品种的大量苗木，并分别在广东、福建和浙江等地种植。

1942年，叶培忠对江苏江阴种植的薄壳山核桃生长结果情况进行了调查。结果表明，无论是十几年生的薄壳山核桃，还是30多年生的大树，都能正常生长发育，但实生繁殖的树结果较迟。薄壳山核桃作为坚果是在1974年引进云南的，据调查，5年生冠幅为3.5m，株产坚果为2kg；11年生的植株地径达10cm，冠幅5m，树高9m，株产坚果23kg。从江苏、云南引种的实践来看，薄壳山核桃都能适应，引种较为成功。从浙江、江西、安徽、湖南和四川的引种表现看，也都是能适应的。

20世纪60~70年代，我国林业界的许多单位才开始自觉地引种薄壳山核桃。1978~1979年，浙江林学院从美国的得克萨斯州引种了11个品种的种子和4个品种良种接穗，定植和嫁接在自己的校园内，后因校园建设需要没有保存下来。1983年，江苏省植物研究所孙醉君等从美国引进了 Shoshoni、Kiowa 等14个薄壳山核桃优良品种的接穗，并嫁接成活后，全部定植在所内新果园。1991~1992年，中国林业科学研究院韩宁林研究员和奚声珂研究员从美国的内布拉斯加州立

大学引进了Apsche、Baker等16个品种的穗条，嫁接在浙江省余杭区长乐林场的薄壳山核桃资源圃内；1993～2001年，该院又陆续从内布拉斯加州和密苏里州引种许多批次，共引种北方型品种30多个；小槽皮山核桃品种8个，引进的品种分别嫁接在北京，河南郑州、洛宁和山西晋城等地；2006年该院亚热带林业研究所姚小华研究员主持木本油料科研团队承担国家的"948"项目"薄壳山核桃优质苗木繁育技术引进"，相继引进苗木扩繁技术、优良良种资源等，总计引进各类优良种质资源近150个，分别保存在浙江金华东方红林场、建德林场和建德乾潭、莲花、洪宅等地的薄壳山核桃种质资源收集圃和试验林中，并在全国14个省市建立了试验林。1996～1999年，中南林学院主持了国家的"948"项目"薄壳山核桃新品种及栽培经营技术引进"，从美国东南部、西部和北部引进了主栽品种的种子和穗条，共引进品种30多个，保存了27个，筛选出无性系36个，分别嫁接在湖南、江西、浙江和云南等地的协作点上。目前，我国自江苏、浙江、安徽、福建、江西、广东、广西、海南、云南、贵州、四川、湖南、湖北、河南、陕西、山东、河北、上海、重庆和北京等20多个省份（图2-1，表2-4）都栽种了薄壳山核桃。

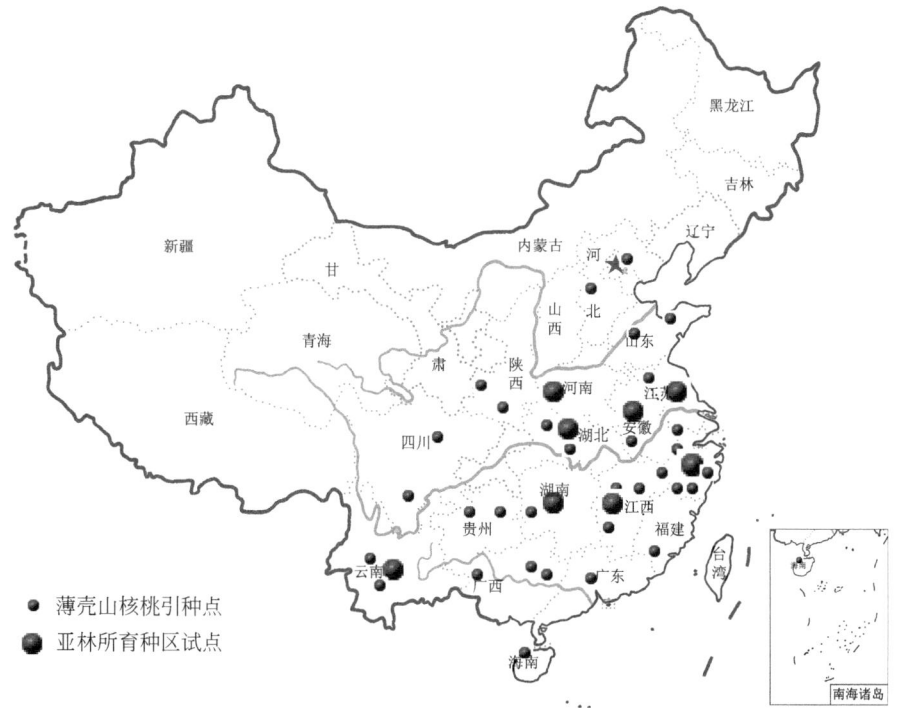

图2-1 薄壳山核桃在我国引种及成功栽植区域

Fig. 2-1 The introduction and cultivation area of pecan in China

目前，薄壳山核桃在我国的分布范围在北纬 24°~40°，但以浙江、江苏和云南 3 省较为集中，浙江主要在建德、余杭、寿昌、金华、绍兴、新昌、松阳、安吉、兰溪等地；江苏主要在南京、溧水、句容、江浦、泗阳、江阳等地；云南在文山、漾濞、大理、保山和建水等地。江西的南昌、峡江、贵溪等地也有分布。安徽和河南当前发展也很快，安徽主要在阜阳、黄山、合肥、滁州等地发展，河南的郑州、洛宁、信阳等地及山东的聊城等地都有一定面积。除浙江、云南和江苏 3 省面积较大外，河南、江西、湖南、福建、山东等省份也都有一定规模。我国目前发展总面积估计在 15 万亩[①] 以上，大部分为近几年发展的幼龄林，投产面积少，进入盛果期林更少，目前年总产薄壳山核桃在 20t 以上，还不能满足我国国内的种子用种需求。目前，我国正处于薄壳山核桃发展起步阶段，距离产业化生产尚需时日。

表 2-4 我国各地现有薄壳山核桃大树资源基本情况一览表（张日清等，2003）

Table 2-4 Distribution of pecan resources in China

省份	分布地	数量	适应情况
北京	北京师大等地	约 30 株	生长正常，但不结实，偶有冻害
河北	石家庄等地	10 多株	生长正常，但不结实
陕西	太古县等地	10 株	生长基本正常，但不结实
上海	松江等地	2000 余株	生长、结实正常
江苏	盐城、江阴、南京及全省各地	3 万亩	生长、结实正常
浙江	金华、温州、建德、杭州及全省各地	2 万亩	生长、结实正常
安徽	阜阳、合肥、舒城、黄山、滁州等地	1 万亩	生长、结实正常
福建	厦门、福州、邵武及闽南地区	千余株	生长、结实正常
江西	九江、南昌、上饶、宜春、赣州等地	3000 亩	生长正常，结实不良
河南	信阳、郑州、洛宁等地	2000 亩	生长正常，部分结实
湖北	武汉、荆州、宜昌等地	3000 亩	生长、结实正常
湖南	长沙、石门、靖州、新宁、永州等地	1000 亩	生长、结实正常
广东	韶关、南雄、乐昌、连州等地	数十株	生长正常，部分结实
广西	南宁、桂林、柳州、白色、河池等地	不详	多数生长不良甚至死亡
海南	海口等地	不详	生长不良死亡
重庆	北碚等地	500 多株	生长、结实正常
四川	成都、泸县、雅安、乐山等地	数百株	生长、结实正常
贵州	盘县等地	近百株	生长正常，部分幼树已结实
云南	文山、漾濞等 11 个城市 20 个县	5 万亩	生长、结实正常
陕西	长安、眉县、宝鸡、杨凌、镇安等地	7000 多株	生长、结实正常

注：个别数据为笔者据近些年发展情况补充。

---

① 1 亩 ≈ 666.7m²，下同。

薄壳山核桃引种到我国，生长良好，除了南部的广西、广东、海南岛和北部的河北、北京一些地方不能正常结果外，其他各地均能开花结果。据调查，生长在江苏江阴市的薄壳山核桃15年生树高达21～25m，胸围达60cm；在浙江建德、金华，安徽的黄山市都有15年生树高在20m以上，胸径在30～40cm及以上的大树。实生树一般都要10～12年以上才能结实，高产单株较少，加上管理不善或没有管理，还没有形成较大面积的高产稳产良种商品基地。但是，近一二十年，薄壳山核桃生产有了较大发展，出现了一些高产典型，科学研究也取得不少成果，突破了生产上一些技术难题，推动了薄壳山核桃的发展。作者深信，薄壳山核桃生产的不断发展，必将带动我国薄壳山核桃产业的形成和发展，前景广阔。

二、过去我国引种栽培薄壳山核桃成效不佳的主要原因

总结过去，薄壳山核桃在我国已有近百年的历史，遍及全国20个省份，20世纪80年代浙江等省成立了薄壳山核桃科研协作组，由于当时研究时间短，得出结论是该树种引种不成功，研究项目多数单位做了少量试验后就从此中断。确实早期没有形成具有成效的成规模生产基地，其成效不理想的主要原因如下。

1. 盲目引种

在美国，根据薄壳山核桃的起源和适应性等情况，将薄壳山核桃划分为西部栽培区品种、北部栽培区品种和南部栽培区品种等。西部的品种耐旱，北部的品种抗寒，南部的品种则怕旱怕冻。美国各州在发展薄壳山核桃规划中，都是根据这些特性、特点，首先选择适宜当地生态条件和经济条件的品种，而我国在过去引种栽培的几十年中，很少去考虑和重视这一品种原产地与引种地生态条件的适应性情况和特点，这就带有很大的盲目性，造成不良的结果。

2. 忽视雌雄异熟，未进行品种配置

过去，由于引种的都是种子或实生苗，后代分离大，一般结果迟，在10年以上，而且产量低。薄壳山核桃是雌雄同株异型异花树种，雄花散粉期和雌花可授期不一致，实际上是异花授粉，这是栽培品种的花期特性，而且后代性状变异大，能高产稳产的比例较小，即使是优良品种，实生后代也是如此。例如，1978～1991年，浙江林学院王白坡教授等从美国引进了Barton、Cherokee（切诺基）等13个优良品种的种子育苗种植，后代产量较高的单株仅占总株数的0.3％；其中，大、中果型的品种，后代果实普遍较小，很少有超亲现象。以色列、澳大利亚和南非等国家，他们引种之所以成功，就是因为引进无性系品种并建立了优良品种园和采穗园，培育优良无性系苗木进行建园，这是值得学习和借

鉴的。

3. 对营建林及其抚育管理重视不够

从薄壳山核桃引种成功的以色列、澳大利亚等国家的情况来看，他们除重视良种，做到先建圃，后建园再发展外，还非常重视造林地的选择，集中连片地规划管理。而我国过去多数是分散种植，疏于管理，也不重视立地和生态条件的选择。该树种是长寿命、迟盛果期树种，需要持续管理才能显示其生长快、结实量大的优势。薄壳山核桃要求土壤深厚肥沃，微酸性至中性，透水性和保水性较好的沿河两岸冲积土和平原低丘的沙壤至黏壤土均可种植，而不适宜在瘠薄的山地栽培。薄壳山核桃要求土壤的 pH 在 6.0~7.5，低于 6.0 以下，就要施用石灰来校正。在我国南方引种栽培的 pH 多在 6.0 以下，有的地方甚至为 4.0~5.5，播种后，种子在山地死亡而造成引种失败。另外，我国东南地带，花期雨水偏多，授粉受精不良，是造成低产的另一个重要原因。从浙江来看，薄壳山核桃低产，不是没有雌花而是坐果率低。从 1972~1975 年浙江林学院对自己校内的 12 棵薄壳山核桃连续 4 年人工辅助授粉测定来看，由于花期雨水多，空气湿度大，坐果率普遍低，一般都在 10% 以下，最高的仅为 28.4%，花多果少现象普遍存在。据 1988 年在浙江常山县调查看到，由于当年花期期间天气晴好，在 10 月采薄壳山核桃时，每株树都能收到 40~50kg。

4. 长期以来成熟实用的规模化无性繁殖技术没有取得突破

20 世纪 70~80 年代以来，为了繁殖薄壳山核桃优树和推广优良品种，不少单位对薄壳山核桃的无性繁殖技术进行了研究，进行了芽接、枝接和大树嫁接等试验，但成活率不高。有的根系直根性无法控制，造林成活率极低。因此，无法规模化生产良种苗木和生产上品种化。通过近几年的努力和实践，现已解决了苗木繁殖无性扩繁技术的难题，为实现良种化打下了良好的基础。

5. 病虫害危害

我国东南部分薄壳山核桃病虫害较为严重，特别是蛀干和食叶性害虫十分严重，种类又多。例如，南京地区薄壳山核桃受树干害虫危害率达 100%，而疮痂病在浙江也普遍。由于分散种植或面积较小，几乎没有什么防治措施。

当前，要在总结过去成功经验的基础上，克服发展中存在的一系列问题，使我国薄壳山核桃产业发展迈向更高的起点，向栽培良种化、扩繁规模化和采收加工机械化的方向发展，促进我国薄壳山核桃产业的大发展。

三、我国薄壳山核桃科研与生产方面取得的主要成绩

从 20 世纪开始，中国科学院南京植物所、中国林业科学研究院林业研究所、中国林业科学研究院亚热带林业研究所、南京林业大学、浙江省科学院亚热带作物研究所、中南林业科技大学（原中南林学院）、江苏农科院、安徽农业大学、云南林业科学院、浙江林业科学研究院、浙江林学院等许多单位先后开展了薄壳山核桃的引种、选种、良种繁育和栽培等方面的研究，经过几十年的努力，成效显著。现在，我国的云南、江苏、浙江、江西和湖南等省的薄壳山核桃引种栽培获得成功，选育出一些适宜我国发展的良种，不少地方建立了试验基地和良种示范林，加上近几年新造试验示范林，总面积达 10 000hm^2 左右，并能生产一定量的薄壳山核桃果实，年产量 20t 左右，为我国薄壳山核桃产业发展创造了一定的条件。

1. 建立了薄壳山核桃种质资源库并初步进行种质评价

中国科学院南京植物所早期在南京建立了良种家系试验林并用于行道树绿化，中国林业科学研究院亚热带林业研究所在杭州建德市、余杭区和金华东方红林场建立了种质资源基因库及引进、选优资源对比试验林，收集保存国内外种质资源近 300 个。经多年的观测与评价，筛选出了一批早实、丰产、优质且对山地适应性较强的良种和无性系，其中 9 个高产无性系通过浙江省林木良种审定委员会审定，选育的良种表现出相对较明显的生长优势，普遍具有早实性和高产的特性，其结果性状表现与美国近期选育的品种相当，9 年生平均树高达 7.0m，胸径 13.6cm，果实籽粒饱满，种子饱满度 92.7%，含油率 65%，平均核果重 7.37g，产量比对照品种高 144.5%。

早期，各地通过引种和比较试验，已选育出鼓楼、莫愁、钟山、钟山 25、金华 1 号、绍兴 1 号等一批良种，近年来又选育出适宜我国种植的，如马罕、波尼、YLc10、YLc12、YLc13、YLc21、YLc29、YLc35 等多个良种，为薄壳山核桃生产提供了良种保证。

2. 苗木无性扩繁技术取得显著进展

中国林业科学研究院亚热带林业研究所在规模化优质苗木培育技术上，开展了从穗条生产到苗木出圃整个种苗繁育过程中相关技术的研究，提出了园地选择、栽植及树体控制、穗条的采集和高产采穗圃营造等生产管理技术，并通过各类试验获得保存期长、生活力高的穗条保存技术；通过富根育苗技术试验，提出了芽苗断胚尖，1 年生苗断根移栽技术等，使种苗侧须根大大增加，苗木健壮；

通过砧木培育技术，提出了砧木温控育苗技术，大大延长了嫁接时间。通过种苗培育相关技术的研究，初步形成了薄壳山核桃生产技术体系，大大提高了嫁接成活率和造林保存率。该技术体系在薄壳山核桃种苗培育规模，嫁接成活率和苗木质量上，已达到国际先进水平。

在此基础上，还进行了薄壳山核桃、浙江山核桃、湖南山核桃种间砧穗嫁接技术试验，以薄壳山核桃为砧木嫁接浙江山核桃取得成功并开始挂果，拉开了浙江山核桃无性系化的序幕。浙江山核桃异砧嫁接技术部分于2003年通过国家林业局主持的成果鉴定。主要采用薄壳山核桃作为砧木嫁接浙江山核桃优良无性系，突破了长期以来浙江山核桃无性繁殖的技术难关，彻底改变了浙江山核桃没有嫁接品种苗可种的历史，并为扩大树种适生区域打下了技术基础。利用该技术，中国林业科学研究院亚热带林业研究所2007年12月在金华婺城区东方红林场营建了当前我国唯一的也是最早的浙江山核桃无性系试验林，采用选育的优株扩繁了23个无性系进行试验。

由表2-5可以嫁接成活率结果表明，除第1年因嫁接工人对异砧嫁接技术不熟悉导致嫁接成活率较差外，其他年份成活率基本比较稳定。最高的年份嫁接成活率达73.95%，其中2008年嫁接成活率较其他年份（第1年除外）较低，主要原因在于2008年砧木为临安市横路乡购买，砧木质量较差，所以对嫁接成活率产生较大影响，其他年份嫁接用砧木均为建德市林业局培育，对未达到嫁接要求的砧木继续留床培育，因此砧木未对浙江山核桃异砧嫁接成活率产生较大影响。

表2-5 浙江山核桃历年异砧嫁接成活率调查表（薄壳山核桃为砧木）
Table 2-5 The survival rate of Chinese hickory seedlings grafted on pecan（pecan is used as rootstock）

嫁接年份	2004	2005	2006	2007	2008	2009	2010
嫁接数/株	665	1843	4457	7104	7860	5068	395
成活数/株	291	1237	3296	5100	4235	3665	288
成活率/%	43.76	67.12	73.95	71.79	53.88	72.32	72.91

从表2-6可以看出，目前浙江山核桃异砧嫁接苗木已在浙江、安徽、江苏、云南、贵州和江西等省种植成功，部分已经挂果，少部分已有一定产量。2012年9月6日，来自浙江省林业种苗管理总站、金华市林业种苗站和金华婺城区林业种苗站有关专家对中国林业科学研究院亚热带林业研究所木本油料课题组采用山核桃异砧嫁接无性系试验林进行了现场测定（图2-2）。

在试验林现场专家采取全株收获的方法对每个单株进行现场采收、现场称重。经测定，5年生最高单株产量达10.80kg，3个小区最高平均株产量达

3.51kg，最高亩产量可达 70.20kg。按照目前鲜果蒲 10 元/kg 的收购价，每亩最高产值可达 700 多元，而实生种植的山核桃到第 5 年仍未结果，山核桃的无性系化不仅使其结果期较实生种植至少提前 5 年以上，还可极大地扩大浙江山核桃的适生种植范围，可在浙江省大部分平原，道路两旁，房前屋后，河岸，沿海滩涂等地种植，是浙江省农民增收的又一途径。因此有望在浙江省及周边省大力推广浙江山核桃品种化种植。

表 2-6 浙江山核桃异砧嫁接示范林建设调查表

Table 2-6 The survey table of grafted Chinese hickory forestry for demonstration

种植时间/年	种植地点	种植数量/株	结实情况	种植时间/年	种植地点	种植数量/株	结实情况
2004	淳安、建德	241	生长、结实正常	2007	浙江金华	300	生长、结实正常
2005	浙江建德	1000	生长、结实正常		浙江建德	3020	生长、结实正常
	云南富源	100	生长、结实正常	2008	浙江建德	3100	生长正常，部分已挂果
	贵州安顺	20	生长、结实正常		安徽金寨	40	生长正常
2006	浙江建德	1050	生长、结实正常	2009	浙江建德	3500	生长正常
	江苏南京	50	生长、结实正常	2010	浙江建德	300	生长正常
	江西贵溪	200	生长、结实正常				

图 2-2 测定采摘现场

Fig. 2-2 Harvest of Chinese hickory

在中国林业科学研究院亚热带林业研究所、浙江省建德市林业局和湖南省靖州县林业局共同努力下，以湖南山核桃为砧木嫁接薄壳山核桃、嫁接浙江山核桃均取得突破性进展。2001年以1年生湖南山核桃为砧木嫁接薄壳山核桃，2002年定植，林分嫁接苗平均树高为6.3m，平均地径为11.9cm，平均冠幅为4.25m×4.10m（2008年调查数据），未出现不亲和现象，从2007年已开始挂果（图2-3）。同年对苗圃以1年生湖南山核桃为砧木，嫁接薄壳山核桃苗木成活率及生长量调查，其结果表明，嫁接成活率可达81.08%，嫁接苗木平均高度为53.37cm。

2008年春对湖南省靖州市湖南山核桃2年实生苗嫁接浙江山核桃苗圃调查结果表明，嫁接成活率高达96.67%，嫁接苗木平均高度134.53cm，平均地径0.99cm，苗木生长正常。2008年对2002年以湖南山核桃为砧木嫁接的浙江山核桃示范林（图2-4）（约17亩）调查，结果表明，林分嫁接苗木平均树高为4.12m，平均地径8.79cm，平均冠幅为3.61m×3.42m，林分生长正常，已于2006年开始挂果，2008年采收鲜果约50kg。

图2-3　湖南山核桃为砧木嫁接薄壳山核桃树体及砧穗结合处

Fig. 2-3　The *Carya hunanensis* tree grafted on pecan

3. 开展不同立地条件下丰产栽培技术试验研究

中国林业科学研究院亚热带林业研究所等单位开展了薄壳山核桃开花生物学特性的研究，阐明了薄壳山核桃的雌雄花异熟性，基本摸清了现有主栽品种及优良无性系的雌、雄花期物候、结实特性，为生产基地建设中品种选择和配置、杂交育种等提供了理论依据。在此为基础，提出了薄壳山核桃良种配置方案。通过

图 2-4　湖南山核桃为砧木嫁接浙江山核桃示范林（靖州大堡子乡）

Fig. 2-4　The Chinese hickory demonstration forest with *Carya hunanensis* as rootstock（Dabaozi Town, Jingzhou）

栽培技术研究，初步形成了薄壳山核桃早实丰产栽培体系，促进薄壳山核桃早实丰产，极大地推动了我国薄壳山核桃生产的发展。2005 年以来，采取边试验边推广的方式先后在浙江建德、浦江、安吉，江西贵溪、南昌，安徽金寨，江苏句容、泗洪，云南曲靖、玉溪，湖北秭归等地进行造林示范，这些林分多已进入结果期，表现出良好的早实丰产特性。现在，薄壳山核桃栽培技术开始在浙江、云南、江苏、江西、安徽、湖北、贵州等省逐步推广。

4. 开展了杂交育种、培育新品种的研究

山核桃杂交的亲本选择主要是薄壳山核桃和山核桃。1959～1960 年叶茂富、吴原均进行了山核桃与薄壳山核桃之间的正反交，并均得到杂交后代，并认为杂种在形态上产生了不少变异。20 世纪 70 年代，叶茂富、吴原均获得杂种后代生长结果情况后，发现杂种形态上完全相似于母本，除个别单株物候期有较大的变异（处于双亲间类型）外，没有发现其他差异。1970～1975 年，在产区的多点、多年和许多组合进行了杂交试验，组合有山核桃×薄壳山核桃、山核桃×（大核桃+薄壳山核桃）、薄壳山核桃×薄壳山核桃、山核桃×薄壳山核桃 F_1×（薄壳山核桃+大核桃）等 35 个组合，4 年共授粉 28 011 朵雌花，着果 5976 个，收到饱满果实 3258 个，其中山核桃×薄壳山核桃 F_1×（薄壳山核桃+大核桃）授粉 2280 朵，着果 52 个，收获饱满果实 91 个，播种获得杂交种苗 64 株。各杂交组合当代果实及杂交种苗表现都有所不同。

随后，又继续进行了杂交当代果实的变异、杂种 F_1 代的性状表现，得到的效果和 B_1 代的性状表现等测定，都取得了可喜的成绩。多年多点的杂交试验都证明山核桃与薄壳山核桃不论正反交，其 F_1 代形态特征稳定的保持母本性状，从叶形、芽的形态色泽、树皮特征及开花结果情况都与母本相似。至于叶茂富等试验认为杂种叶形增大,叶色加深,这可能与营养条件不同所致。

中国林业科学研究院亚热带林业研究所与建德、淳安林业局合作,开展了山核桃×薄壳山核桃、薄壳山核桃×山核桃、山核桃×山核桃、薄壳山核桃×薄壳山核桃等杂交试验。其中以薄壳山核桃为父本,山核桃为母本,进行种间杂交,对 F_1 代果实及苗木主要性状进行测定的结果表明:杂交 F_1 代果实与果核(种子)的大小、质量及苗木的高、径生长同对照之间都存在显著水平或极显著水平的差异。其中单果重、果高、果径分别比对照高29.1%、7.2%、11%;单核重、核高、核径分别比对照高30.9%、8.13%、12.4%;3年生苗木平均高和平均地径比对照分别高18.1%和19.7%;造林2年后苗木平均高和平均地径比对照分别高29.2%和32.81%,说明种间杂交对增大山核桃果体、改良山核桃品质是有意义的。另外,杂交 F_1 代双胚苗所占比例为10%,是对照的5倍,多胚现象为通过无融合生殖途径来固定其杂种优势进行探索性研究提供了可能。

1) 山核桃×薄壳山核桃杂交坐果率

于2004年在浙江省淳安县童川村长湾山核桃示范基地,选择树龄在15~30年生长健壮的成年树,共37株,套雌花蕾授粉1602朵,7月2日调查坐果163个,坐果率10.2%,9月6日采果,收获 F_1 代果实140个。表2-7列出了各试验单株杂交坐果情况,这说明山核桃与薄壳山核桃杂交具备较好的亲和力(山核桃自然授粉坐果率一般也仅10%~15%),但单株之间存在着差异,总体变异系数为59.7%,坐果率最高的25号、67号单株分别达25.9%和22.0%,而23号、66号则无坐果。

表2-7 山核桃×薄壳山核桃坐果情况(王年金,2004)
Table 2-7 Fruit set of cross pollination with Chinese hickory× pecan

树标号	21	22	23	24	25	26	27	28	29	30	42	43	46
授粉数/朵	97	28	24	30	27	29	43	32	23	23	61	52	46
坐果数/个	18	1	0	2	7	4	6	5	1	1	8	7	2
坐果率/%	18.6	3.6	0.0	6.7	25.9	13.8	14.0	15.6	4.3	4.3	13.1	13.5	4.3

树标号	47	48	49	50	61	62	63	64	65	66	67	68	69
授粉数/朵	35	39	53	52	44	38	49	77	71	45	41	41	54
坐果数/个	2	2	4	6	7	3	5	6	7	0	9	1	2
坐果率/%	5.7	5.1	7.5	11.5	15.9	7.9	10.2	7.8	9.9	0.0	22.0	2.4	3.7

树标号	70	71	72	73	74	75	76	77	78	79	80	合计	变异系数/%
授粉数/朵	50	39	45	53	50	37	26	37	44	34	33	1602	
坐果数/个	10	5	4	2	6	4	3	5	1	5	2	163	
坐果率/%	20.0	12.8	8.9	3.8	12.0	10.8	11.5	13.5	2.3	14.7	6.1	10.2	59.7

2) 山核桃×薄壳山核桃 F_1 果实性状变异分析

表2-8列出了山核桃与薄壳山核桃杂交 F_1 果实及果核（种子）性状测定及方差分析结果，从表2-8可以看出，山核桃×薄壳山核桃 F_1 有明显的果实及种子直感现象，F_1 果实及种子均表现父本性状，而与母本的差异则达极显著水平。F_1 果实的单果重、果高、果径分别比对照高出29.1%、7.2%、11%；F_1 果核（种子）的单核重、核高、核径分别比对照高出30.9%、8.1%、12.4%。其中最大的1个 F_1 果实和果核重达34.5g和11.5g，分别比最大的1个对照果实和果核重78.8%和82.5%。

表2-8 山核桃×薄壳山核桃 F_1 果实变异情况（王年金，2010）
Table 2-8 Fruit variation of hybrid F_1 generation with Chinese hickory × pecan

杂交组合	结果株数	果实个数	果实性状				果核（种子）性状			
			单果重/g		果高/cm	果径/cm	单核重/g		核高/cm	核径/cm
			平均	最大			平均	最大		
山核桃×薄壳山核桃	33	140	19.7	34.5	3.13	3.44	5.85	11.5	2.26	1.99
对照	33	90	15.26	19.3	2.92	3.1	4.47	6.3	2.09	1.77
杂种与对照比值/%			129.1	178.8	107.2	111.0	130.9	182.5	108.1	112.4
显著性检验 F 值			144.9**		50.37**	84.53**	85.17**		68.47**	95.49**

注：$F_{0.05}(1, 228) = 3.88$；$F_{0.01}(1, 228) = 6.75$。
**表示极显著差异。

3) 山核桃×薄壳山核桃 F_1 苗木性状变异分析

经现场观察，F_1 苗木的外部形态及抗冻害等性状与母本对照无明显差异，这里主要分析 F_1 与对照的成苗率和多胚现象及苗木的高、径生长量和变异系数（表2-9）。

表2-9 山核桃×薄壳山核桃 F_1 苗木变异情况（王年金，2010）
Table 2-9 Seedlings variation of hybrid F_1 generation with Chinese hickory × pecan

杂交组合	播种个数	苗木株数		成苗率/%	1年		3年			
		合计	（含双胚苗）		平均高/cm	平均地径/cm	平均高		平均地径	
							值/cm	变异系数/%	值/cm	变异系数/%
F_1	110	77	(14)	63.6	31.53	0.51	130.48	39.4	1.40	41.4
对照	73	49	(2)	65.8	27.35	0.41	110.45	32	1.17	32.6
杂种与对照比值/%				96.7	115.3	124.4	118.1	123.1	119.7	127

续表

杂交组合	播种个数	苗木株数		成苗率/%	1 年		3 年			
		合计	(含双胚苗)		平均高/cm	平均地径/cm	平均高		平均地径	
							值/cm	变异系数/%	值/cm	变异系数/%
显著性检验 F 值					5.50*	13.10**	5.51*		9.80**	
F 临界值					$F_{0.05}$ (1, 124) = 3.92		$F_{0.05}$ (1, 120) = 3.92			
					$F_{0.01}$ (1, 124) = 6.84		$F_{0.01}$ (1, 120) = 6.85			

注：3 年杂交苗死 2 株（其中双胚苗 2 株），对照苗死 2 株。
* 表示显著性差异，** 表示极显著差异。

从表 2-9 可以看出：山核桃×薄壳山核桃 F_1 的成苗率与对照相当接近；山核桃×薄壳山核桃 F_1 和对照的双胚苗所占比例分别为 18.18% 与 4.08%，F_1 明显高于对照，所占比例是对照的 5 倍；1 年生和 3 年生 F_1 苗木高生长与母本对照之间存在着显著水平的差异，地径生长无论 1 年生还是 3 年生与母本对照都存在极显著水平的差异。1 年生 F_1 苗木平均高和平均地径比对照分别高 15.3%、24.4%；3 年生 F_1 苗木平均高和平均地径比对照分别高 18.1%、19.7%。其中 F_1 优势最明显的 1 株苗木（代号 76-1）1 年生苗高 63cm，地径 0.8cm，比对照最好的 1 株苗木（苗高 33.1cm，地径 0.57cm）分别大 90.3% 和 40.4%。

4) 山核桃×薄壳山核桃 F_1 苗木造林成活率及生长情况分析

试验收获的 F_1 代杂交种子于当年 9 月 10 日播种，2006 年 2 月移植，2008 年 3 月出圃。按照株行距 5m×5m，植穴规格 50cm×50cm×40cm，于 2008 年 3 月 20 日采取随机区组栽植，造林后做好常规抚育培管工作，每年 3 月调查苗高、地径及成活率（保存率）等情况。2010 年 3 月 19 日调查（表 2-10），F_1 与对照苗木成活率分别为 66% 和 73%，相差 7 个百分点。造林 2 年后 F_1 苗高与地径分别为 192.39cm 与 1.7cm，是对照苗的 129.2% 与 132.81%；与造林前相比较，F_1 苗高与地径生长量分别为 61.91cm 与 0.26cm，是对照苗的 160.97% 与 236.4%。经显著性检验，造林 2 年后 F_1 苗木高、径生长与母本对照之间都存在着显著水平的差异。

表 2-10　山核桃×薄壳山核桃 F_1 苗木造林成活率及生长情况（王年金等，2010）
Table 2-10　Survival rate and growth of hybrid F_1 generation with Chinese hickory × pecan

杂交组合	种植株数	成活株数	成活率/%	平均高/cm			平均地径/cm		
				造林 2 年	造林前	生长量	造林 2 年	造林前	生长量
山核桃×薄壳山核桃	67	44	66	192.39	130.48	61.91	1.7	1.44	0.26
对照	15	11	73	148.91	110.45	38.46	1.28	1.17	0.11

续表

杂交组合	种植株数	成活株数	成活率/%	平均高/cm			平均地径/cm		
				造林2年	造林前	生长量	造林2年	造林前	生长量
杂种与对照比值/%			90.4	129.2	118.13	160.97	132.81	123.08	236.4
显著性检验 F 值				5.58*			4.97*		

注：$F_{0.05}(1, 53) = 4.02$；$F_{0.01}(1, 53) = 7.14$；杂交多胚苗死2株，对照多胚苗死1株。

* 表示显著性差异。

山核桃与薄壳山核桃杂交育种结果情况表明，山核桃与薄壳山核桃种间杂交育种能够获得杂交种，说明二者之间具备较好的亲和力。对 F_1 果实及果核（种子）的单个重、高、径测定分析表明，杂交子一代果实与果核（种子）的个体明显增大。方差分析结果显示，F_1 果实和果核（种子）在单个重、高、径等性状上均与母本存在极显著差异，这种差异很可能是薄壳山核桃果大这一优良性状优势表现所致。对育苗1~3年及造林2年苗木生长情况分析结果表明，F_1 苗木高生长和地径生长无论是1年生还是3年生，甚至于造林2年后与母本对照都存在着显著水平和极显著水平的差异，即这种差异从育苗当年就已开始体现，并在随后的4年中持续存在，这说明这种差异很可能是杂交种本身从双亲获得了具有优良性状的基因型所致，并且这种基因型有可能发育为这种优良性状的遗传基础。可以认为开展以薄壳山核桃为父本、山核桃为母本的种间杂交对增大山核桃果体、改良山核桃品质是有意义的。

对山核桃×薄壳山核桃 F_1 和对照的多胚苗现象进行分析表明，山核桃与薄壳山核桃杂交产生双胚苗的频率明显高于对照，在其杂交后代群体中可以寻找到具有多胚和多胚苗特性的个体。这种多胚现象是属于真多胚还是假多胚或是不定胚的哪种类型尚不清楚，但存在的这种多胚现象为通过无融合生殖途径来固定其杂种优势进行探索性研究提供了可能。

四、今后发展薄壳山核桃中应注意的关键技术问题

近些年来，我国在薄壳山核桃的栽培上又开始形成发展的高潮。根据过去的情况，作者建议需要注意如下几点。

第一，引种栽培前，必须做好发展规划和区划，根据不同的生态条件，因地制宜地选择适合当地发展的良种。

第二，选择合适的地点建立良种繁育基地，采用经过规范试验、达到多年盛果期评价要求的，并筛选出适应当地的良种，必然会取得很好的效果。避免直接从国外引进应用并对未达到10年以上林分进行简单评价就草率应用。

第三，选择薄壳山核桃生产基地时，要注意小的生态环境条件，选择土壤深

厚肥沃、保水性好、pH在5.5以上为宜，密度选择要适当，根据各品种特点和试验林定位不同来定，一般每亩10株左右，需配置授粉树种，以保障高产稳产。幼林期实行林内套种，增加单位面积林地经济效益。

第四，选择良种壮苗进行推广种植。种植过程中严格按造林技术要求和抚育管理措施进行。要求当年成活率95%以上，造林保存率95%以上。

第五，加强薄壳山核桃果园的现代化管理，实现早实丰产和高产稳产的目标。做好林地套种、水土保持、施肥和灌溉等抚育管理措施。

第三章　山核桃分类及主要良种介绍

山核桃属（*Carya* Nutt.）属胡桃科。据化石考证，在第三纪时，当时山核桃植物分布很广，遍及世界各地，生长繁茂。在我国的山东、浙江等地，美国西部、西北部和东南部的阿拉斯加，格陵兰，冰岛，斯亚次卑尔根，欧洲及苏联的堪察加等地都出现过山核桃属植物的化石，这说明在古代这些地方都分布和生长着山核桃植物。

由于山核桃分布地区非常广，又长期受自然环境的影响，在演变和自然杂交的过程中，形成了许多物种和杂种。20 世纪美国沙坚特（C. S. Sargent）在 1913~1916 年对原产北美的 16 种山核桃作了描述，其后佩雷（L. H. Bailey）1933 年将一些杂交种也列为种。山核桃增加至 22 个种。艾利阿斯（Thomas S. Elias）等 1972 年的研究，认为本属现有 16 个种，美国东部和美国与墨西哥相邻的地区共有 11 个种，亚洲分布 5 个种（黎章炬，2003）。

1931 年，我国植物分类学家胡昌炽先生将作为果树栽培的两个种，即西洋山核桃（薄壳山核桃）和山核桃（昌化山核桃）作了简单的分类描述。1937 年陈嵘教授根据小叶数目的多少提出山核桃和薄壳山核桃的检索表，并认为山核桃属有 21 个种，中国仅有 1 种山核桃生长。

对山核桃属的分类，1864 年德康多（C. de. Candlle）根据芽鳞数目及排列方式将山核桃分为镊合芽鳞山核桃组和山核桃组两个组。1977 年浙江林学院张若惠教授根据调查记载和参照艾利阿斯的分类，对德康多的两个组分类作了补充，增加了我国所产的 4 种无芽鳞山核桃为裸芽山核桃组，提出山核桃有 17 个种和 3 个变种的意见。20 世纪 80 年代在安徽省大别山山区又发现了 1 种山核桃的近缘种，经刘茂春教授等定名为大别山山核桃（*C. dabieshanensis* M. C. Liu et Z. J. Li, sp. nov.），从此山核桃属共有 18 个种，3 个变种。

山核桃属特征为落叶乔木，小枝具实心的髓，奇数羽状复叶，小叶边缘有锯齿；花单性同株，雄花为三出柔荑花序，生于去年生枝的叶痕腋部，雌花着生于当年生枝顶，1~10 个呈穗状；果为核果状，外果皮由总苞发育而成，质脆，4 裂，坚果平滑或微皱具纵棱脊；种皮薄，膜质，胚具大的子叶，子叶富含油脂，发芽时子叶不出土；染色体基数为 16。

山核桃属根据芽鳞的有无和芽鳞数目、排列方式等形态特征分为 3 个组。

1. 裸芽山核桃组

冬芽裸露，不具芽鳞，复叶具 5~7 小叶；外果皮（总苞）有或无翅状纵脊，本组 5 种。

山核桃 *Carya cathayensis* Sarg.

大别山山核桃 *C. dabieshanensis* M. C. Liu et Z. J. Li，sp. nov.

湖南山核桃 *C. hunanensis* Cheng et R. H Chang，sp. nov.

贵州山核桃 *C. kweichowensis* Kuang et A. M. Lu，sp. nov.

越南山核桃 *C. tonkinensis* H. Lec.

2. 镊合芽鳞山核桃组

冬芽具 4~6 芽鳞，镊合状排列，芽鳞在春天花后膨大很少或不膨大；复叶具 5~17 枚小叶，外果皮通常有突起纵脊。本组 6 种，我国引种栽培 1 种。

长山核桃（薄壳山核桃）*Carya illinoensis*（Wangenh）K. Koch.

苦果山核桃 *C. cordiformis*（Wangh）K. Koch.

帕卖山核桃 *C. palmeri* Manning.

波郎山核桃 *C. poilanei*（A. Chev.）Leroy

肉豆蔻山核桃 *C. myristiciformis*（Michx. f）Nutt.

水山核桃 *C. aquatic*（Michx. f）Nutt.

3. 覆瓦芽鳞山核桃组

冬芽具 6~12 覆瓦状排列的芽鳞，春天芽鳞显著膨大，复叶具 3~9 枚小叶，小叶不为镰形，外果皮的果瓣边缘无纵脊。本组 7 种。

粗皮山核桃 *Carya ovate*（Mill.）K. Koch.

条裂山核桃 *C. laciniosa*（Michx. f.）Laudon.

沙地山核桃 *C. pallida*（Ashe.）Engl. et Graebn.

小果山核桃 *C. glabra*（Mill.）Sweet.

佛罗里达山核桃 *C. floridana* Sarg.

黑山核桃 *C. texana* Buckl.

毛山核桃 *C. tomentosa*（Poiret）Nutt.

第一节 我国的薄壳山核桃及近缘主要栽培物种

现在，我国分布和栽培的山核桃共有 6 种，山核桃、大别山山核桃、贵州山核桃、湖南山核桃4个种是我国特有种；越南山核桃分布于我国广西、云南等省和越南北部及印度；薄壳山核桃为我国从美国引种的山核桃。这6种山核桃中，果实具有显著经济价值的栽培种，有薄壳山核桃、山核桃和大别山山核桃3种，湖南山核桃亦有一定的发展前景。

一、薄壳山核桃（美国当地山核桃情况）

据报道，美国有薄壳山核桃品种近千个以上，但许多品种现在实际上已不存在了。目前，推广应用较多的有近40个品种。其中，Stuart、Desirable、Western Schley 和 Wichita 4个栽培品种的栽培面积最大，像 Stuart，它的栽培面积占全美总面积的21.8%；Western Schley 占全美面积的14.6%。33个最流行的薄壳山核桃品种在全美商业果园中占85%。

美国第一个嫁接栽培种是1848年由安东尼的一个奴隶庄园主繁殖而成的。Kiowa 于1976年发表了最新的一个栽培品种。1905～1925年是美国推广薄壳山核桃栽培品种最兴盛的时期。在从事薄壳山核桃培育的130年间，虽然已选择命名有500多个品种，但商业性的栽培品种只有30～40个。因为评价一个栽培品种特性需要20年甚至更长的时间，大多数品种经不起时间的检验，或某些特性不理想而被淘汰。

1. 栽培品种的来源

美国的栽培品种是由以下几种方法培育而成的。

1）在天然林中的偶然实生苗或人工选择中而获得的品种

由这种方法培育的品种有 Burkett、Colbt、Halbert、Ideal、Major、Nuggett、Posey、San Saba 等。

2）从栽培品种或其他选择种的实生苗中获得的品种

由这种方法培育的品种有 Mahan、Moore、Desirable、Skaer、Stuart、Western 等。

3）人工控制授粉培育的品种

由这种方法培育的品种有 USDA Cultivars、Forkert's Cultivars 等。

4）芽变选种

在南部薄壳山核桃的选种中有记载。过去，美国所选种的品种都是用已命名的栽培品种林或优良的天然薄壳山核桃林，再从这些林中通过选育的方式培育出大量新的栽培品种。用控制授粉培育栽培品种，一直是美国农业部自 1931 年以来的一个主要培育新品种的计划。在 1931～1979 年，美国薄壳山核桃林业站在薄壳山核桃栽培品种和选择品种中作了 800 多个杂交组合的杂交，产生了 20 000 株实生苗并已经结果，通过对这些树体和坚果进行了各种测定，最后选择出 15 个品种并已被命名，且已公布。例如，1953 年公布的选择品种是 Barton，其后又有 Wichite、Mohawk、Shawnee，这些品种都是目前最好的栽培品种。1976 年制订了一个培育抗薄壳山核桃疮痂病的栽培品种计划，由路易斯安那州和佐治亚州进行抗疮痂病的杂交育种。现在，已开始在实生苗中进行抗病性筛选和扩大试验工作。薄壳山核桃产区的这些试验站正在试验本地区所发现的有前途的实生苗和美国农业部所选择的一些品种。

2. 栽培品种的分类

薄壳山核桃栽培品种在美国可有东部的、西部的和北部的之分，这主要取决于气候条件和地理位置。东部栽培品种适宜湿润的路易斯安那到佛罗里达的东南部各州，比西部栽培品种受疮痂病及各种叶部病害较少。

西部的栽培品种适宜得克萨斯州气候较干燥的中部、西部和西南部栽培。这些栽培品种往往极易受疮痂病和其他叶部病害危害。东部栽培品种在西部种植一般生长良好。但是在西部酸性土壤上的东部栽培品种，则不如西部或西部亲本的栽培品种生长良好。因此，西部的栽培品种一般不引种到东部去。

北部栽培品种比东部或西部的栽培品种果实生长季短。由于成熟早，坚果容易遭受松鼠、鸟类和害虫危害。因此，北部的栽培品种一般不宜于田纳西州以南的地方种植。北部薄壳山核桃种植区，包括俄克拉何马、堪萨斯、密苏里、衣阿华、伊利诺伊、印第安纳、肯塔基和田纳西等州。在美国的西北部、东北部或安大略南部有较高稳定生产能力的薄壳山核桃栽培品种，至今发现不多。

3. 普遍或商业性栽培品种

普遍或商业性栽培的主要品种大约有 30 个。这里介绍当前普遍发展的主要栽培品种。由于新品种不断出现，品种更替也在变化和不断的修订。在美国建立薄壳山核桃种植园前，每个品种的资料必须齐全：即每千克坚果粒数，果仁百分率，花期（雄花先熟、雌花先熟），坚果成熟期（早熟、中熟、晚熟）和亲本及原产地等。

1）东部栽培品种

（1）Desirable

88～110 粒/kg，出仁率 50%～56%，雄花先熟，果实中熟。原产于密西西比州，坚果非常诱人，短而粗。在得克萨斯州西部栽植容易感丛枝病，抗疮痂病。目前，在东部普遍种植。

（2）Caddo

132～165粒/kg，出仁率52%～58%，雌花先熟，果实中熟。亲本Bzooks×Alley。始果期中偏早，生长旺盛，抗疮痂病，是极优的去壳出售品种。

（3）Mohawk

77～132粒/kg，出仁率55%～60%，雌花先熟，果实早熟。亲本Success×Mahan。树势强，生长旺盛，始果期中等，易感疮痂病。在坚果大的品种中属于成熟较早的品种，坚果带壳出售，极优。

（4）Chickasaw

121～165粒/kg，出仁率52%～53%，雌花先熟，果实早熟。亲本Brooks×Evers。早期生产性能好，抗疮痂病。

（5）Candy

132～176粒/kg，出仁率43%～50%，雌花先熟，果实早熟。原产路易斯安那州。树势强健，生长旺盛，始果期早，产果多，抗疮痂病。

（6）Choctaw

88～110粒/kg，出仁率54%～60%，雌花先熟，果实中熟。亲本Success×Mahan。结果很早而且产果多，丰产性能好。坚果优良，带壳出售，抗疮痂病不如Stuart。

（7）Graking

88～110粒/kg，出仁率55%～60%，雌花先熟，果实中熟。亲本Hugo×Okla。坚果个大非常诱人，抗疮痂病。

（8）Kiowa

88～110粒/kg，出仁率54%～60%，雌花先熟，果实晚熟。亲本Mahan×Odom。始果期很早，丰产性能好。适宜高密度种植，坚果性状和外观与Desirable相似。

（9）Elliot

121～154粒/kg，出仁率51%～55%，雌花先熟，果实中熟。原产于佛罗里达州实生苗，结果中等，为优良的去壳出售品种，抗疮痂病。

（10）Shosshoni

88～132粒/kg，出仁率52%～58%，雌花先熟，果实中熟。亲本Odom×Evers。树体直立生长，始果期早，丰产性能好，抗疮痂病。

（11）Success

88～121粒/kg，出仁率49%～54%，雌花先熟，果实中熟。原产于密西西比州，经济寿命长。坚果个大非常诱人，但果仁常常不饱满，易感病害。

（12）Moore

132～176 粒/kg，出仁率 47%～50%，雄花先熟，果实早熟。原产佛罗里达州，树势强，生长旺盛。始果期早，丰产性好。结果多时质量差，易去壳，易感疮痂病。

2）西部栽培品种

（1）Cheyenne

121～154 粒/kg，出仁率 51%～61%，雄花先熟，果实中熟。亲本 Clark×Odom。树体矮小，侧枝多，适于高密度种植。始果很早，丰产性好，坚果易去壳。

（2）Crabohls

99～121 粒/kg，出仁率 55%～60%，雌花先熟，果实早熟。原产于 Mahan 实生苗，是高密度种植的优良品种。始果早，丰产性好。

（3）Sloux

132～176 粒/kg，出仁率 56%～61%，雌花先熟，果实中熟。亲本 Schley×Camichael。树势旺盛，可在东南生长，但需加强病虫害防治。结果中早，丰产性好。果仁质量极佳。

（4）Apache

88～132 粒/kg，出仁率 55%～60%，雌花先熟，果实中熟。亲本 Burkett×Schley。优质高产品种，果实短粗诱人。果实特性近似于亲本 Burkett，可作优良的实生苗砧木用。

（5）Ideal

121～154 粒/kg，出仁率 54%～58%，雌花先熟，果实中熟。高产稳产品种，易感疮痂病。

（6）San Saba Improved

121～154 粒/kg，出仁率 56%～60%，雄花先熟。原产得克萨斯州，秋季落叶早。后期产量高，坚果质优味佳。此种很易感染疮痂病和受蚜虫危害。

（7）Sawnee

110～154 粒/kg，出仁率 55%～60%，雌花先熟，果实中熟。亲本 Schley×Barton。结果丰产性好，去壳出售的优良品种，可在东南部种植。

（8）Wichita

90～143 粒/kg，出仁率 57%～63%，雌花先熟，果实中熟。亲本 Halbert×Mahan。树体枝杈角直立，结果很早，丰产性好。果仁品质优良，去壳出售的品种。整形时需要经常修剪。

（9）Western Schley

99～130粒/kg，出仁率54%～60%，雄花先熟，果实中熟。原产于得克萨斯州的实生苗，树势强壮茂盛，结果早，丰产性好。为美国西部灌溉条件下标准的易去壳栽培品种。

（10）Tejas

121～143粒/kg，出仁率50%～56%，雌花先熟，果实中熟。亲本Mahan×Risienl。树势强壮，生长茂盛，丰产性能好，仅限于美国西部栽培。

3）北方栽培品种

（1）Giles

121～143粒/kg，出仁率48%～50%，雄花先熟，果实晚熟。原产于堪萨斯州，结果早，丰产性好。在北部的坚果中为个大、壳薄、果仁优质、去壳质量好的栽培品种。在一些地方亦用作砧木，是适宜北部低海拔地区种植的良种。

（2）Creenriver

110～154粒/kg，出仁率53%～54%，雌花先熟，果实晚熟。原产于肯塔基州，结果年龄比其他北部品种要晚，要在生长季能满足的地方种植。坚果个大，优质。在伊利诺伊州种植常受霜害，在肯塔基州偶尔也会受霜冻。

（3）Major

132～176粒/kg，出仁率42%～50%，雄花先熟，果实中熟。原产于肯塔基州，是标准的北方商业性栽培品种。雄花发育期长，需要配植晚熟散粉的授粉树，如Coley、Pesey和Greenriver等品种才能丰产。果实圆形，丰产性好。

（4）Peruque

132～176粒/kg，出仁率55%～63%，雄花先熟，果实中熟。原产于密苏里州。树势强壮，枝叶茂盛，结果早，丰产性好。坚果壳薄，在某些地方种植有竞争价值。

（5）Posey

树势强壮，均匀对称。在高肥力和充分杂交授粉的条件下结果多，是一种良好的授粉树。果实中熟，坚果果仁极优。原产于印第安纳州。

（6）Starking

132～154粒/kg，出仁率55%～60%，雄花先熟，果实早熟。原产于密苏里州，生长季至少需要120d以上才能果实成熟。产量中等。坚果外形美观。

（7）Witte

132～154粒/kg，出仁率44%～50%，雄花先熟，果实早熟。原产于衣阿华州的实生苗，树体对称均匀，生长茂盛。坚果外形美，短而粗。属于最北部的栽培品种。

（8）Fritz

原产于伊利诺伊州，与 Witte 一样是北方大部分地区的优良品种，具有很强的树势。雌花先熟，果实成熟早，小坚果。

（9）Colby

121～143 粒/kg，出仁率44%～50%，雌花先熟，果实晚熟。原产于伊利诺伊州，树势强壮，是产花粉多的授粉树种。在伊利诺伊州比 Giles 要好，秋季落叶较晚，不易去壳。

4）其他新品种及杂种

（1）其他新品种

目前，许多生产薄壳山核桃的州普遍试验原产本地的实生苗，以更好地适应本地区栽培。俄克拉何马州通过试验公布了本地原产的实生苗栽培品种有：Cowley、Gormely、Mount、Oakla 和 Maramec。加上早期引种到这里的 Hayes 和 Patrick 两个栽培品种，共有 7 个品种。此外，美国东南部的一些研究人员正在用实生苗进行大量试验，以期选出抗疮痂病、叶簇病和其他各种危害薄壳山核桃叶部病害的品种。

美国北部最大的商品薄壳山核桃基地农场，在密西西比州中北部的詹姆士薄壳山核桃农场，对当地大面积实生苗，实现了集约化经营管理，这些树种极为耐寒，已试验出能耐 $-34.4\,℃$ 低温。这些优树的坚果个小，但很饱满，出仁率高，易去壳。尽管生长季相对短，无霜期大约在150d，但这些树都能正常结实。

在北方栽培品种中，通过育种和选择，使薄壳山核桃栽培范围向北移是能够实现的，北美坚果种植协会的道格拉斯·凯姆比勒和约翰·高登于 1978 年制订了一个计划，鼓励业余爱好者积极参加实生苗的筛选和扩大种植试验，以期选育出更多的耐寒栽培品种。

（2）薄壳山核桃杂种

目前，已发现薄壳山核桃的天然杂种，其中最主要的是小糙皮山核桃或心果山核桃与薄壳山核桃之间的杂种，这些杂种已有 12 个被命名。在最早命名的无性系中，Mc Callister 的坚果非常大，特别引人关注，但结果较少。Hicans 的杂种也有同样的缺点。Siers 属于心果山核桃和毛山核桃的杂种，过去曾被描述为薄壳山核桃与毛山核桃的杂种，和薄壳山核桃与大糙皮山核桃的杂种难以区分，这是被错误鉴定的同一杂种。心果山核桃的杂交种常常是涩的。①薄壳山核桃与小糙皮山核桃杂种方面：薄壳山核桃与小糙皮山核桃的无性系Burton，产地是肯塔基州，为美国中西部的优良丰产杂种，但不适于东北部生长。同样，这个杂种的另一个无性系Heake，产自密苏里州，树体矮小，结果多，坚果品质优良，但果实小。薄壳山核桃与小糙皮山核桃杂种中Pixley无性系，产自于伊利诺伊州，树体健壮，是很好的园林观赏树，在公园和庭院中栽植很好。果实小，品质优良。②薄壳山核桃与大糙皮山核桃杂种方面：薄壳山核桃与大糙皮山核桃杂种的Baress无性系，产于伊利诺伊州，产量较低，而产于同一州的Bergman无性系，丰产性好。薄壳山核桃与大糙皮山核桃杂种的Gerardi无性系，也产于伊利诺伊州，虽产量少，但坚果个大，属晚熟杂种。这个杂种中的James无性系，产自于密苏里州，目前，产果多，丰产性好，坚果品质优良，需要进一步试验肯定其推广价值。③薄壳山核桃与心果山核桃的杂种和薄壳山核桃与水山核桃杂种中的一些无性系，不是不能食用，就是产量较少，没有推广价值，像Pleas这个无性系产自俄克拉何马州，虽然能在路易斯安那州北部和墨西哥生长，结果也可以，但由于仁苦，不能食用，就没有商业价值。此外，James Hican是一个新的具有明显生产能力和潜力的薄壳山核桃与大糙皮山核桃的杂种，值得在北方试验种植。这一杂种是密苏里州乔治·詹姆士先生研究发现和极力推荐的杂种。目前，正在对20个有希望的杂交种进行进一步检验测定。

目前，许多科技工作者正在从薄壳山核桃与小糙皮山核桃和薄壳山核桃与大糙皮山核桃的二代杂种中，选择称心如意的优良品种，在寒冷地区发展有价值的薄壳山核桃品种。像R. D. 坎贝尔先生一直在安大略省进行这项工作，并正在培育几个新二代杂种。Hicans显示出其两个亲本的许多理想的性状，通过与亲本之一回交或从二代杂种中选择，有可能得到在北方地区具有早熟、薄壳和具有生产能力的杂交后代。麦凯先生利用控制授粉这种方法培育出了波斯核桃和黑核桃的第一代和第二代杂种。

二、薄壳山核桃同属的近缘种

山核桃为世界性干果，属胡桃科山核桃属（*Carga* Nutt.）。全属有18个种3个变种，分布于亚洲、欧洲和美洲。在18个种中，经济价值较高而实行人工栽培的，除了薄壳山核桃（*C. illinoensis* K. Koch.）外，就是我国的山核桃，又称昌化山核桃（*C. Cathayensis* Sarg.）。它主要分布于浙皖交界的天目山一带。根据地石资料研究，远在4000~2500万年前的第三纪渐新世，我国华东地区就有山核桃的分布，到中新世时，山核桃与桦木科、壳斗科一些树种已成为华东地区的亚热带落叶常绿混交林的主要组成树种。由于遭受第四纪冰川的毁灭，仅在浙江、安徽交界的天目山地区保留下来，在山东等地曾多次发现山核桃化石，所以山核桃也是古老的孑遗树种之一。

山核桃的利用、栽培历史，有文献记载的约 500 年。明代（公元 1535 年）浙江《余杭县志》记载："山核桃又称沙核桃，产余杭北山，比胡桃小，壳圆，九月入市。"从文字记载和成熟上市时间来看，指的是山核桃。浙江的淳安、德清等县志在 500 年前也有山核桃利用的记载。在主要产区原浙江昌化县（现属临安市），清末以前没有山核桃的记载，但到 19 世纪末至 20 世纪初，山核桃已成为该县的重要经济树种。现在，山核桃栽植面积不断扩大，产量不断提高，如临安市 1990～2000 年十年间造林 0.187 万 hm^2，保存 0.042 万 hm^2，保存率为 20%。除浙江省外，安徽宁国等市县近十年山核桃发展也很快，面积由 1985 年的不足 0.267 万 hm^2，发展到现在 2.133 万 hm^2 以上。

在山核桃中，除了昌化山核桃和薄壳山核桃具有商业栽培价值外，我国的大别山山核桃也有开发利用前景。美国的毛山核桃（有甜果仁的较好吃）、光山核桃、心果山核桃等山核桃，不但坚果小，出仁率低，而且果仁苦涩而不能食用。目前，我国的大别山山核桃、湖南山核桃已经开始开发利用，并获得了较好的经济效益。

1. 山核桃的生产概况

20 世纪中叶以来，山核桃面积不断扩大，产量逐年提高，特别是近十年，高产稳产技术的广泛运用，大小年得到了有效的缓解，山核桃生产得到快速发展，以主要产区临安来看（表 3-1），2007 年的面积和产量分别约为 1996 年的 1.87 倍和 6.90 倍。2007 年全国山核桃总面积为 9.064 万 hm^2，产量达到 3.5 万多吨。浙江山核桃总面积为 5.417 万 hm^2，产量将近 2 万 t（表 3-1）。

表 3-1　浙江临安山核桃生产情况
Table 3-1　The production of Chinese hickory in Lin'an, Zhejiang province

年份	1996	1997	1998	1999	2000	2001	2002	2003	2004	2005	2006	2007
面积/万 hm^2	1.64	1.74	1.91	1.96	2.02	2.24	2.39	2.55	2.67	2.76	2.85	3.07
产量/t	2 001	3 810	4 103	2 173	5 476	6 173	2 139	5 454	7 173	6 984	8 138	13 797

浙江省山核桃主要产区的农户不仅依靠山核桃脱贫致富，而且部分已经步入小康生活。素有"中国山核桃第一镇"之称的临安市岛石镇，2007 年共产山核桃 3050t，销售收入 14 640 万元，仅此一项，农民人均收入就达 7994.7 元，占总收入的 80% 以上。山核桃产业已成为推动山区新农村建设的优势产业。

2. 山核桃的分布

山核桃主要分布在以浙江临安昌化镇为中心的天目山一带，位置在北纬 29°～

31°、东经118°~120°的地区,包括浙江的临安市、淳安县、桐庐县、富阳市、建德市;湖州市的安吉县;安徽黄山市、宣城市、宁国市等,总面积9.064万hm²,大年产量在3.5万t,其中临安、宁国和淳安3县市的山核桃面积为6.903万hm²,占总面积的76%以上,产量约达2.9万t(表3-2)。

表3-2 山核桃的面积和产量分布
Table 3-2 The cultivation area and distribution of Chinese hickory

省、市	浙江杭州市					浙江湖州市	安徽黄山市	安徽宣城市		安徽大别山区	合计
县(市)	临安	淳安	桐庐	富阳	建德	安吉	歙县	宁国	绩溪	金寨、霍山	
面积/万hm²	3.07	1.70	0.48	0.067	0.10	0.114	0.40	2.133	0.667	0.333	
合计/万hm²		5.417				0.114	0.40	2.80		0.333	9.064
产量/t	13 797	5 025	880	30	200	377	1 600	10 111	3 100	400	
合计/t		19 932				377	1 600	13 211		400	35 520

根据山核桃的生态习性和各地的地理气候条件可把山核桃的分布分为以下几个地区。

1)中心产区

以天目山为中心,包括浙江的临安、淳安、安吉、桐庐和安徽的宁国、歙县、绩溪等县市。中心产区的中心是核心产区(主产区),包括临安、宁国和淳安3县市,其产量和面积分别占全国总产量和总面积的81%和76%。

(1)临安市

山核桃的面积和产量均列全国第一,为中国山核桃之都,总面积3.07万hm²,年产量14 000t左右。临安的山核桃主要分布在市域的西部山区,具体可分为以下三大产区。

临安市昌北片:以临安岛石镇为中心,包括原岛石、新桥、鱼跳、龙井桥、上溪5个乡(镇),现经历次乡镇区域调整,主要是现在的岛石镇及龙岗镇的大峡谷片,面积1.00万hm²,成林面积0.77万hm²,主要分布在海拔400~1000m,以500~700m最多,生长结果最好。该片海拔较高、湿度大、干旱危害小,同时开花迟、花期气温变幅较小,受低温危害较少加上地形开阔,地势平缓,阳光充足,而且壮年林多,产量较高而稳,大年产量4000t,2009年最高产时达5600t,约占全市山核桃产量的40%以上。

临安市昌西南片：该片以临安县西部清凉峰镇为中心，包括清凉峰镇、龙岗镇的龙岗片、昌化镇、湍口镇、河桥镇及潜川镇的马山片等地，山核桃林面积1.47万 hm^2，投产林面积1.20万 hm^2。2009年最高年产量为5290t。为全国山核桃最大的集中分布区，山核桃林多分布在400~1000m，绝大多数分布在海拔500~700m。由于本片山核桃分布地海拔低，大多土壤瘠薄，花期早，盛花期常遭受低温多雨危害，且3~9月易受高温干旱危害。加上老林较多，产量低而不稳。

临安市於潜太阳片：以太阳镇北部的横路片为重点，向临安东面扩展，包括於潜镇的千洪、天目山镇的西天目片、太湖源镇、高虹镇的石门片的小片状分布，总面积近0.60万 hm^2，2009年最高年产量为2830t。山核桃多分布海拔200~400m，群众称之为"油泥土"的黑色淋溶石灰土上，地势平缓，土层深厚、肥沃，加上中龄林较多，所以产量较高，该片的武村、兀岭、西天目的九思坞、青云乡的夏村等村的山核桃历来以果大壳薄闻名。

(2) 淳安县

淳安县山核桃的面积和产量均列全国第三，为中国山核桃之乡，总面积1.70万 hm^2，常年产量5000t左右。淳安县的山核桃主要分布于临安昌化片接壤的乡镇。以淳安县的瑶山乡为中心包括临歧镇、威坪镇、汾口镇、姜家镇、左口乡、王阜乡、屏门乡等乡镇，总面积约1.70万 hm^2，年产量4000t以上。其中瑶山乡最多，威坪镇和屏门乡次之。瑶山乡现有山核桃0.36万 hm^2，成林0.245万 hm^2，年产1000多吨，人均山核桃收入4900多元，占农民总收入的50%以上；威坪镇有山核桃0.269万 hm^2，年产800多吨；屏门乡有山核桃0.252万 hm^2，年产量约650t。

(3) 桐庐县

桐庐县的山核桃主要分布于与淳安、临安3县市接壤的钟山乡、合村乡等乡镇，面积为0.48万 hm^2，现有林分中新造林占比例高，投产面积近0.167万 hm^2，总产量近1000t。全县投产面积较少，总产量不高。

(4) 安吉县

安吉县现有山核桃总面积达0.114万 hm^2，其中投产面积为0.087万 hm^2，约占山核桃总面积的76%，主要分布在与临安市於潜太阳片接壤的天荒坪镇大溪村、上墅乡董岭村、报福镇深溪村和石岭村、山川乡九亩村、杭垓镇姚村和尚梅村、章村镇高山村、高禹镇余石村（薄壳山核桃33.33 hm^2），2009年产量377t。

(5) 安徽宁国市

安徽宁国市山核桃的面积和产量均列全国第二，为中国山核桃之乡，主要分布在与临安市昌北片和於潜片接壤的乡镇，其中以南极乡和胡乐镇为最多，包括梅林、银峰、黄岗、仙霞、云梯、甲路、庄村等乡镇，总面积2.133万hm^2，投产山核桃林总面积约1.0万hm^2，常年产量10 000t左右。该市山核桃多分布于低山，海拔300~700m。至20世纪80年代末，此片只有山核桃林0.233万hm^2左右，产量900余吨，到20世纪末面积增长3.4倍，产量增长了2倍以上。到2009年面积比上世纪增长了9.1倍，产量增长了10倍左右，是山核桃发展最快的地区之一。

（6）安徽歙县和绩溪

歙县山核桃主要分布于该县东部与临安昌化片接壤的三阳乡、杞梓里镇、岔口镇、新溪口乡等乡镇，面积有0.40万hm^2，以新造林为多，投产面积0.173万hm^2，常年产品的1600t左右。

绩溪县山核桃主要分布在与临安市昌北片接壤的家朋乡，荆州镇、伏岭镇、版桥头乡、金沙镇等5个乡镇，其中家朋乡现有山核桃面积0.267万hm^2，荆州镇0.2万hm^2，其余3个乡镇各666.67hm^2左右。该区是近年来山核桃发展较快地区，该县1992年的山核桃面积只有288.67hm^2，产量150t，到目前面积已经增长了23倍，产量增长了20倍。

2）扩大栽培区

扩大栽培区主要是以天目山中心产区外围各县，包括浙江的建德、开化、桐庐、长兴、富阳和安徽的黟县、旌德、太平、休宁、泾县等县市和安徽大别山区金寨、霍山等县且以大别山山核桃为主的区域，这些地区与主产区的气候、土壤等自然条件相似，适宜山核桃生长，不少地方已有少量山核桃分布，扩大种植的种苗来源便利，近年来发展了一部分山核桃基地。

在该区域的皖西大别山区金寨、霍山等县，近年来，安徽省林业厅周土根等发现了大面积的天然次生山核桃林分存在，据专家分析，大别山山核桃（*C. dabieshanensis* M. C. Liu *et* Z. J. Li, sp. nov）被认为是山核桃的一个亚种，据国家林业局经济林检测中心和国家油茶科学中心种质创新与利用实验室分析，该种具有果实大、取仁相对易及脂肪酸组成合理等优良特点，近年栽培面积也在不断扩大。目前，该区的山核桃面积约为0.133万hm^2，主要分布在金寨县的渔潭乡、斑竹园乡和霍山县漫水河镇，常年产量在400t左右。

3）引种栽培区

在浙江、安徽、云南、江苏、湖南、江西等省内的中心产区和扩大产区外的其他县市从20世纪50年代起也陆续对山核桃进行了适应性引种，现存了部分山核桃林或零星的山核桃树,试验证明当地适宜山核桃栽培。可根据山核桃喜低山丘陵和石灰岩土地质的特点,在引种试验成功的基础上逐步扩大引种的面积和密度。还可在湖南山核桃的栽培区内逐步适种山核桃,以取代效益较低的湖南山核桃。

3. 山核桃引种和生产的主要成就

新中国成立以后,尤其是近二三十年,山核桃市场需求逐步扩大,价格上升,以及山核桃在贫困山区带动脱贫致富的作用,逐步受到各级党组织和政府的重视和关心。20世纪60年代以来,一些科研、教学和生产部门开始对山核桃的生物学特性、生长发育规律、良种选育、丰产栽培技术和加工利用进行了研究和开发利用,取得了巨大的成绩。

第一,弄清了山核桃的生物学特性和生长发育规律。山核桃的生态习性,如分布、立地条件、土壤类型与土壤肥力对山核桃产量的影响等,这些研究为山核桃的发展和栽培奠定了理论基础。

第二,对山核桃采种、种子贮藏、育苗、实生苗与野生苗造林栽培试验,幼林与成林的抚育管理试验及生产实践研究,已形成一套比较完整的丰产栽培技术措施。

第三,针对山核桃产量低而不稳定的特点,开展了山核桃低产林改造工程,先后在临安和淳安两地,通过保花保果、施肥、老树更新和病虫害防治等综合技术措施等,使低产林产量提高了 $0.5 \sim 1$ 倍及以上。小面积示范林的产量由原来的不足 30kg,增加到 150kg 以上。目前,低产林改造技术措施在生产上已得到广泛应用。

第四,嫁接技术的突破使得种质资源的异地保存和山核桃良种化成为现实。良种化栽培是今后发展的趋势。中国林业科学研究院亚热带林业研究所、安徽省林业科学研究院等多家科研单位在山核桃产区内开展了选优和良种选择工作,并取得一定成绩。

第五,由于山核桃的枝枯病、腐烂病、天社蛾、豹夜蛾、蚜虫等病虫危害,造成山核桃产区山核桃产量的下降,甚至绝收。通过几十年的努力,现已基本上摸清山核桃主要病虫害发生发展规律及防治技术措施,保证了山核桃丰产丰收。

第六,山核桃加工水平大幅度提高。现在已由过去的榨油和单一的椒盐山核桃向系列产品开发,已生产出奶油山核桃、五香山核桃、山核桃仁、山核桃糕点和航空上的小包装食品等几十种产品。山核桃食品已广泛占领各地市场,出口到其他国家和地区,使山核桃生产向规模化、规范化方向发展,山核桃作为我国特有的干果,发展前景十分广阔。

三、大别山山核桃

大别山山核桃为山核桃的近缘种，于20世纪80年代发现并定名。

1. 大别山山核桃的分布

大别山山核桃主要分布于大别山区安徽金寨县南部及安徽省霞山与湖北罗田等相邻的山区。主产区金寨县燕子河区、万宗岭林场等地，既有成片林，又有块状散生林存在。此外，安徽霍山县的漫水河道土冲、活佛堂和湖北汉山县北部大别山南麓也有块状分布，一般在海拔500m以上。土壤材质主要为黑云斜长麻岩、花岗角闪岩、混合花岗岩等残坡积物，土壤多为薄层麻石棕壤、山地黄壤，有机质丰富，多在6%以上，与山核桃多分布于石灰岩上有明显的差别。

据调查，大别山山核桃主要分布于金寨县燕子河等十几个乡镇和4个国营林场的海拔500m以上的山坡的阴坡和半阳坡。现有10%以上成片林，面积在0.247万hm^2。目前，挂果的面积有0.107万hm^2，占总面积的43.3%，结果面积有0.14万hm^2，占总面积的56.7%，其中最大的乡镇为天堂寨镇，有458.67hm^2，关庙乡有357hm^2，集中连片有66.67hm^2以上。如关庙乡仙桃村老株沟、马宗岭林场千坪村和联坪村、燕子河等处，成片大别山山核桃都在千亩以上，林相整齐，平均树龄在15年以上，大部分在20~30年，也有部分树龄在40年以上，树高在10m以上，树干高大通直，每亩有60~100株，大多数进入结果盛期。林内落果自发实生苗处处皆是，生长良好。据有关专家认为，这些山核桃如此成片生长在深山，自生自灭，无人问津，确实少有。当地群众称它"山柳树"，将其当作薪炭林砍伐，烧窑卖炭，造成珍贵资源破坏严重。现在，当地林业部门已开始保护，加以开发利用。

2. 大别山山核桃的形态特征与经济性状

大别山山核桃与山核桃主要区别在于雌花花序及雄花序总梗长度显著短于山核桃；雌花数少于山核桃，冬芽比山核桃小而色深，果实经济性状优于山核桃（表3-3）。

大别山山核桃的物候期为：4月上旬芽萌动，4月中下旬开始抽梢展叶，4月下旬雄花出现，4月底雌花出现，5月中下旬开花。9月上中旬果实成熟。物候期基本上与山核桃相近。

大别山山核桃比山核桃果实大，壳薄，出仁率高，是我国原产山核桃中果实经济性状比较佳的一种，目前已开始开发利用，但范围较小，产量也不高，希望有关部门能够给予足够重视，使之成为当地群众脱贫致富的门路。

表 3-3 大别山山核桃与山核桃的形态和经济性状比较表（黎章矩，2003）

Table 3-3 Morphology and economic character Comparison of
C. cathayensis and *C. dabieshanensis*

物种/器官		大别山山核桃	山核桃	备注
芽	颜色	锈黄褐色较深	锈黄色较浅	
	体积	较瘦小	较粗壮	
叶	叶柄长/cm	2.1~9.6（5.02）	4.0~6.2（5.77）	
	小叶数	3~7枚，个别9枚	3~7枚	
	小叶长/cm	6.0~19.5（11.99）	8.4~14.6（12.11）	
	小叶宽/cm	1.5~5.8（3.77）	2.4~4.1（3.50）	
花	雄花序长/cm	4.7~9.5（7.43）	9.6~16.9（14.21）	
	雄花序总柄长/cm	0.1~0.3（0.21）	0.2~0.9（0.64）	
	每序雌花数	3朵（中间一朵不发育）	3朵，间有4朵	
	雌花苞片	2枚苞片膨大	1枚膨大	
	果实个数	2个，个别3个	3个，个别4个	括号内的数值均为平均值
果实	果皮	外果皮具微隆起4棱，棱高不超过1cm	具明显4棱，棱高在1cm以上	
	果核高/cm	2.1~2.9（2.4）	1.76~2.53（2.22）	
	果核直径/cm	1.8~2.4（2.22）	1.55~2.09（1.89）	
	果核平均百粒重/g	484.8	341.3	
	果皮厚/cm	0.913	0.996	
	核果出仁率/%	50.63	46.60	
	干仁出油率/%	70.98	71.31	
油脂脂肪酸组成	软脂酸/%	7.19	6.21	
	硬脂酸/%	1.50	1.66	
	油酸/%	67.86	73.39	
	亚油酸/%	22.46	16.94	
	亚麻酸/%	1.00	1.81	

据浙江林学院研究结果表明，大别山山核桃果核平均直径2.22cm，较昌化山核桃大0.33cm；果核平均百粒重484.8g，比昌化山核桃大143.5g；出仁率50.63%，高出昌化山核桃4.03%；软脂酸含量高出昌化山核桃0.98%。大别山山核桃除了果大壳薄，出仁率高外，还富有钠、镁等矿物质元素。较昌化山核桃而言同样具有一定的商品市场竞争力和发展前景。

据金寨林业局冯延龄报道，2009年金寨县大别山山核桃的产量达到10万kg，产值近400万元。据统计，2009年金寨县全县山核桃收入达10万元的种植户有5户，2万元以上收入的有30余户。山核桃的巨大经济效益，极大地刺激了广大群众发展山核桃的积极性。近几年，山核桃已抚育近0.267万hm^2，大苗移植0.10万hm^2，新造林667hm^2。山核桃生产的发展带动了相关加工企业的发展。目前，金寨县山核桃已开始畅销安徽、上海、四川和浙江等省市和地区。

四、湖南山核桃

1. 形态特征

湖南山核桃为落叶乔木，树皮灰白色至灰褐色，浅纵裂。裸芽，奇数羽状复叶，叶长20～30cm，叶柄近无毛，小叶5～7片，椭圆状披针形或卵状披针形，对生，长5～15cm，宽2～5cm，顶端渐尖，基部楔形偏斜，边缘有细锯齿，叶背密被黄色腺鳞，中脉上密生茸毛。雄花柔荑花序3出，腋生，长10～15cm；雌花序顶生，直立，具1～2朵花，花序轴及总苞均密被黄色腺鳞。果实倒卵圆形，两侧略扁，基部偏斜，果核直径达2.5cm，核长3.5cm，少数果有双胚现象，外果皮密被红色腺体，4条纵棱由果顶端延伸至果实中部。

湖南山核桃的物候期：3月上中旬芽萌动，3月下旬开始抽梢展叶，4月上旬始花，5月上旬盛花，5月中旬谢花，6月上旬出现幼果，9月上中旬果实成熟。

2. 分布

据中南林业科技大学何方、周后校等调查，湖南山核桃分布在湖南、贵州、广西3省的交界地区，总面积约有0.667万hm^2。主产区以湖南靖县为中心，包括湖南的会同、金阳、通道、龙山、古丈、沅陵、怀化、长沙、绥宁、城步等十几个县，贵州的黎平、锦屏、天柱等县及广西的三江等县。

湖南山核桃较耐阴，一般分布在海拔500～700m的山麓，水流条件较好的地方，在城步、龙山等县分布在海拔1000m的高处。土壤要求深厚肥沃，适宜生长在微酸性或钙质土，土壤有红壤、紫色土、石灰土、黄壤等。

湖南山核桃在湖南靖县、城步有成片栽培外，其他一些县都有块状或散生分布，常与杉木、油茶、枫香等混合，处于野生或半野生状态。湖南山核桃是深根性树种，在林中一年实生苗高70cm左右。实生树一般10年结果，盛果期大年单株产量最高可达400kg，可榨油45kg，寿命长达百年以上。靖州县新厂镇营寨村有棵大树，占地半亩，仍年产果25kg以上。

有资料记载，靖县在1908年产山核桃油500kg，鲜果415万kg。山核桃当时是该县农民主要经济来源，也是人民生活的主要食用油。1979年调查，全县山核桃面积有0.307万hm²，实行家庭联产承包责任制后，山核桃分到农户，由于部分群众对发展山核桃的认识不足，毁林砍伐严重，山核桃面积大幅度减少，到2000年调查，仅剩667hm²。进入21世纪以来，山核桃市场价格迅速上升，山核桃油的价格由十几元提高至几十元，甚至上百元一千克，良好的市场前景激发了广大群众发展山核桃生产的积极性，种植面积不断扩大。目前，山核桃面积已达0.333万hm²，其中引进发展了昌化山核桃，薄壳山核桃良种200hm²。2009年全县产果2500多吨，产值近3000万元。预计5年以后，山核桃全面进入盛果期，年产量可达7000余吨，产值近亿元。

为加快靖县山核桃产业发展，县林业局投资建立了科技园，2000~2002年3年时间进行嫁接技术攻关，现嫁接成活率已达到87.6%以上。近几年，全县新造山核桃林地333.33hm²，基本上能每年造林66.67hm²以上，部分幼林已进入初产期。现在，靖县利用山地资源优势，引导农民脱贫致富，实行高效林业，逐步实现产业强县的战略。

五、贵州山核桃

贵州山核桃产于贵州省安龙、望汉、册亨、兴义等县。一般散生在海拔1000~1300m的石灰岩山地和杂林中，生长良好。

乔木，高达10m以上。树皮灰白色至暗褐色，浅纵裂。冬芽黑褐色，有黏性树脂，疏生浅黄色腺鳞，小枝灰黑色，有皮孔，幼时有橙黄色腺鳞。复叶长11~20cm，叶柄及叶轴无毛，具稀疏腺鳞，小叶5~7枚，上部3枚较大，长6~15cm，宽2.0~5.6cm，下部2枚较小，长3~10cm，宽1.5~3.5cm。叶椭圆形或椭圆状短圆形，先端钝至急尖，基部歪斜，钝圆至楔形，边缘有钝锯齿，上面无毛，叶背仅侧脉腋内有簇生白色柔毛，两面均散生稀疏腺鳞。雄花序总梗长约1cm，无毛，雄花序长14cm，无毛，密生雄花，雄花无梗，苞片1枚，小苞片2枚，雄蕊7~8枚，无花丝，花药无毛。雌花无梗，3~4朵集生枝顶，穗状，长5~15cm，子房椭圆形，长3mm，有腺鳞，柱头圆盘状扩大，边缘不规则波状。果实扁圆形，纵径2.0~2.5cm，横径2.1~2.6cm，顶端微凹角，柱头及苞片宿存，外果厚1.0~2.0cm，疏生腺鳞，果核扁球形，纵径1.6~1.9cm，横径2.0~2.2cm，浅黄白色，有2条纵凹浅线条。花期为5~6月，10月果实成熟。

目前，贵州山核桃处于野生状态，多以混交形式散生于林中，至今还未加以利用。幼树皮富含纤维，韧性好，抗拉力强度大，是良好的编织材料。由于这个原因，许多地方资源遭到严重破坏，需要有关部门重视起来，加以开发利用。

六、越南山核桃

越南山核桃又称东京山核桃，老鼠核桃（高黎贡山），是木材油料两用树种。落叶乔木，树皮灰白色，浅纵裂宽1cm左右。芽密被浅褐色腺鳞。小枝褐或灰色，有皮孔，幼时被橙黄色腺鳞，后脱落。髓心充实，奇数羽状复叶，长15～25cm，互生，叶柄上有柔毛，无托叶。小叶5～7枚，无柄，纸质，长5～15cm，先端渐尖，边缘有细锯齿，中肋被绒毛，叶背被赤褐色腺鳞。花单性，雌雄同株，雄花柔荑花序3出，长12～15cm，总柄长3～5cm。雌花穗状花序，有花2～3朵。果实具有长柄，外果皮薄，木质、4裂，果核木质扁球形，顶端偏平，长2.2～2.4cm，微呈4棱，上部2室，下部4室。花叶同时开放，5月开花，9月中下旬果实成熟。

根据云南省林业科学研究所的珍贵用材树种调查表明，越南山核桃主要分布于滇东至滇西的金平、紫自、双伯、景东、沧源、镇康及高黎贡山一带，一般在海拔500～2200m，在滇西高黎贡山西坡可分布到海拔2200m，我国广西西部及越南、印度都有分布。

越南山核桃的分布区为南亚热带至热带季风区，年平均温度为18～20℃，极端最高温达41.4℃（南丁河流域），年降雨量1200～2200mm，但分布区的东西部湿度差异很大，东部金平冬日雾多，春季雨量275mm，平均相对湿度83%，西部春旱比较突出，旱季雨量只占全年雨量的10%。

越南山核桃生长在多为切割强烈的低中山，沟谷地带也有生长，而在山坡的中上部，环境变得干燥的地方，越南山核桃越来越多，有形成成片的趋势。土壤有砖红壤、砖红壤性红壤及红壤等，土层较厚，土壤肥力较高。在一些石灰岩发育的土壤上也有生长。目前，越南山核桃没有人工栽培，多以混交林的形式存在于天然林中。

我国分布和引种的山核桃种检索表
1. 冬芽为裸芽，不具芽鳞，复叶有5～7片小叶，间或有9片，小叶不为镰形（芽山核桃组 Sect. I. *Sinocarya* Cheng et R. H. Chang）
　2. 冬芽不为黑色，小叶5～7枚，椭圆状披针形或倒椭圆状披针形，先端渐尖，边缘有细锯齿，有明显腺鳞，雄花的苞片，小苞片及花药均有毛
　　3. 叶总柄无毛或近无毛，雄花序束总梗长0.5～1.5cm，果核卵圆形，或倒卵形
　　　4. 顶端小叶椭圆状披针形，先端渐尖，叶轴初有密柔毛，后脱落，叶下面中脉有疏毛，后脱落而无毛，外果皮具4纵脊，自果实顶部达基部，果核卵圆形，长2.0～2.5cm
　　　　5. 雄花序长9.6～17.0cm，花序总梗长0.3～1.5cm，雌花序有花3朵，间或有4朵……………………………………山核桃 *Carya cathayensis* Sarg.
　　　　5. 雄花序长4.7～9.5cm，花序束总梗长0.1～0.3cm，雌花序有花3

朵，通常顶端 1 朵不发育……………………………………大别山山核桃 Carya dabieshanensis M. C. Liu et Z. J. Li, sp. nov.
　4. 顶端小叶通常倒卵状披针形，先端尖或钝，叶轴密生浅黄灰色柔毛，不脱落，叶下面中脉密生毛，外果皮在中部以上有 4 条纵脊，果核倒卵形，长 3.0～3.7cm……………………………………湖南山核桃 C. hunanesis Cheng et R. H. Chang
　3. 叶总柄密生柔毛，雄花序束总梗长达 3～5cm，果扁圆形…………………………越南山核桃 C. tonkinensis H. Lec.
 2. 冬芽黑褐色，小叶 5 枚，通常椭圆形或长椭圆形，先端钝或急尖，边缘锯齿稍疏而钝，腺鳞稀疏而不显著，雄花的苞片、小苞片、花药均无毛…………………………………………………………贵州山核桃 C. kweichowensis Kuang et A. M. Lu
1. 冬芽具镊合状排列的芽鳞，复叶具 11～17 枚小叶，小叶常镰形（镊合芽山核桃组 Sect. 2 *Apocarya* C. DC）……………薄壳山核桃 C. illinoensis（Wangenh.）K. Koch

第二节　薄壳山核桃新品种的命名和生产上良种选用的原则

　　长期的实践证明，选种是获得新品种的重要途径，也是筛选品种的有效方法。除选种外，人们还可以通过杂交育种、突变选择和诱变育种等方法来筛选品种，选择育种的概率更大，得到的品种会更多。

一、薄壳山核桃新品种的命名原则

　　正如山克莱恩·里德和伍德于 1933 年指出："通过人为育种来改良坚果果树的可能性的确是诱人的，它会极大地改进抗病力、耐寒性、结实能力和果实的特性。"在美国得克萨斯州的薄壳山核桃，加利福尼亚州的波斯核桃育种计划，近年来都有了很大的发展。改良品种通常从大量的具有变异的实生苗群体中选出了最好的个体。优良个体出现在实生苗群体中的变异数量和种类往往决定于亲本。一般来讲，亲本越相似，其后代越整齐。两个种或栽培品种杂交会产生比其父母更健壮和性状改良的后代，这种情况称为杂种优势。约翰·麦凯报道了波斯黑核桃杂种优势。一些山核桃的天然杂种也表现出杂种优势。通过杂交获得鉴定的品种以后，就可命名。新品种定名时须考虑如下原则：第一，必须是优良特性和性状；第二，这一优良特性，即获得性能遗传给后代；第三，新品种不是一个个体，而是生产集团；第四，新品种必须是通过全园性或区域性比较鉴定后具有优良特性和性状的生产集团（群体）。

根据国际种子法命名的原则和中华人民共和国林业部规定，新品种必须是经过全国性或生长区范围内 3~4 个点的区域性鉴定；经过 4 年连续测产，在产量和经济性状方面为最佳的优良无性系，才能称为新品种。因此，应该意识到，新品种必须是一个经过全国性区域性鉴定，具有优良特性，能遗传的，能为生产提供大量最佳优良无性系的集团。新品种定名，可用双名法或单名法，用人名地名都可以，但要简单明确。

栽培品种植物命名的国际法规，除国际种子法外，在 1969 年版提出了一个按次序命名法，这个方法规定，每个无性系的命名建议用这个国家的语言，最多不超过两个字，不允许用大写、数字和缩写，在亲缘相近的群内不允许重复已有的名字，一旦确定，这种无性系的名字就不允许更改。

一个无性系的发现者或者创始人，通常最先用他的名字或其所在地名后面编一个号来予以表示。经过试验并发现有价值，他便给这个品种起一个名字，以便与其所属的种中的其他无性系予以区分。因此，提出一个统一的并防止重复的命名系统是很必要的。通常创始人的姓或附近的地名是令人满意的名字。只要这些名字在这个种中尚未被采用过就可以随便用。单引号或缩写 CV 也可用来划分栽培品种。国际法规还进一步提出应在各自国家内建立对每一个栽培品种的注册权力机构，这在美国等一些国家都是有的。

二、生产上薄壳山核桃良种选用的原则

目前，我国薄壳山核桃品种资源丰富。从各单位引种报道的材料来看，有优良品种、优良无性系 100 多个。美国栽培的薄壳山核桃品种已命名的虽然很多，但有些品种实际上已不存在了，栽培最多的也只有 40 几个品种，其中最广泛，大面积栽培的也只有 4~5 个品种。在我国已引种的品种中和由我国各地选育出的品种和无性系中，这些品种都各有特点和优点及区域适应性，这就为薄壳山核桃的发展和栽培提出了一个问题——如何选择良种？这也是目前广大种植者应考虑的主要问题，也是决定我国薄壳山核桃产业发展方向。

在生产中，薄壳山核桃良种选用的基本原则是，做到"适地适树"，选用经试验表现较优良的引种品种和选育出的品种或无性系，或选用各省审定的品种，严格限定区域，防止盲目扩大或超区域栽培。具体包括以下几方面的内容。

第一，选用通过国家或省良种委员会审定的良种。这一要求也可为我国薄壳山核桃产业发展奠定良好的基础，这是非常重要的。同时必须深刻吸取近百年来薄壳山核桃引种失败的历史教训。

第二，虽然未经国家或省级良种委员会审定，但是它是引进的栽培品种，经

过各地试验和扩大栽培的一代或二代以后表现良好的栽培品种。

第三，虽然未经国家或省级良种委员会审定，但是在引进栽培中，经过我国各地引种和良种选育而选出的品种，并在本省或本地区繁殖推广中表现良好的品种。

在第二和第三两条中，这些品种或优良无性系，一是适宜本地栽培，增产潜力大，抗病力强；二是果大壳薄，经济性状优良，坚果品质好，风味较佳。这些品种应尽快申请鉴定，以便推广。

第四，优树不能作为良种推广，必须经过后代测定或区域性鉴定后，表现优良的才能再扩大栽培。

第五，没有良种的地区，应先开展引种栽培，可从气候及土壤生态条件相似的地方引入品种，经试验测定后再扩大栽培和推广。

第三节　薄壳山核桃主要生产良种介绍

一、国外主要栽培良种

目前，薄壳山核桃主要栽培品种都是来自美国各个地方。各地根据自己的需要，气候特点和生态条件进行引种栽培，都获得了很好的效果。目前，全美最流行的3个栽培品种，在全美商业性果园品种中占到85%以上，其中，Stuart 是目前栽培面积最大的品种，面积达47 703hm^2，占全美总面积的21.8%，其他栽培面积较大的品种还有：Western、Schley、Desirable、Wichita、Others，除了这几个栽培面积较大的优良品种外，还有 Barton、Alley 等品种。如 Alley 适宜美国南部，果仁饱和度极好，含油率高达78%，果仁品质极佳，抗病性强，丰产性很好；Ideal 适宜美国西部，果仁饱满度很好，含油率高达72%，果仁品质极佳，丰产性尚好；Western 适宜美国西部，果仁饱满度极佳，含油率高达70%，果仁品质极佳，丰产性很好；San Saba 适宜美国西部，果仁饱和度极佳，含油率高达68%，果仁品质极佳，丰产性能很好；Farley 适宜美国南部，果仁饱和度很好，含油率高达71%，果仁品质极佳，抗病力强，丰产性很好；Seedlings 适宜生长范围较大，果仁饱和度很好，含油率高达50%~72%，果仁品质极佳，但丰产性差。

目前，在全美推广应用的50个栽培品种中，适宜南方的有18个栽培品种，适宜西部的有20个品种，适宜中部的有9个品种，适应性较广的只有 Stuart 和 Seedlings 两个品种。在目前普遍栽培的品种中，像 Cowley，它的亲本是实生苗，是在俄克拉何马州选出的。Barton 的亲本是 Moore×Success 杂交种，美国农业部1937年公布的。Shawnee 的亲本是 Schley×Barron 的杂交种，是美国农业部1946

年公布的。现将目前美国主要栽培品种介绍如下。

(1) Western（威士顿）

Western 由得克萨斯州实生选种而来。1924 年命名，在得克萨斯州是商业化生产的标准品种，是美国栽培最多的品种之一。坚果长椭圆形，横断面圆形，果顶锐尖稍有弯曲，果基锐尖，果形不对称，果壳粗糙。126 粒/kg，出仁率 58%，种仁棕黄色或金黄色，脊沟深而紧，脱壳时易导致种仁破裂。该品种耐热，抗旱，易感黑斑病和霜霉病。

(2) Desirable（德西拉布）

Desirable 来源于人工杂交，亲本不详。坚果椭圆形，果基、果顶钝圆，果实横断面圆形，果壳粗糙。86 粒/kg，属大果型品种，易脱壳；出仁率 54%，种仁金黄色，脊沟宽。雄先型，雄花散粉早，丰产，坚果品质优良。果序中有自疏落果现象，抗黑斑病能力差。

(3) Shawnee（肖尼）

Shawnee 于 1949 年由美国农业部长山核桃试验站人工杂交育成。亲本是 Schley×Barron。果基、果顶钝，易脱壳。105 粒/kg，种仁脊沟窄，出仁率 57%，种仁金黄色。雌先型，抗黑斑病能力差。

(4) Wichita（威奇塔）

Wichita 于 1940 年由美国农业部长山核桃试验站核桃杂交 Halbert×Mahan 而来。该品种丰产、优质，但对环境条件要求高，喜肥水和精细管理。坚果长椭圆形，顶尖较锐而不对称，果基尖，坚果横断面圆形。95 粒/kg，出仁率 62%，是出仁率最高的品种之一，种仁棕黄色或金黄色，脊沟宽而浅，基部裂开。雌先型，散粉期居中。后期徒长，易受霜害，易感黑斑病。

(5) Schley（施莱）

Schley 于 1881 年由密苏里州经实生选种而来。1902 年命名，原以为是 Stuart 的后代，但经同工酶分析，否定了这个说法。多年来一直被当做长山核桃的坚果标准。多次被用作杂交育种的亲本，易感黑斑病和溃疡病，抗蚜虫能力差。坚果长椭圆形，果基和果顶锐尖，果形不对称，125 粒/kg，出仁率 62%，种仁脊沟较窄。雌先型。

(6) Success（萨塞斯）

Success 是实生选种而来，坚果卵椭圆形，果顶钝、不对称，果基钝圆，坚果横断面圆形，果顶部的黑色条斑重。106 粒/kg，出仁率 50%，种仁棕黄色或金黄色，脊沟宽而浅。雄先型，散粉期居中。与传统的品种相比，较丰产，但易感黑斑病。

(7) Cape Fear（凯普·费尔）

Cape Fear 于 1937 年从 Schley 母树天然授粉的种子实生苗中选出。坚果椭圆形，果基果顶钝尖，果壳条斑重，横断面圆形。98粒/kg，出仁率54%，种仁乳黄色至金黄色，脊沟宽，次脊沟深。雄先型，雄花散粉较早。该品种早实、丰产，有时结果过多，应注意控制结果量，保证品质。叶子易感真菌性病害而导致落叶。

（8）Moneymaker（莫尼梅克）

Moneymaker于1885年在得克萨斯州实生选种而来，1896年命名，坚果卵椭圆形，果基和果顶钝圆，横断面圆形。135粒/kg，出仁率50%，种仁浅棕色，主脊沟浅，次脊沟明显，种仁具皱纹。雌先型，雄花散粉期居中。该品种坚果早熟，较为丰产，稳产，抗黑斑病。

（9）Pawnee（波尼）

Pawnee是1963年由亲本Mohawk×Starking Hardy Giant杂交而育成。坚果椭圆形，果顶钝尖，果基圆，横切面扁平，出仁率58%。种仁金黄色，脊沟宽，脊沟靠果基部分深裂。雄先型，雄花散粉早或居中，自花结实能力较强。该品种坚果成熟早，有大小年倾向，中度感染黑斑病，较抗黄蚜。南北皆可种植。

（10）Stuart（斯图尔特）

Stuart是实生选种而来，是美国长山核桃主产区最著名的品种，该品种久经考验，曾作为标准品种。坚果中等大小，卵椭圆形，果顶钝，果基圆钝，坚果横断面圆形。108粒/kg，出仁率46%，在已有的品种中，该品种丰产稳产，其种仁充实饱满，但结果较晚，易受霜害。

（11）Surprize（塞普利泽）

Surprize为实生来源。该品种的母树生长在亚拉巴马州，1963年在其上嫁接其他品种不成功，是由砧木萌发后发现的，1983年投入商业化生产。坚果卵椭圆形，果顶锐尖，果基钝圆，横断面扁平。66粒/kg，出仁率51%，脊沟宽，种仁腰部凹陷。萌芽晚，雄先型，丰产稳产抗病。

（12）Cheyenne（切尼）

Cheyenne由美国农业部长山核桃试验站杂交而育成。早实丰产、树体小、适于密植集约化栽培。坚果卵椭圆形，果顶尖，果基钝圆，横断面圆形。126粒/kg，出仁率59%，易脱壳，脊沟宽而浅。种仁乳黄色，种仁质量最佳，品质好，市场上很抢手。抗病性一般，易受蚜虫危害。

（13）Sioux（西奥克斯）

Sioux来源于人工杂交。亲本之一有Schley。坚果长椭圆形，果基果顶锐尖，坚果较小，但坚果品质十分优良，壳薄，种仁颜色美观。154粒/kg，出仁率55%，种仁脊沟窄，浅黄色，饱满充实。有隔年结果现象，易感黑斑病。

（14）Shoshoni（肖斯霍尼）

Shoshoni由美国农业部长山核桃试验站人工杂交而来。坚果早实丰产，隔年结果现象明显。坚果短椭圆形，易脱壳。108 粒/kg，出仁率 54%。坚果质量差，结果较多，必要时要疏花疏果，以提高果实品质。该品种耐霜霉病。

（15）Caddo（卡多）

Caddo 人工杂交起源，由美国农业部长山核桃试验站育成。坚果椭圆形，趋橄榄形，果基、果顶锐尖。该品种早实丰产，隔年结果不明显。146 粒/kg，出仁率 53%，种仁脊沟宽，金黄色，品质优。雄先型，授粉树可选埃利奥特、莫尼梅克、施莱和斯图尔特。抗黑斑病能力差，抗黑蚜的能力差。

（16）Elliott（埃利奥特）

Elliott 实生来源，在佐治亚州栽培广泛。萌芽早，易受早霜危害。易脱壳，种仁饱满，坚果成熟早。结果较晚，大小年明显，产量中等。坚果卵椭圆形，果顶锐尖，果基圆，类似泪滴状，坚果横切面圆形。坚果较小，146 粒/kg，出仁率 53%，种仁金黄色，脊沟宽，基部深裂，坚果品质极优良。雌先型，抗黑斑病，易受黑蚜危害。该品种的种子经常作砧木。

（17）Oconee（奥康纳）

Oconee 于 1956 年由美国农业部长山核桃试验站杂交而育成。亲本是 Schley×Barton。坚果椭圆形，果顶、果基钝圆，坚果横切面圆形。该品种早实丰产。104 粒/kg，出仁率 56%，易脱壳，种仁品质优良。雄先型，抗黑斑病能力中等，抗白粉病、脉斑病。

（18）Mahan-Stuart（马罕·斯图尔特）

Mahan-Stuart 人工杂交而育成。亲本是 Mahan×Stuart，曾获美国国家专利。南方大果型，早实品种。坚果长椭圆形，果基、果顶钝，坚果横断面扁平。67 粒/kg，出仁率 52%。脊沟窄，次脊沟深。雌先型。

（19）Mahan（马罕）

Mahan 原产于美国密西西比州，由实生苗选出，亲本不详。1910 年由 J. M. Chestnutt 选出，后将繁殖权出售给一家苗圃。该品种早实丰产，坚果长椭圆形，果顶尖，果基圆，中间有点细，坚果不对称。70 粒/kg，出仁率 58%，种仁次脊沟深，基部裂开，有时基部不饱满。雌先型，结果过多时，果实不饱满，应注意控制。易感黑斑病。由于有很多的优点，该品种成为不少品种的亲本。1965 年我国从西欧引进。在我国进行了多年的栽培观察，发现产量中等，坚果极大，平均重 9.5g，有香气，品质好。出仁率 63.4%，出油率 66%。产量中等。抗病力稍弱。该品种的实生苗 7 年生开始结果，8 年生株产 15.5kg，嫁接定植后第二年株产达 2.5kg，出仁率和出油率分别达到 57.5% 和 78.95%。

（20）Kiowa（金奥瓦）

Kiowa 于 1953 年由美国农业部长山核桃试验站杂交育成。亲本是 Mahan×

Desirable。该品种早实丰产,坚果长椭圆形,果基、果顶钝,坚果横断面圆形。84 粒/kg,出仁率58%。种仁金黄色,脊沟宽,雌先型,易感黑斑病。

(21) Starking Hardy Giant (星寒巨)

Starking Hardy Giant 由密苏里州的乔治吉姆实生选种而育成,曾获得美国国家专利。坚果成熟早,坚果长椭圆形,果基、果顶钝圆,坚果横切面圆形。170 粒/kg,出仁率58%,种仁脊沟窄,基部裂口窄,皮薄,易脱壳。雄先型,属北方品种。

(22) Osage (奥萨格)

Osage 由美国农业部长山核桃试验站杂交而育成。亲本是 Major×Evers。坚果卵椭圆形,果基尖、果顶钝,坚果横断面圆形。180 粒/kg,出仁率55%,极易脱壳,抗黑斑病能力强,抗白粉病和脉斑病。

(23) James (詹姆斯)

James 由密苏里州的乔治吉姆实生选种而育成,曾获美国国家专利。叶片较大,适于园林及家庭绿化。该品种较丰产,坚果长椭圆形,果顶尖,果基钝圆。155 粒/kg,脱壳容易,出仁率53%。易感黑斑病。

(24) Major (梅杰)

Major 实生选种而育成。该品种结果早,坚果近于圆形,果基、果顶钝。170 粒/kg,出仁率49%,种仁乳黄至金黄色,种仁脊沟宽而浅,种仁品质优,易脱壳。雄先型,抗黑斑病能力强,但易感脉斑病,是典型的北方型品种。

(25) Peruque (佩鲁奎)

Peruque 由密苏里州实生选种育成。坚果成熟早,卵圆形,果顶钝、果基阔圆。178 粒/kg,出仁率59%,种仁金黄色,种仁脊沟狭窄,基部深裂,品质优良。雄先型,抗黑斑病,在适宜的土壤条件下,极丰产。

(26) Posey (波西)

Posey 来源于实生选种。该品种萌芽晚,坚果成熟早,卵圆形,果顶尖、果基钝,缝合线突起。138 粒/kg,出仁率54%,种仁浅棕色,次脊沟明显。雌先型,抗黑斑病。

(27) Apache (阿帕奇)

Apache 于 1940 年由美国农业部长山核桃试验站杂交而育成。亲本是Burkett×Schley。该品种早实丰产,坚果卵椭圆形,果顶尖、果基钝,坚果横断面圆形。98 粒/kg,出仁率59%,种仁金黄色,种仁基部明显裂开。雌先型,易感黑斑病,在美国,该品种的种子常用来培育砧木。

(28) Barton (巴顿)

Barton 于 1937 年由美国农业部长山核桃试验站杂交培育。亲本是 Moore×

Sccess。该品种早实丰产，坚果椭圆形，果顶钝，果基尖，坚果横断面圆形，坚果基部的缝合线色暗。104 粒/kg，出仁率57%，种仁金黄色，次脊沟较深。萌芽较迟，雄先型，抗黑斑病。

(29) Forkert（福克特）

Forkert 由人工杂交而来。亲本是 Sccess×Schley，1960 年进入商业化生产。坚果长椭圆形，果顶尖、果基钝，坚果横断面圆形。果壳粗糙，表面上有显著的暗色条斑。108 粒/kg，出仁率62%，种仁乳黄至金黄色，种仁脊沟深而窄。雌先型，抗黑斑病。

(30) Tejas（特贾斯）

Tejas 于 1949 年由美国农业部长山核桃试验站杂交而育成。亲本是 Mahan×Risien。该品种早实丰产，坚果长椭圆形，果基、果顶尖，横断面圆形。118 粒/kg，出仁率54%，种仁脊沟宽而浅，易脱壳。萌芽迟，雌先型，极易感黑斑病。

(31) Hopi（霍普）

Hopi 于 1939 年由美国农业部长山核桃试验站杂交育成。亲本是 Schley×McCully。坚果长椭圆形，果顶尖、果基钝，横断面圆形。结果稍晚，早期丰产性不及韦斯顿和威奇塔，但隔年结果现象不明显，可连年丰产。158 粒/kg，出仁率62%。种仁饱满，乳黄色，很好看。易感黑斑病，抗逆性好。该品种坚果品质优良，在多年的坚果评比中获得最高评价。

(32) Kanza（坎扎）

Kanza 是美国农业部长山核桃试验站杂交培育出的较新的品种。1955 年杂交，亲本是 Major×Shoshoni。坚果早实丰产，较小，易脱壳，卵圆形，果顶尖、果基钝圆，横断面圆形。168 粒/kg，出仁率54%，种仁金黄色。雌先型，抗黑斑病。果实发育期短，适于北方栽培，与波尼可互作授粉树。

(33) Colby（科尔比）

Colby 实生选种而来。坚果长椭圆形，果基、果顶尖，横断面圆形。144 粒/kg，出仁率44%，种仁金黄色。雌先型，丰产性中等。果实发育期较短，可在北方种植。该品种抗寒性强，种子可在北方作抗寒砧木使用。

(34) Choctaw（契可特）

Choctaw 于 1949 年由美国农业部长山核桃试验站杂交育成。亲本是 Success×Mahan。坚果卵圆至椭圆形，果顶钝、果基尖，横断面圆形，缝合线不明显。81 粒/kg，出仁率58%，种仁乳黄色至金黄色，脊沟浅。雌先型，该品种在立地及肥水条件好的情况下非常丰产，产量高，抗黑斑病。

二、我国选育和栽培的薄壳山核桃品种

薄壳山核桃在我国有些地方引种收益不佳,这并不能说明它在我国引种没有成功。我国地域辽阔,生态条件各异,完全可以因地制宜地引种到适合的品种。同时,在长期的引种、栽培和选育过程中,已选育出一些适合我国栽培的品种,表现出优良特性和丰产性。通过各科研院所的努力,已基本掌握了薄壳山核桃主要特性和栽培技术要点,为我国发展薄壳山核桃产业发展打下了良好的基础。

现将早期各单位选育和栽培的品种介绍如下。

(1) 钟山

钟山于1957年由浙江农学院园艺系选出定名。母本树在钟山山麓的中山陵园,故名钟山。树龄27年,树高9m,树势强健,生长旺盛。1年生枝粗壮,淡黄褐色,嫩枝密生黄色绒毛,皮孔大,黄褐色。叶色深绿,5月中旬开花,10月下旬至11月上旬果实成熟。果实总苞4棱呈翼状突起,坚果中等大小,长卵形,平均纵横径3.76cm×2.31cm,重7g,壳厚0.9cm,壳黄褐色。果仁肥厚,味甜,香气浓,肉质细嫩。出仁率54.3%,核仁出油率73.4%。品质优良。

(2) 钟山25号

钟山25号于1974年由江苏省中国科学院植物研究所选育而成。雌先型,母树为嫁接树,在南京中山植物园内,树龄为15年,树高8.5m,树冠开张,分枝角度大,树势旺盛。复叶有小叶9~13片,叶色黄绿。5月上旬开花,10月中、下旬果实成熟。坚果大,长方柱形,先端平,果肩宽纵棱明显,壳厚0.85mm,重11.7g,顶部有粗黑条斑纹,延达坚果中部,并稀布黑色斑点。核仁肥厚,味甜,有香气。出仁率45%,核仁含油率74.21%。品质优良,丰产性能好,有结果大小年现象。

(3) 钟山35号

钟山35号于1974年由江苏省中国科学院植物研究所选育出。雄先型,母本树在南京钟山植物园内。树龄17年,树高12m,树冠开张,发枝力强,树势旺盛。树皮光滑,细裂纹。5月上旬开花,10月下旬果实成熟。坚果中等大小,重8.3g,壳厚0.97mm,先端集中有黑色细条斑。核仁饱满,肉质细嫩,味甜,香气浓。出仁率47%,核仁含油率74.3%。品质优良,结果较多,大小年不明显。本种是钟山25号、钟山26号的较佳授粉树。

(4) 钟山26号

钟山26号于1974年由江苏省中国科学院植物研究所选育出的。雄先型,母本树在南京中山植物园内,树龄15年,树高8m,树冠开张,分枝角度小,发枝力一般,树势中等。5月中旬开花,10月下旬果实成熟。坚果大,长椭圆形,纵

棱明显，壳厚0.94mm，条斑粗而黑，延及果实中部，并稀布黑斑点。核仁饱满，肉质肥厚，香美可口。出仁率47.6%，核仁含油率77.5%~78.3%。品质优良，果大，出油率高，是本种主要特点。

（5）南京1号（板仓）

南京1号（板仓）于1979年由南京林学院和南京市苗圃管理处选育出。母树在南京太平门外板仓村，即定名为"板仓"，树龄30年，树高12.6m，树冠开张，树势较强。5月中、下旬开花，雌先型，9月下旬至10月上旬果实成熟。果实总苞较厚，4棱隆起，坚果中到大，纺锤形，平均纵横径4.3cm×1.8cm，厚1.78mm，重6g，壳厚0.84mm，先端较宽，基部渐尖，先端有黑色条纹及斑点，延续至果实中部。该品种核仁饱满，肉质致密，味甜，富香气。出仁率57.6%，核仁含油率74.36%。品质优良，结果早，丰产性能好。

（6）南京9号（南林）

南京9号（南林）于1979年由南京林学院和南京市苗圃管理处共同选育出。母树在紫金山北坡，为山麓冲积砂石土，树龄30年，树高12.8m。树冠开张，树势较强，叶片小。5月中、下旬开花，雌先型，10月下旬果实成熟。坚果大，总苞较薄，4棱突起，长椭圆形，平均纵横径3.99cm×2.28cm，重7.53g，最重达12g，壳厚0.84mm。先端钝尖，基部钝圆，有光泽，有稀疏斑点。核仁饱满，肉质细嫩，味甚甜，有香气。出仁率51.4%，含油率71.58%。品质优良，本种结果早，丰产性能好。

（7）南京137号（园丁）

南京137号（园丁）于1979年由南京林学院和南京市苗圃管理处选育出。母树种植在中山陵园，树龄30年，树高16.7m，树冠开张，树势强健，树皮片状剥落。叶梗深绿色。5月中、下旬开花，雄先型，果实10月中旬成熟。坚果中到大，椭圆形，先端尖，基部钝尖，重5.22g，有光泽，尖端黑色粗条纹。核仁饱满，肉质细嫩，味甜，有香气。出仁率50.5%，核仁含油率70.97%。品质优良，本种丰产性好，但有大小年现象。

（8）南京138号（培忠）

南京138号（培忠）于1979年由南京林学院和南京市苗圃管理处共同选育出。母树在中山陵园山坡地上。为纪念我国早期研究薄壳山核桃的学者叶培忠教授而命名。树龄42年，树高19.2m，树冠开张，树势强健。5月中、下旬开花，雌先型，果实10月中、下旬成熟，总苞较薄，4棱突起，果实中到大，重5.7g，最大达8.3g。核仁饱满，肉质细嫩，味甜，有芳香气。出仁率54.2%，品质优良。本种母树现有31株，生长良好。

（9）南京148号（石城）

南京148（石城）于1979年由南京林学院和南京市苗圃管理处共同选育出。

母树种植在南京莫愁路一住宅内。树龄33年，树高21m，5月中、下旬开花，雌先型，果实10月中、下旬成熟，总苞薄，4棱突起，坚果大，卵圆形，基部圆形，重7.83g，果实青梗处突起，先端两侧向内切而扁尖形，并略向一边歪斜，为其特征。壳面上有深褐色条纹，延至果实中部，并有稀疏黑细斑点。核仁肥厚、饱满，味甜，有浓香气。出仁率56.7%，含油率高达72.5%。品质优良，丰产性能好。

（10）鼓楼

鼓楼于1957年由浙江农学院园艺系选育出。母树在南京鼓楼附近，故名鼓楼。树体半开张，树势中等。1年生枝先端灰白色，下部紫褐色，有圆形皮孔。复叶有小叶11~17片。5月下旬开花，10月下旬果实成熟，果实总苞4棱突起，坚果椭圆形，重7.7g，核仁味甜，有浓香气。出仁率50.6%，核仁含油率63.9%。肉质细嫩，品质优良，丰产性好。

（11）莫愁

莫愁于1959年由浙江农学院园艺系选育出。母树在南京莫愁路一个住宅内，故定名莫愁。1年生枝粗壮，皮孔为椭圆或长条形。叶浓绿色，复叶有小叶11~15片。5月中旬开花，10月下旬至11月上旬成熟。坚果大，广椭圆形，重7.8g，核仁肥大，肉质细嫩。出仁率42.3%，核仁含油率68.4%。品质良好，丰产性能好。

（12）梅城50号

梅城50号于1980年由浙江省科学院亚热带作物研究所选育出。母树种植在建德县梅城镇建德林场内。树冠开张，树势旺盛，结果枝比例达70%，株产30~40kg。坚果中到大，椭圆形，平均纵横径3.06cm×1.68cm。出仁率40.4%，核干仁含油率70.1%，丰产性能好。

（13）绍兴1号

绍兴1号于1980年由浙江省科学院亚热带作物研究所选育出。母树位于浙江绍兴龙窠山茶牧场内。雌先型，株产果15kg。坚果平均纵横径3.6cm×2.18cm，重6.96g。出仁率47.3%，干仁含油率73.8%，尚丰产。

（14）金华1号

金华1号于1980年由浙江省科学院亚热带作物研究所选育出。母树位于金华地区幼儿园内（原为美国医生开办的福育医院）。雌先型，结果良好，株产15kg。2年生无性系苗定植后4年平均株产2.0~2.5kg。坚果出仁率54.2%，有香味，干仁含油率78.7%。

（15）长林13号

长林13号于1980年由浙江省科学院亚热带作物研究所选育出。母树生长在原余杭县长乐林场内，生长旺盛，株产坚果 20~30kg。果实偏小，平均纵横径 3.58cm×1.76cm，重 5.33g，味香甜，品质优良。出仁率 49.6%，干仁含油率 74.8%。

(16) 威士顿 (Wetern)

Wetern 雄先型。由实生选育的品种，是美国得克萨斯州商业化生产的标准化品种，是美国栽培最多的品种之一。果实中等大小，平均果重 7.94g。出仁率 58%。坚果长椭圆形，果顶锐尖，稍有弯曲，果基锐尖，果形不对称，果壳粗糙，种仁棕黄色，脊沟深而紧，脱壳时易导致种仁破裂，在我国一些地方，该品种耐热、抗旱，丰产性能好。

(17) 马罕 (Mahan)

Mahan 雌先型，原产于美国密西西比州，由实生苗选出。果实大，果均重 14.3g，出仁率 58%，果顶尖，果基圆，坚果不对称。种仁次脊沟深，基部开裂，有时基不饱满。该品种果实丰产，坚果成熟晚，在南京和浙江地区生长较好，植株中等大小。嫁接苗第 2 年即可挂果，平均果重 12.7g，果径 5.79cm×2.56cm，但该品种产量中等。

(18) 特贾斯 (Tejas)

Tejas 雌先型，由美国农业部长山核桃试验站杂交育成。亲本是 Mahan×Risicn。坚果长椭圆形，果基、果顶尖，平均果重 8.5g，出仁率 54%。种仁脊沟宽而浅，易脱壳，萌芽迟。早果丰产，但极易感黑斑病。该品种株型较大，在南京生长结果良好。

(19) 肖肖尼 (Shoshoni)

Shoshoni 雌先型，由美国农业部长山核桃试验站杂交育成，株型较大。坚果成熟早，平均果重 9.3g。该品种在南京地区生长良好。

三、通过国家或省级良种委员会审定的良种

到 2011 年 12 月，通过国家或省级良种委员会审定的薄壳山核桃品种有 9 个。

1. 薄壳山核桃 YLJ042 号

类别：品种审定
品种编号：浙 S-SV-CI-006-2006
产地：余杭
品种特性：
树体高大，生长势较旺，树冠开张型。叶片镰刀形，落叶早；雌先熟型，结

果早，平均单果重 11.75g，种子饱满度 92.7%，出仁率 59%，含油率 79%，核果重 7.37g；9 年生试验林平均树高 7.0m，胸径 13.6cm，冠幅 9.88m^2，平均株产坚果 5.93kg，产量比对照高 144.5%。

栽培技术要点：

选择土层深厚，水肥条件好的立地条件栽培；密度在 20~30 株/亩；均匀配置授粉品种 2~3 个；挖大穴，施基肥；加强土、肥、水管理，整形修剪，适时采收和病虫害防治。

适宜种植范围：适宜浙江全省推广。

2. 薄壳山核桃 YLJ023 号

类别：品种审定

品种编号：浙 S-SV-CI-005-2006

产地：建德

品种特性：

树体高大，生长势较旺，树冠开张型。叶长镰刀形，落叶早；雌先熟型，结果早，平均单果重 13.24g，种子饱满度 98.3%，出仁率 64%，含油率 76%，核果重 8.87g；9 年生试验林平均树高 5.4m，胸径 12.6cm，冠幅 8.34m^2，平均株产坚果 3.78kg，产量比对照高 122%。

栽培技术要点：

选择土层深厚，水肥条件好的立地条件栽培；密度在 20~30 株/亩；均匀配置授粉品种 2~3 个；挖大穴，施基肥；加强土、肥、水管理，整形修剪，适时采收和病虫害防治。

适宜种植范围：适宜浙江全省推广。

3. 薄壳山核桃无性系 YLC13 号

类别：品种（认定）

品种编号：浙 R-SC-CI-011-2011

产地：安吉县

品种特性：

嫁接苗定植后 3~4 年开始结果，第 5 年全部进入投产期；萌芽期在 3 月中旬，4 月中旬雄、雌花开始萌动，雌花由总苞、4 裂的花被及子房组成，10 月中旬至 10 月下旬为果实成熟期；平均单果重 24.42g，果皮厚 5.25mm，平均单核重 8.13g，果核、果形指数分别为 1.40、1.73，壳薄，取仁容易，果仁色美味香，无涩味，松脆；出油率为 57.72%，抗性强，易栽培。

栽培技术要点：

选择在丘陵地或者平缓地，pH6.0~8.0（最佳7.0），带状或大穴整地；在每年12月至翌年2月上旬，选Ⅱ级以上1年生嫁接苗，株行距为6m×6m，进行栽植；做好土肥管理、整形修剪、病虫害防治等工作；其他生产管理措施与一般品种的薄壳山核桃相同。

适宜种植范围：浙北及与试验地气候环境和立地条件相似的周边地区。

4. 薄壳山核桃无性系YLC10号

类别：品种（认定）

品种编号：浙R-SC-CI-009-2011

产地：安吉县

品种特性：

嫁接苗定植后3~4年开始结果，第5年全部进入投产期；萌芽期在3月中旬，4月中旬雄、雌花开始萌动，雌花由总苞、4裂的花被及子房组成，10月中旬至10月下旬为果实成熟期；平均单果重35.94g，果皮厚5.79mm，平均单核重10.36g，果核、果形指数分别为1.93、2.36，壳薄，取仁容易，果仁色美味香，无涩味，松脆；出油率为53.37%，抗性强，易栽培。

栽培技术要点：

选择在丘陵地或者平缓地，pH6.0~8.0（最佳7.0），带状或大穴整地；在每年12月至翌年2月上旬，选Ⅱ级以上1年生嫁接苗，株行距为6m×6m，进行栽植；做好土肥管理、整形修剪、病虫害防治等工作；其他生产管理措施与一般品种的薄壳山核桃相同。

适宜种植范围：浙北及与试验地气候环境和立地条件相似的周边地区。

5. 薄壳山核桃无性系YLC12号

类别：品种（认定）

品种编号：浙R-SC-CI-010-2011

产地：安吉县

品种特性：

嫁接苗定植后3~4年开始结果，第5年全部进入投产期；萌芽期在3月中旬，4月中旬雄、雌花开始萌动，雌花由总苞、4裂的花被及子房组成，10月中旬至10月下旬为果实成熟期；平均单果重20.48g，果皮厚4.35mm，平均单核重6.04g，果核、果形指数分别为1.51、1.66，壳薄，取仁容易，果仁色美味香，无涩味，松脆；出油率为54.72%，抗性强，易栽培。

栽培技术要点：

选择在丘陵地或者平缓地，pH6.0~8.0（最佳7.0），带状或大穴整地；在每年12月至翌年2月上旬，选Ⅱ级以上1年生嫁接苗，株行距为6m×6m，进行栽植；做好土肥管理、整形修剪、病虫害防治等工作；其他生产管理措施与一般品种的薄壳山核桃相同。

适宜种植范围：浙北及与试验地气候环境和立地条件相似的周边地区。

6. 薄壳山核桃无性系 YLC21 号

类别：品种（认定）

品种编号：浙 R-SC-CI-012-2011

产地：安吉县

品种特性：

嫁接苗定植后3~4年开始结果，第5年全部进入投产期；萌芽期在3月中旬，4月中旬雄、雌花开始萌动，雌花由总苞、4裂的花被及子房组成，10月中旬至10月下旬为果实成熟期。平均单果重22.21g，果皮厚4.41mm，平均单核重8.03g，果核、果形指数分别为1.46、1.69，壳薄，取仁容易，果仁色美味香，无涩味，松脆；出油率为50.81%，抗性强，易栽培。

栽培技术要点：

选择在丘陵地或者平缓地，pH6.0~8.0（最佳7.0），带状或大穴整地；在每年12月至翌年2月上旬，选Ⅱ级以上1年生嫁接苗，株行距为6m×6m，进行栽植；做好土肥管理、整形修剪、病虫害防治等工作；其他生产管理措施与一般品种的薄壳山核桃相同。

适宜种植范围：浙北及与试验地气候环境和立地条件相似的周边地区。

7. 薄壳山核桃无性系 YLC29 号

类别：品种（认定）

品种编号：浙 R-SC-CI-013-2011

产地：安吉县

品种特性：

萌芽期在3月中旬，4月中旬雄、雌花开始萌动，雌花由总苞、4裂的花被及子房组成，10月中旬至10月下旬为果实成熟期；平均单果重19.57g，果皮厚4.62mm，平均单核重5.87g，果核、果形指数分别为1.62、1.70，壳薄，取仁容易，果仁色美味香，无涩味，松脆；出油率为54.96%，抗性强，易栽培。

栽培技术要点：

选择在丘陵地或者平缓地，pH6.0~8.0（最佳7.0），带状或大穴整地；在每年12月至翌年2月上旬，选Ⅱ级以上1年生嫁接苗，株行距为6m×6m，进行栽植；做好土肥管理、整形修剪、病虫害防治等工作；其他生产管理措施与一般品种的薄壳山核桃相同。

适宜种植范围：浙北及与试验地气候环境和立地条件相似的周边地区。

8. 薄壳山核桃无性系 YLC35 号

类别：品种（认定）

品种编号：浙 R-SC-CI-014-2011

产地：安吉县

品种特性：

嫁接苗定植后3~4年开始结果，第5年全部进入投产期；萌芽期在3月中旬，4月中旬雄、雌花开始萌动，雌花由总苞、4裂的花被及子房组成，10月中旬至10月下旬为果实成熟期；平均单果重32.38g，果皮厚4.92mm，平均单核重10.31g，果核、果形指数分别为1.97、2.39，壳薄，取仁容易，果仁色美味香，无涩味，松脆；出油率为52.40%，抗性强，易栽培。

栽培技术要点：

选择在丘陵地或者平缓地，pH6.0~8.0（最佳7.0），带状或大穴整地；在每年12月至翌年2月上旬，选Ⅱ级以上1年生嫁接苗，株行距为6m×6m，进行栽植；做好土肥管理、整形修剪、病虫害防治等工作；其他生产管理措施与一般品种的薄壳山核桃相同。

适宜种植范围：浙北及与试验地气候环境和立地条件相似的周边地区。

9. 马罕

类别：品种（审定）

品种编号：浙 S-SV-CI-002-2011

原产地：美国密西西比州

选育地点：浙江建德

品种特性：

树势强盛，树枝半开张，分枝力中等，枝条中粗；果枝长，成花能力强，结果早；盛果期株产量达17~29kg；坚果长椭圆形，果基圆，果顶尖或尾尖，中间略细，横断面稍偏；单果重（气干）9.57~12.69g，平均11.08g；壳薄易剥，出仁率49.3%~63.0%，平均56.8%，出油率60%；种仁色美味香，营养丰富，口感好；雌先型，雌花花期比雄花早7~10d；坚果成熟期为10月中下旬至11月上旬。

栽培技术要点：

立地要求光照充足，土壤深厚疏松肥沃，有灌溉条件；株行距（6~7）m×（6~7）m，每亩13~18株；并按5：1的株数比例均匀配置3~4个授粉品种的苗木；用合格嫁接苗定植，定植前，挖大穴，施基肥；加强土、肥、水管理；整形修剪，防治病虫害，适时采收。

适宜种植范围：浙北全省各地低丘缓坡、河滩地、农田、农耕地均可种植。

四、国内实生优树品种

薄壳山核桃引入我国已有100多年，目前全国范围内有一些优树（树龄多在35年以上）资源，可以作为较好的育种材料。从2008年开始，中国林业科学研究院亚热带林业研究所就在全国范围内展开了薄壳山核桃优树资源的调查、搜集、扩繁和保存等工作。经过多年的筛选，目前扩繁并保存的优树资源有20多个（表3-4），此外，黄山市林业科学研究所、阜阳市林业局等单位也开展了相关的工作，其中大部分优树资源已经进行大量扩繁并在全国开展了区域试验，将来会有适宜我国发展的高产、优质良种将从这些资源中选育出。

表3-4 部分优树资源信息表

Table 3-4 Information for prior trees of pecan

序号	地点	经度	纬度	胸围/cm	冠幅/m
1	安徽宁国	119°14′59.2″	30°22′28.0″	36.6	17
2	安徽黄山	118°14′53.4″	29°43′17.7″	78.3	22
3	安徽黄山	118°14′54.7″	29°43′26.1″	51.4	18
4	浙江金华	119°30′8.12″	29°01′41.54″	45.7	16
5	浙江松阳	119°31′21.12″	28°26′22.28″	31.2	12
6	浙江缙云	120°3′37.97″	28°42′44.46″	32.5	12
7	浙江金华	119°38′55.85″	29°2′22.44″	38.8	15
8	浙江兰溪	119°32′28.54″	29°16′38.06″	52.5	16
9	浙江兰溪	119°32′23.71″	29°16′35.81″	44.9	18
10	浙江金华	119°31′46.03″	29°5′6.64″	35.7	12

第四章 薄壳山核桃良种繁育技术

第一节 采穗圃营建与管理技术

一、薄壳山核桃新品种采穗圃林地选择

薄壳山核桃在建立采穗圃时,林地选择要符合下列条件。

(1) 气候条件

薄壳山核桃生长要求是,年平均气温在15~20℃,极端最低气温在-18℃之内,夏季气温最高日均气温为25~30℃;≥10℃的年积温为4300~5400℃,无霜期在220d左右。年降雨量为1000~1600mm。例如,浙江省建德市地处中亚热带北缘季风气候带,年平均气温为16.9℃,极端最低气温为-9.5℃,夏季7月最高温28.7℃,≥10℃的年积温为5270℃,无霜期251d,年降雨量为1500mm,现有266.67hm²薄壳山核桃,生长良好,定植6~8年后,品种配置合适的林分,年平均产量可以达到每亩20~30kg,产值超1000~2000元。又如江西黎州县年平均气温为17.9℃,极端最低气温为-8.5℃,≥10℃年积温为5600℃,年降雨量为1300mm。湖南龙山县年平均气温为16.9℃,极端最低气温为-8.7℃,≥10℃的年积温为5300~5415℃,年降雨量为1385mm。我国中亚热带这些地方,从浙江到湖南一带,从气候条件来看,都适宜薄壳山核桃正常生长和开花结果。

(2) 海拔

一般要求在300m以下山地丘陵,但在云贵高原或类似的地方,当海拔较高时,要选择开阔阳光充足的南向和小环境条件,有利薄壳山核桃生长的生态条件种植,但海拔不宜超过1700m。

(3) 光照

薄壳山核桃系强阳性树种,在通常的情况下,几乎没有光饱和点。因此,要选择阳光充足的地方种植为好。

(4) 坡度和坡向

低山丘陵缓坡山地,以坡度20°以下的阳坡,半阳坡为好。地下水位在1m以下,排水良好,土层深厚肥沃的河滩地方种植为好。

(5) 土壤

薄壳山核桃属深根性树种,要求土壤层厚度在60~70cm以上,最好在1m

以上。一般质地疏松的沙壤土，表层为沙土或壤土，心土层质地同表层或为中壤土，重壤土的土壤也适合种植。质地过于黏重，尤其是心土层过于黏重的酸性土壤，深层岩石性土壤，质地过粗的土壤不宜种植。薄壳山核桃耐水湿，在水沟或池塘边生长结果良好，但在排水不良，通气性差或地下水位过高的地方，根系生长不良，不宜种植。薄壳山核桃对土壤pH要求很严，适宜范围为pH5.5~8.0，但以中性土壤为最好。土壤过酸或过碱都会造成土壤中营养的不平衡，容易诱发"缺素症"。为了获得理想的产量，在生产上，要求关注调节土壤的酸碱度，通过施肥防治某种养分的缺失。例如，在酸度过高时，可通过施用石灰和生理碱性的肥料来调节。

(6) 水源和灌溉条件

薄壳山核桃不耐干旱，在降雨量充足的地方，还要看雨量分布是否均匀，尤其在坐果灌浆生长期的8~10月，很多地方往往多为干旱期，这个时期缺水会造成果实生长发育不良，种仁不饱满，甚至空壳，严重影响坚果的产量和品质。因此，要因地制宜，近水源，或者具备灌溉条件为好。

二、薄壳山核桃采穗圃的规模和种类

植物的繁殖，包括植物的增殖、生殖和代代永续这3方面的概念。植物的繁殖有两种截然不同的方法：有性繁殖和无性繁殖，或称为营养繁殖。有性繁殖包括由种子或孢子繁殖；无性繁殖包括用活的植物组织培育。用营养繁殖的方法可以增加这一品种性状一致的植株数量。营养繁殖方法是永久保持一个栽培品种"纯正"的基本方法，也就是保持一个无性系。无性繁殖方法可以用扦插、芽接、枝接、分株和压条等方法来完成。

嫁接繁殖是薄壳山核桃两种繁殖的主要方法。在进行嫁接繁殖时必须要有数量足够的优质穗条，这些穗条又往往无法直接从数量有限的优树（或良种）得到满足。因此，建立采穗圃在良种繁殖中非常重要。这是我国薄壳山核桃良种化工程中非常重要的一项工作。薄壳山核桃采穗圃必须要在优树选择或良种鉴定后马上进行，以便及时为生产提供大量的优质良种穗条。为缩短良种选育的时间和广泛收集薄壳山核桃基因资源，也可以同时建立初期阶段的收集圃或采穗圃，为今后开展良种选育工作打下基础。

采穗圃是为生产提供大量优良穗条的繁殖基地，但在完成穗条任务以后，同样是薄壳山核桃生产中的一种良种丰产林，有着它重要的作用，这是不可忽视的。此外，采穗圃也是薄壳山核桃种植资源收集圃，在采穗条前也可以作当代测定试验林，有着多功能的作用。目前，薄壳山核桃采穗圃在我国建立的还不多，面积也不大。加快采穗圃的建设，在我国当前良种建立中是非常重要的。

1. 采穗圃的规模

薄壳山核桃采穗圃的大小，可按我国薄壳山核桃分布情况，从全国来考虑，可根据生产发展需要和良种的多少分区建立采穗圃。

1）薄壳山核桃适应区

薄壳山核桃适应区即北纬25°~35°，东经100°~122°的亚热带东部和长江流域，建立2~3个采穗圃，每个采穗圃面积为30~40亩，以满足本区良种繁育的需求。

2）薄壳山核桃次适应区

薄壳山核桃次适应区即在贵州大部、云南（大理以南、景洪以北、宾川、华坪以东）、广东（韶关、南雄以北）和广西（桂林以北），分别建立2~3个面积为20~30亩的采穗圃。

3）薄壳山核桃边缘区

薄壳山核桃边缘区即在南部亚区的云南（景洪以南）、广西（桂林以南）、广东（韶关、南雄以南、英德以北）和台湾（台北以北）建立2~3个面积为20~30亩的采穗圃。

2. 采穗圃的种类

薄壳山核桃采穗圃必须要用无性系繁殖的方法来建立，它的种类如下。

1）嫁接法建立采穗圃

用嫁接方法培育的嫁接良种苗木，按一定株行距造林而成林的采穗圃。

（1）接穗

早春萌芽前，在母株上剪取生长发育充实、具饱满芽的枝条，置于阴凉低温环境的湿沙中贮存；嫁接时剪成长约10cm的接穗。夏根清等试验结果表明，采用建造地窖的方法贮藏接穗，可延长接穗寿命，显著提高嫁接成活率。如采用的嫁接方法需接穗的韧皮部和木质部易于分离，便提前数天将接穗从地窖中取出，进行升温处理再嫁接效果较好。

薄壳山核桃的嫁接，一般用本砧。但也有种间嫁接方法的试验。习学良等利用越南核桃嫁接薄壳山核桃取得成功。10年生株产果实8kg，产量、质量与本砧相似，但后期出现"小脚"现象，即存在亲和力差的问题。因此，作者认为，在一般情况下应该使用本砧嫁接为好。

（2）嫁接时间

薄壳山核桃的嫁接，如果采用枝接法，应在早春树体开始萌动前后的一段时间。如果采用芽接法应在夏秋季节进行。具体时间应选择晴朗天气，于上午9点至下午15点较暖和的时间段进行。薄壳山核桃产生愈伤组织的最适温度是25~30℃，低于15℃时不能形成愈伤组织，为此，通过搭建大棚来增温保温。与露天嫁接进行对比，大棚内嫁接成活率比露天嫁接成活率高33.1%。大棚嫁接不仅可大幅度地提高成活率，而且可以延长嫁接时间，这也是各地目前普遍采用的方法。

（3）嫁接方法

切接：嫁接时间在本砧萌动后树皮能剥离时，在离地面5~10cm，选择光滑处剪砧。在断面靠边缘处从上往下切开（注意切开部分的宽度与接穗直径相等），长度约3cm，再用手捏这一小部分枝的韧皮部与木质部分开，并用刀剔除木质部。然后将接穗削一斜面，深度不超过中心髓部，长度略大于砧木切口，再在背面基部削一短斜面，并将表面韧皮削掉（不可太多，见绿色即可）。然后嵌入砧木，对准两条形成层（如不能同时对准两条时，必须有一条对准）将砧木切口的皮覆盖在接穗上。最后再进行包扎。

合接：先在砧木合适的位置向内削一斜面，斜面长度为3~5cm，在削面离上端1/3处顺木质纹理纵切，深0.6~1.0cm产生一"舌头"，再在接穗上削一斜面，在削面离下端1/3处顺木质纹理纵切，用时产生一"舌头"。然后进行穗砧接合，对准两条形成层（如穗砧粗度不等，则顶一侧对齐才行），包扎完毕即可。这种方法穗砧合相对牢固，且嫁接时间不受树体萌动的限制。

带木质部芽接：先在砧木光滑处呈45°斜切一刀，再在切口上方约2.5cm处往下切一刀，与前一刀交汇，剔除切下部分。再在接穗条上取下与剔除部分相似的芽片，嵌进砧木，贴妥后用塑料膜条包扎，仅将芽露出即可。此种方法与合接相似，也要对准形成层，只不过萌发穗条而已，但由于芽块小，不易操作。

不带木质部芽接：先在砧木光滑处剔除一块韧皮部，长度约3cm，宽度0.8~1.2cm，然后在穗条上取一块大小相等的芽块（不带木质部）嵌入，贴紧后包扎即可。此种方法不需考虑对准形成层的问题，操作方便。

在这4种方法中，各地可根据自己的经验，因地制宜地运用。

用扦插建立采穗圃和用嫁接建立采穗圃，这两种方法都无法在短期内提供大量优质穗条，因此还可采用大树高接的方法来建立采穗圃，这种方法可在短期内供应大量优质穗条。

2）大树高接建立采穗圃

目前，这个方法在我国比较适用。美国称高接，就是指在成年树上嫁接而言，在美国主要用于新的优良栽培品种更换旧的品种。在有些地方，尤其是天然成林中，用这种方法营建了大批良种林，这已有几百年的历史。我国的油茶等树种快速建立采穗圃和良种测定林也都是采用高接法。

现在，我国许多地方有用种子育苗造林的大量薄壳山核桃幼林，一般树龄4~8年，可在这些薄壳山核桃实生林中，用良种进行高接换冠，改造为采穗圃。这种采穗圃具有建圃快，生长快的优点，可在短期内提供大量优质穗条，以满足生产的需求。利用薄壳山核桃大砧嫁接，充分利用了它强大的根系和营养充足的特点，不但成活率高，而且生长快，是当前许多经济树种常用的方法。

在采穗圃中优良无性系和新品种的配置可视其兼负的内容不同而有所不同。以采穗圃为主，兼负低产林改造的，可用简单的单行排列，每个品种连续接10~20株一行即可；若以当代测定，互交为主兼用的采穗圃，则可按设计排列安排。采穗圃要编绘品种和排列的田间设计图，并做好标记，以防出错，造成损失。

浙江省建德市是国内最早引种薄壳山核桃的少数县（市）之一，最早的嫁接薄壳山核桃果园建立在1981~1983年，近年来每公顷平均产量已达到1500~2250kg，取得了较好的经济效益，为我国薄壳山核桃走向良种化、基地化建设作出了示范。目前，建德市薄壳山核桃栽植嫁接苗可以一步到位，直接建成良种果园，具有结果早（一般定植后3~5年开始挂果）、产量高（盛产期每公顷产量达1500~2200kg）、坚果经济性状好（果大、壳薄、营养丰富）和经济效益高（盛产期每公顷产值达60 000~90 000元）的良好效果。

下面将春季大树高接建立采穗圃技术作一介绍。

（1）接穗采集时间和贮藏

接穗采集时间：插皮合接时，须接穗能离皮，因此，接穗的采集时间应适当推迟。采用插皮合接法，以树液已经开始流动，而芽尚未萌动时采集最为适宜，在浙江建德，以3月上旬采集为好。采集过早，不易离皮；采集过迟，芽已萌动，会影响嫁接成活率。因此，各地应通过试接，掌握好最佳采集时间。

接穗的贮藏：由于接穗的采集时间偏迟，如贮藏不当，接穗很容易萌发绽芽而报废。因此，贮藏接穗应严格控制温度和湿度。采穗时由于地窖内温度已经超过10℃，不能采用地窖贮藏，必须放到冷库内贮藏，温度控制在1~5℃。放入冷库后，先将穗条下端剪口进行蜡封处理，然后将穗条捆成小把，放入塑料薄膜袋中。以每小把0.5kg，每袋5kg为宜。袋内预先放入浸透水但无滴水的脱脂棉或纱布保湿，扎紧袋口，竖在冷库内。5~7d打开口袋检查1次接穗状况。嫁接时，如离皮有困难，可将穗条放到常温下沙藏 2~3d 进行催醒处理，使其萌动离皮后再进行嫁接。如果仍未奏效，只能改用插皮接方法进行嫁接。

(2) 嫁接部位和伤流问题

嫁接部位应根据砧木大小、粗度和接后是否有利于形成完好的树冠骨架来考虑决定嫁接砧木的选用和分布情况。

"伤流"，即从树的剪口流出的汁液。因早春温度波动大，土壤水分过多时，尤为明显。浙江建德市的科研人员称"放水"，就是在嫁接以前，将可能出现在砧穗接触界面上影响嫁接成活率的伤流渣排除掉。在核桃、板栗、榛子和油茶等树种嫁接时都会遇到此问题。

"伤流"是提高薄壳山核桃嫁接成活率的关键技术，尤其是大砧嫁接。由于树体大，断砧后伤流较多，在砧穗接触界面形成隔膜或积渣，严重影响砧穗的愈合。因此，嫁接前必须先"放水"。"放水"的方法应根据砧木大小和嫁接部位而定。"放水"最好在嫁接前几天进行。在嫁接前 1~10d，在砧木接口以下近地面处，斜着砍几刀，就可以阻止伤流。伤流将出现在刀口，几天后即可停止。此后，就可进行嫁接，伤口也不会伤及树体，这样嫁接成活率高。

大砧的地径在 3~4cm 及以下，尚未形成树冠骨架的树：应在主干上嫁接，嫁接部位离地面高度以 30cm 左右为好，以后在 60~70cm 高处定干形成树冠。"放水"方法采用断根法，即刨开砧木一侧泥土，露出主根，然后用刀口锋利的大锄头将主根刨断即可。为防止伤口感染，可浇 70% 甲基托布津可湿性粉剂 700 倍适量，然后回填土踩实。

大砧地径在 3~4cm 及以下，已形成树冠骨架的树：可选留分枝主枝 3~5 个根据开张角度不同，留 30cm 在主干上嫁接。"放水"方法，一是保留骨干枝作为"抽水枝"，同时在嫁接的骨干枝下面，在茎部锯除 1~2 个较粗的分枝用于"放水"。如分枝太少，也可以采用断根法，或者只嫁接 2~3 个主枝，留一个着生部位低的主枝从茎部锯除"放水"。

大砧地径在 3~10cm 的树：大砧木已形成树冠骨架，骨架枝多，可选留 3~4 个骨干枝作为主枝培养，留长 30~50cm 嫁接，截面直径 4cm 以下为好。根据截面直径大小不同，插入 2~3 个穗，大砧木树体大，要加大"放水"力度。"放水"方法，一是保留上部树冠，作为"抽水枝"；二是在嫁接的骨干枝以下，从茎部锯除 2~3 个骨干枝；三是在嫁接的骨干枝上，将嫁接部位以下的所有侧枝从基部锯除"放水"。三者同时进行，可确保嫁接口无伤流。

(3) 嫁接时间和嫁接方法

嫁接时间：插皮合接必须在砧木离皮后才能进行。因此，嫁接时间与切接、切腹接相比明显推迟，以砧木绽芽后新梢抽生前为嫁接最适宜期。在浙江建德市以4月中下旬为宜。嫁接过早，砧木不易离皮，过迟接穗新梢当年生长量明显降低。在阳光充足的白天，树皮可吸收大量热，因为生物组织的温度比周围环境气温高2~3℃以上，这就是说，如果在炎热的天气，嫁接接合部位的温度很容易达到30℃以上，在这个温度下，细胞分裂停止。因此，夏季一定要搭建荫棚。在高接时，也可把接穗留在砧木上带叶枝缚在能为嫁接处遮荫的一定位置。

嫁接方法：果树大砧木嫁接的常用方法有劈接、切接、插皮接和插皮合接（俗称"双皮接"）。劈接是一种古老的传统嫁接方法。由于接穗与砧木间的愈合面小，成活率相对偏低。插皮嫁接操作简便，成活率高，生产上应用比较广泛，适用于绝大多数果树，也可用于薄壳山核桃嫁接，但成活率略低。插皮合接由于接穗与砧木间的愈合面大，成活率高，特别适用于薄壳山核桃，但嫁接必须有砧木和接穗均在离皮的前提下进行，技术要求较高，在试验中，为了提高成活率，均利用插皮合接，效果较好。

嫁接时，先用手锯在预定的嫁接部位锯断砧木，并削平截断面，截断面直径以不超过4cm为好。在断面下面选择树皮平直光滑处，削去1块长度与宽度略大于接穗削面背面皮层的老树皮，露出嫩皮，做到"露青不露白"。削接穗时，先在离茎部5cm处以60°角切入茎粗的1/2，然后用较小的角度斜削至基部对侧，将茎部削尖。再用大拇指和食指用力将削面背面的皮层捏离木质部。插接穗时，要"皮对皮，骨对骨"，即接穗的削面朝向砧木内侧，木质部从砧木上包削去老树皮处的木质部与皮层间缓缓插入，直至接穗露白0.5cm左右。再将接穗上已脱离木质部的皮层包在砧木上已削好的嫩皮上，然后用塑料膜绑扎。绑扎前，先在砧木截面上加盖塑料膜片（最好内衬1层旧报纸遮光）。绑扎前，先从砧木上开始，自下而上，固定并覆盖包在砧木上的皮层。同时，固定覆盖在截面上的塑料薄膜片。然后在接穗基部与砧木交接处绕1~2圈，将其固定在砧木上。接穗顶端的剪口也要用塑料膜包扎，减少水分蒸发。

在嫁接时，嫁接部位距地面的高低，视接口处砧木粗度而定，以保持接口处砧木的粗度，以2~6cm为宜。大砧木嫁接部位高些，小砧木嫁接部位可低些。这样有利于接穗的接口愈合和生长，否则会影响接穗的生长发育。在美国，大树嫁接良种改造中，其茎的粗度最大可达到16cm，仍有较好的成活率。在我国油茶大树换冠良种嫁接中，其粗度也达16cm以上，成活率仍很高，关键是掌握好嫁接技术和做好保湿遮荫等工作，成活率是有保证的。

（4）嫁接后的管理

抹芽除萌：嫁接芽萌发前后和生长初期，砧木上的萌蘖生长很旺盛，如不及时抹除萌蘖，它会大量消耗养分，影响嫁接的成活率和生长。因此，必须及时除萌。开始阶段，一般5~7d一次，以后间隔时间可视生长情况而定。在主干上嫁接时，因砧木根系发达，为保持地上和地下的平衡，保证根系对养分的需求，抹芽除萌工作应根据接穗生长情况进行。嫁接芽萌发前后，应做到除早除了，以促进嫁接芽萌发。嫁接芽新梢生长初期，视其情况也可暂时保留个别萌条，以增加光合面积，但要注意控制其生长，以防影响接穗生长，这是非常重要的。随着新梢的生长，必须剪除全部萌条。

松绑解带：接穗新梢长到30cm以上时，应及时除去覆盖在断面上的尼龙薄膜片，同时剪断绕在接穗基部的塑料带。为防止砧穗接合劈裂，砧木上的塑料带松开后仍捆绑上。以后再松绑，甚至当年生长期末，方可完全解除。

立柱防风：大砧木嫁接，植株根系发达，养分充足，新梢生长特别旺盛，一般叶片肥大，一旦遇到大风暴雨，很容易从基部被撕裂折断，使嫁接工作前功尽弃。因此，当新梢长到30cm以上时应及时立防风柱。支柱长1m左右。最好是小竹枝，有足够的强度。先将支柱下部固定在嫁接部位的树干上，再用塑料绳（或布绳）将支柱绑紧，以后视其生长情况注意固持工作。

摘心修剪：大砧木嫁接，新梢生长快，为早期整形修剪创造有利条件。当新梢长到30~40cm时即可进行第一次摘心，以后再根据新梢的生长情况和幼树整形的要求进行多次摘心。

锯除竞争枝：薄壳山核桃的大砧木嫁接与一般果树有所不同，由于需要"放水"，提高嫁接成活率，嫁接时保留了上部树冠和中下部的许多骨干枝（在主干上嫁接除外），如不及时锯除，势必影响接穗的生长。因此，随着接穗新梢的不断生长，要分期分批锯除这些竞争枝，为接穗生长创造良好的条件和空间。

3）用扦插方法建立采穗圃

用扦插育苗的方法培育出优良无性系和良种苗木，然后用2年生苗木按一定的株行距定植而成。用扦插育苗技术来建立采穗圃的方法如下。

（1）枝插

目前枝插在薄壳山核桃生产上育苗还不多，但已有这方面的试验报告。浙江黄有军等研究指出，以3年生硬枝为扦插材料结果表明，新根发生属愈伤组织生根型。在0~500mg/kg试验质量浓度范围内，NAA 200mg/kg，BA 100~500mg/kg对萌芽枝生长最为有效；NAA 200mg/kg，BA 100mg/kg对休眠枝生根最为有效，萌芽枝比休眠枝生根效果更好。随着科学技术的深入，采用枝插方法繁育苗木是很有希望，非常有发展前景的。

（2）根插

根插在薄壳山核桃的种苗繁育中已经被成功运用。宜选树龄较小的植株，粗度为1cm左右的根段，剪成长10cm的短段（粗根可短些，细根可长些），在整好的圃地上像播种一样平铺于沟内，覆土 3~5cm，田间管理与播种相同。根插田间管理可结合苗木移植，于冬、春季进行。据江苏省中国科学院植物研究所试验证明，用 1 年生实生苗主根进行扦插，成活率达 96%，插后当年幼苗地径可达 0.65cm，高度为 41cm，生长良好。

（3）分株

薄壳山核桃的根很容易产生不定根而长成根蘖苗。对这种根蘖苗可以采用分株的方法将其培育成生产所用苗木。江苏省中国科学院植物研究所研究结果表明，春季在苗的根颈部或离地长 10cm 处进行环剥，然后覆土，可明显提高生根数量，是提高移植成活率的有效方法。詹有生试验认为，利用 1 年或 2 年生根插苗出圃后遗留在土中的主根或较粗的侧根，当第 2 年春季长出的萌蘖达 15cm 时，在其基部削一坡口后培土，秋后能长成新根，隔年可分株移植。这种分蘖苗能连续使用，随着苗根的管理，分蘖苗质量更好。

各地可因地制宜地选用枝插苗、根插苗和分株苗中的优质苗木来建立采穗圃。

三、整地

采穗圃营建之前，要做好建园规划，可按 1∶200 或 1∶500 绘制出规划图，道路和灌溉设施建设应以方便、实用、节水、省地为原则。主干道要能通汽车，以便将来施肥等管理工作方便进行。用苗木建圃则需要进行整地、定植等工作。

整地，坡度在 15°以下的园地，可采用全面整地，坡度在 15°以上，则因地制宜地沿水平方向带状整地，带宽 3m，带间要留生草带，以利水土保持。垦复深度在 30~40cm 以上为好。

四、定植技术

如是用嫁接苗和扦插苗建立采穗圃，需要在整地以后挖穴定植。定植穴长、宽各 0.8~1.0m，深 0.8m 以上。如果是幼林改造为采穗圃时，则要提前几个月对建圃林分进行垦复和施肥，以便提高嫁接的成活率和促进植株的生长。

五、薄壳山核桃采穗圃的抚育管理

砧木是接穗赖以生长的基础。砧木的生长状况对接穗的抽萌生长和开花结果有直接的影响。这是因为土地的水肥因素必须通过砧木才能到达接穗，它与砧木的粗度和接口的高低都有密切的关系，但最重要的是砧木粗度。第一接穗基径生长量与砧木粗度成正比，而春梢长度及粗度则与砧木粗度成反比。第二接穗的其他各项生理指标，在中等粗度的砧木上随砧木粗度增加而递减，在小砧和大砧上部不如在中等砧木上生长得好。总之，最理想的砧木粗度为2~6cm。在同龄林里细砧木是生长不良的象征，而大砧木属于生长良好，代谢作用旺盛，但嫁接以后叶部营养面积骤减，引起生理失调，抑制了皮层及根部分生组织细胞的活性，从而影响接穗的生长和发育。

建立采穗圃的目的，在于获得数量多，质量好的良种穗条。除了加强管理外，更重要的是决定于嫁接树体的生物学基础。根据对现有采穗树体的调查分析可以看出：影响穗条产量的生物学因子，主要是采穗树年龄，树体结构，新梢质量和生植生长等。

第一，由于采穗圃中各无性系或品种的遗传基础不同，采穗树的分枝习性、分枝率也各有不同，表现出各品种和无性系穗条产量差异很大，因而影响单位面积的采穗量。这种差异可以通过选择高产品种和分枝良好的树形来解决。

第二，采穗圃穗条的产量、质量与其年龄有关，在一定年限内，穗条产量随树龄增大而增加，穗条质量都随树龄增大而降低。穗条的质量取决于新梢的长度和粗度，穗条质量的高低对于嫁接成活率有很大的影响。

第三，树体结构也是影响穗条产量的重要因子，其主干高度，主枝数目和树形等方面是相互联系，相互制约的。调查结果证实，主干高度以不超过1.0m，主枝数目以3~5为好，树形以自然圆头型较为理想。

第四，结果树的生殖生长和营养生长在营养分配上存在矛盾，开花结果影响到新梢抽发的数量。故而专用采穗圃应摘除花蕾避免开花结果或采取化学喷雾剂的措施不让形成其花蕾等，以利于多发新梢，提高穗条质量。

采穗圃建立以后，树体管理是采穗圃管理的中心环节。它是以薄壳山核桃生物学特性为基础，结合不同生态条件，生产技术水平控制和促进薄壳山核桃营养生长和生殖的一种手段。薄壳山核桃嫁接树具有顶端和根系强大两个优势。如果任其自然生长，则形成结构紊乱的树冠。影响对光能和土地的利用，导致穗条产量低，质量差。因此，加强树体管理，培养理想的树体结构和冠型，才能达到采穗量多和质优的目的。

薄壳山核桃采穗圃的树形以自然圆头型和自然开心型为好，其树体相当于乱头型的1.5~2.0倍，枝梢数多出30%~50%。因此，前期树体管理的任务是采用增剪造型手段培养自然圆头型和自然开心型的树冠，这是采穗圃今后栽培高产的关键技术。树干高矮，主枝多少，分枝角度与树形有很大关系，一般主干以60~100cm为好，主枝以4~5个较为合理，分枝角度以30°~50°较为适当。这样的树体结构，可以调整树体养分和水分的分配，提高水分和养分的输送效率，扩大树体对光能的利用率，从而提高光合作用的强度，这也是修剪造型的生物学基础。

合理的树形只有在人为修剪控制下才能形成和保持。因此，修剪应贯穿整个树体管理过程中，这是非常重要的。根据薄壳山核桃生物学特性，春梢在夏梢萌发前先分化出花芽，便抑制了夏梢的萌发，而夏梢提早抽发也可以抑制春梢花芽的形成。因此，可以采取抹花芽促进夏梢或春梢木质化，在尚未大量分化花芽时进行，结合施肥来促进夏梢的萌发生长，以达到调节营养生长与生殖生长的矛盾，保持树势旺盛，达到穗条高产优质的目的。

薄壳山核桃采穗圃通常用大树（4~8年生）高接建立而成，这不但可以提早采穗，而且产穗量大，质量高，其遗传性稳定。采穗圃以生产穗条为主，要求营养生长旺盛，但是采穗树一般多用发育比较好的砧木和接穗嫁接为好，3~4年以后便能大量开花结果，以后产量逐步增加，因而导致每年抽梢量和枝条质量下降，营养生长和生殖生长矛盾突出，因此，采穗圃管理的重点主要是调节营养生长与生殖生长，促进其营养生长。

采穗圃除加强修剪，控制树体外，每年要施肥1~2次。春梢萌发前，采穗后应当及时施肥。同时也要做好除草松土、排水、灌溉和病虫害防治等工作。

采穗圃要加强枝梢生长结实状态的调控。对于多年未采穗并进入结果状态的品种树，如果要恢复其采穗，需要进行截干、截枝等强度修枝措施，促进营养枝的萌发。而对于处于幼龄期直立向上旺盛生长的幼枝要及时进行摘心以促进分枝。

六、薄壳山核桃采穗圃穗条采集、运输和贮藏

采穗圃产穗的早迟和多少与嫁接后的管理关系很大。嫁接成活以后应及时断砧和加强管理。从第2年开始，是培养树形和树冠的最佳时间，可以结合修剪提供少量穗条。一般正式采穗从第3年开始，采穗量为春梢量的1/4~1/3。在每次采穗后，应进行施肥。随着树龄增加，采穗量可以加大，4~5年后，采穗量可为当年春梢数量的50%左右。采穗必须用锋利的修枝剪剪取，剪穗时春梢基部要留下1~2节为宜。

穗条采集后，随即用塑料布包好带回；如穗条数量很大时，则要用竹筐装好，快速运回目的地处理贮藏。

由于所采穗条较多，如贮藏不当，接穗极易萌发绽芽，最终报废。因此，应快速处理贮藏。贮藏接穗应严格控制温度和湿度。采穗时由于地窖内温度已超过10℃，不能采用地窖贮藏，须置于冷库贮藏，温度控制在1~5℃，放入冷库前，先将穗条下端剪口进行蜡封处理，然后将穗条捆成小把，放入塑料薄膜袋中，以每小把0.5kg，每袋5kg为宜。袋内预先放入浸透水但无漏水的脱脂棉或锯末保湿，扎紧袋口，竖立在冷库内，前期每5~7d，后期每7~10d，打开口袋检查

一次。

嫁接时，如果离皮难时，可将穗条放到常温下沙藏2~3d催醒，使其萌动离皮后再嫁接。如果仍未奏效，只能改用插皮接方法进行嫁接。

第二节　嫁接育苗技术

目前，薄壳山核桃苗木繁殖的常用方法主要有两种，即实生繁殖和无性繁殖。实生繁殖时，苗木定植以后一般在10年以上才开始结果，而采用嫁接繁殖时，苗木定植后3~4年，即可开始挂果。10年以后逐步进入盛果期，结果盛产期达80年以上。因此，作为果用目的的苗木繁殖方法应当首选嫁接繁殖的方法。

苗木嫁接繁殖与扦插繁殖一样，同属无性繁殖范畴。二者不同之处，嫁接是由于砧穗愈合为一体，依靠砧木的原有根而生长，又称异根营养繁殖。嫁接植株的生长发育远比扦插株要强，有强大的根系，树体较大，能达到早实、丰产的目的，已成为果树栽培、花卉园艺和许多经济树种特别重视采用的方法。嫁接繁殖的优点表现为：第一，保持母树的优良性状，薄壳山核桃为异花授粉树种，从优良母树上采集的种子也含有未知父本的遗传种质，其后代会发生变异和分离，嫁接能完全再现母本的各种优良性状；第二，提早开花结实，由于接穗是采集进入盛果期成龄母树，已达到生殖生长完全成熟阶段，所以嫁接成活以后3~4年，就很快可以开花结果，比实生树早5~6年结果。

砧木与接穗二者接在一起即能愈合生长成一株新的植株，主要靠形成层细胞的分生能力。双子叶植物的根、茎、枝条等营养器官的维管束中，整齐地排列着几层具有分生能力的薄壁细胞组织，称为形成层。嫁接就是使砧木与接穗二者的形成层紧密相接，借助于形成层细胞的分裂作用，产生愈合组织而使砧穗之间输导系统沟通连成一体，从而保证了水分和养分的上下输导，一个新的植株就成长起来了。

影响嫁接成活的因素是多方面的，有嫁接技术、天气和接后管理等，但砧木与接穗的生物学机制是最主要的关键。其中形成层细胞层次多少，关系到细胞分裂能力的强弱，直接影响嫁接成活率的高低。据解剖观察，不同树种其形成层细胞排列的层次有所不同。一般容易成活的树种，形成层薄壁细胞常有7~8层，有的更多，因而分生能力较强。因此，分裂能力强弱，是嫁接成活难易的内在因素，也是薄壳山核桃树体茎干生长快慢的生物学机制。

砧穗之间亲和力的大小，也是影响嫁接成活的内在因素。所谓亲和力是指接穗与砧木之间在解剖结构、生物学特性、生化反应等方面相同或接近，能够互相结合成为一体的能力。因此，砧穗之间亲和力越强，嫁接越容易成活，形成新植株,生长旺盛,否则,就难以成活为正常植株。根据多年的科研实践证明,用越南山核桃作砧木,嫁接薄壳山核桃,初期生长还可以,后期生长不良,甚至死亡,这就是二者亲和力的问题。所以,应以本砧嫁接最好。

在品种选择上,要培育经科研院所筛选、评价或是选育出的新品种为主。薄壳山核桃栽培品种多达500个以上,在原产地用于商业性种植的品种只有40多个。我国经过近百年的引种,选种和新品种选育,在我国已获得优良品种、优良无性系共计30多个。

薄壳山核桃品种类型众多,各品种在地理生态要求方面存在一定的差异,因此选择正确的品种,是实现两高一优栽培的关键环节。目前,选用较多且表现较好的品种有 Western Schley、Pawnee、Caddo、Cheyenne、Western、Mahan、Shoshoni 等引进品种和金华1号、钟山25号等国内选育的优良品种和优良无性系。由于薄壳山核桃属于雌雄同株异型异花树种,品种分雄先型和雌先型两大类。因此,造林时正确合理地选择配置品种,是保证授粉良好的重要措施,是保证高产的基础。

一、砧木培育

1. 种子采集

1)种子采收母树

选择树龄10~30年,大果型或中果型,生长健壮,与接穗亲和力强的品种作为采种母树。

2)种子采收及去青皮

于10月下旬至11月初薄壳山核桃成熟期采收,当外皮由绿色变为黄绿或淡黄色,约有1/3的青皮在树上自然开裂时采收。采收过早,青皮不易剥离,种仁不饱满,发芽率下降,采收过晚易造成落果和霉烂。采用堆沤法进行脱青皮。将刚采收的薄壳山核桃果实堆积在通风向阳的地方,厚约50cm,上加盖10cm厚的干草,5~7d后即可脱离青皮。薄壳山核桃种子采后除去青皮即可播种,或层积沙藏、低湿冷藏防止失水,次年春季进行催芽播种。

3)种子低温冷藏

选择种壳无破损、种仁饱满、无病虫害等缺陷的种子,用塑料袋包装。放置在1~5°C的冷库中贮存,包装袋中留针刺小孔。

2. 种子处理

种子在播前需作催芽处理，先将种子倒入清水中，捞去浮在水面上的空粒，保留沉下的种子进行催芽处理。

1) 低温层积催芽

12月上、中旬，选地势较高，排水良好，背风背阴的地方挖沟，沟宽80cm，沟的长度视种子的数量而定。先在沟底铺1层20cm厚的湿沙，种子用清水浸泡3~5d（每天换水），并用0.5%的高锰酸钾溶液消毒，然后与洁净湿河沙（湿度要求手握成团，松开即散）按1:(2~3)的比例充分混合均匀，于清晨或傍晚放入沟内，种沙厚度为50~70cm，离地面10cm加盖湿沙，然后覆土使顶部呈屋脊形。沟中每隔0.7~1.0m插一束秸秆通气。沟的四周要挖小沟，以便排水和防止动物危害，沟内温度保持在0~7℃。沙藏过程中经常检查，保持沟内湿润通气，防止种子霉烂。一般处理时间为80~100d。若播前10d左右，种子尚未裂嘴，可将种子取出置于向阳地方催芽，每天上下翻动，洒水保持一定湿度，为了提高温度，白天可覆盖棚膜、晚上加草帘保温。

2) 春季快速催芽

春季在地温升高到10℃左右时，将贮藏的种子先用0.5%的高锰酸钾溶液浸种2h，再用40℃的温水浸种，自然冷却后再浸泡24h，捞出种子放在2层麻袋片之间，麻袋和种子淋透水，进行催芽，在麻袋外表面见干时，立即淋水，始终保持麻袋片的湿润状态。10d左右，露胚根和裂嘴的种子之和达到种子总数的50%时即可播种。

3) 水浸日晒法催芽

3月上旬，用清水浸泡种子2d，充分吸水后捞出，摊成一薄层在阳光下暴晒1d，然后再次浸泡、暴晒，约经7d后，当种壳开裂后即可播种，没裂口的继续处理，循环播种。

4) 浸水法催芽

秋播种子用浸水法催芽处理。将选好的种子用清水浸泡3~5d，每天换水1次，或在池塘（水池）中浸泡3~5d，每天翻转1次（图4-1），待种子吸足水后直接开沟点播。播种前可采用多菌灵和拌得乐蘸种（图4-2），起到杀菌和防止鼠害、兔害等。

图 4-1 播种前浸种
Fig. 4-1 Seed soaking before sowing

图 4-2 用杀菌剂蘸种
Fig. 4-2 Application of fungicide

3. 圃地选择与整地

1）圃地选择

选择光照充足，土层深厚，土壤疏松肥沃，排灌方便，交通便利的农田或农耕地。

2）圃地整地方式

采取全面深耕圃地（深度≥30cm），四周开好排水沟，面积较大的还要加开中沟。每亩施50kg复合肥或500kg有机肥或1000kg农家肥作基肥，并施适量的杀虫剂和杀菌剂，防止地下害虫和病菌危害。在处理好的圃地上做畦。

3）播种

用低床播种，苗床宽120~140cm，排水沟宽40cm，深30cm，长可视苗圃条件和需要而定（图4-3）。秋播在果实采收脱壳后即可播种，种子以条播为宜。种子平放，缝合线与地面垂直（图4-4）。以细土或细焦泥灰覆盖，厚3cm。上覆盖地膜，再加盖小拱棚，增温保湿。覆盖地膜前应检查土壤墒情，如太干，应先浇水。贮藏的薄壳山核桃种子翌年春天催芽后进行播种，播种时间为3月中下旬至4月上旬。点播时，让种子缝合线与地面垂直，然后覆土，覆土厚度要均匀一致。播种后在床面上架设0.5m高的小拱棚。苗木出土后，在晴天中午前后，可从两端或侧面掀开小拱棚通风换气，以降低棚内温度。待小苗生长点接近拱棚薄膜时，及时拆除拱棚。播种密度以株距15cm，行距30cm为宜。

图 4-3　播种前圃地准备　　　　　　　图 4-4　播种

Fig. 4-3　Land preparation before seed sowing　　　Fig. 4-4　Seed sowing

4. 苗期管理

1）灌溉排水

种子发芽期，床面要经常保持湿润，灌溉应少量多次；幼苗出齐后，子叶完全展开，进入旺盛生长期，灌溉量要多，次数要少，每 5~6d 灌溉 1 次，每次要浇透浇足。灌溉时间宜在早晚进行。秋季多雨时要及时排水。

2）松土除草

除草应遵循"除早、除小、除了"的原则，宜在雨后或灌溉后进行除草。苗木进入生长盛期应进行松土，初期宜浅，后期稍深，以不伤苗木根系为准。苗木硬化期，应停止松土除草。

3）施肥

苗木施肥应以基肥为主。幼苗期施氮肥为主；苗木速生期多施氮肥、钾肥或几种肥料配合使用；苗木生长后期应停施氮肥，多施钾肥。追肥 3~4 次，每亩每次用复合肥 10kg 左右，9 月上旬停止施肥。

二、嫁接苗培育

1. 接穗采集与贮藏

采集时间 2 月中下旬至 3 月上旬，枝条未萌动前为好。母树年龄 10~30 年，生长健壮，坚果品质优良，结果性状好的优良单株、优良品种、优良无性系或专用采穗圃。从树冠外围中上部采集 1 年生生长枝、结果枝作穗条。要求枝条平直、芽体饱满、无病虫害，粗度 0.8~1.2cm 为好。接穗可地窖沙藏，将穗条捆成小捆直插入湿沙中，深度 7~8cm，沙子湿度以手握成团不散为宜，可贮藏至 4 月底（图 4-5）。也可在冷库（1~5℃）贮藏，将穗条放入密封塑料袋中，袋内放置湿布等用以保湿后置于冷库中，隔一周打开塑料袋一次，通风换气，可贮藏至 5 月下旬（图 4-6）。

图 4-5 小捆接穗地窖沙藏

Fig. 4-5 Sand storage of scions in cellar

图 4-6 待存于冷库的塑料袋装接穗

Fig. 4-6 Cold storage of scions in plastic bag

2. 砧木移栽

薄壳山核桃不同于其他果树，嫁接时或嫁接后、愈合前常有伤流液从嫁接部位溢出，严重影响成活率。因此，嫁接前必须将符合嫁接质量要求的砧木苗用锄头挖起来，断根"放水"，移栽到嫁接苗圃里，这是提高嫁接成活率的关键技术。起苗时保留主根长度 25~30cm，以断根截面直径不超过 0.7cm 为度，移栽后浇一次"定根水"。砧木移栽可在 2 月下旬至 3 月下旬之间进行（图 4-7~图 4-10），将符

图 4-7 断根起砧

Fig. 4-7 Main root cut during transplanting the rootstock

图 4-8 定砧

Fig. 4-8 Transplantation of the rootstock

图4-9 覆土固砧

Fig. 4-9 Covering with soil

图4-10 移栽后待嫁接的砧木

Fig. 4-10 The transplanted rootstock for grafting

合嫁接要求的实生砧木移栽在嫁接圃地，圃地要求光照充足、土层深厚、土壤疏松肥沃、排灌方便、交通便利的农田或农耕地。每亩施50kg复合肥或500kg有机肥或1000kg农家肥作基肥，并施适量的杀虫剂和杀菌剂，防止地下害虫和病菌危害。苗床宽度为畦宽120~140cm，排水沟宽40cm，深30cm。株行距以（20~25cm）×（30~35cm）为宜。砧木移栽不仅可极大地提高苗木嫁接成活率，还可增加苗木侧须根，可有效提高苗木成活率和保存率。

3. 嫁接时间

薄壳山核桃春季嫁接在日均气温15℃以上时即可进行。用临时塑料大棚增温、遮雨（图4-11），枝接嫁接时间可提早至3月中旬，搭建大棚应在砧木移栽后进行，便于操作。扣棚时应注意墒情，圃地过干先浇水。以后随着气温的升高，晴天的白天应通开薄膜两头降温；裸地嫁接，嫁接时间为4月初至5月中旬。芽接时间在8月上旬至9月中旬为宜。图4-12为大棚内嫁接成活的苗木。

图4-11 搭建临时增温、遮雨大棚

Fig. 4-11 Greenhouse for protecting the seedlings from rain and cold weather

图4-12 大棚内嫁接成活的苗木

Fig. 4-12 The survival grafted seedlings in the greenhouse

4. 嫁接方法

春季枝接用切接（图4-13～图4-16）、切腹接均可，砧木较粗的也可采用插皮接，采用提前贮存的穗条。夏季芽接采用方块芽接，芽接时地表温度要低于35℃，芽接接穗应随采随接。

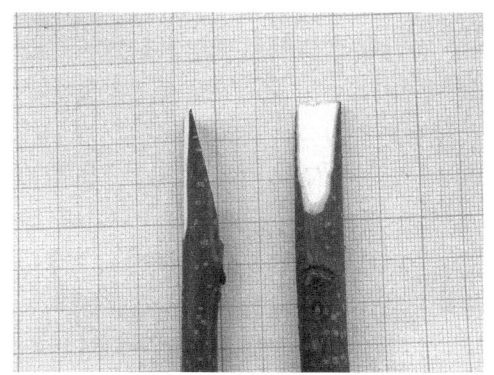

图4-13 切接砧削接穗

Fig. 4-13　Scion preparation for cut-grafting

图4-14 切接削砧木

Fig. 4-14　Rootstock preparation for cut-grafting

图4-15 切接砧穗结合

Fig. 4-15　Combination of scion and rootstock

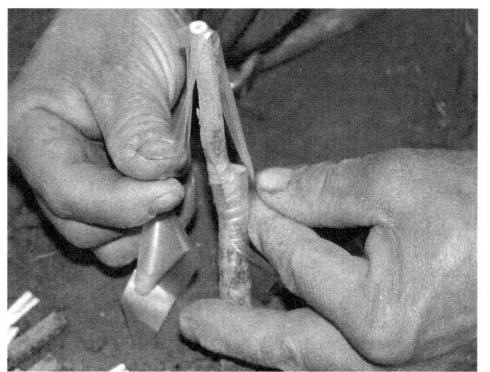

图4-16 切接绑带后嫁接完成

Fig. 4-16　Binding with plastic membrane

芽接是枝接的一种简单形式，通常与枝接在一年的不同时期进行。薄壳山核桃嫁接可采用芽接、插皮接等方法。薄壳山核桃和其他普通果树芽接法一样，要求接合点上芽的直径至少要有一点长度接合紧贴才行。这里介绍几种嫁接技术和方法。

1）单芽腹接

嫁接一般离地面5cm高度为宜。选择砧木通直平滑的部位，在砧木上从上往下切一削面，长 5.0~5.5cm，削面要平滑，深达木质部，削皮以见到木质部而不带木质部为准，截去 1/2 皮层。选择一个饱满的芽眼，最好带有 1~2 个副芽，侧芽接穗，在芽眼背侧长 4.5~5.5cm 长削面（长度与砧木切口最好相同），要求长削面超出芽上端 1.0cm 左右，刚好深达木质部，削面平直，光滑，然后在接穗长削面的背侧即芽眼下方 1.0~1.5cm 处削一个呈 45°的削面，要求削面平滑，并使短削面与长削面相交处具有弹性，最后在接穗芽眼上方 0.6~1.0cm 处用修枝剪垂直剪断。将削好的接穗嵌入砧木切口，使接穗切口紧贴于砧木切口一侧或完全吻合，二者形成层对齐并紧密接触，用宽 2.0~2.5cm，薄膜带露芽包扎严实。接穗与砧木应随切随接，以防削口失水过多影响愈合生长和成活率。

芽接，是一种特殊的嫁接形式，只用单一的芽，而不是用短枝接穗。如在休眠期进行芽接，在芽的下面应带木质带。如果在夏季进行芽接，嵌上一个芽即可。更为普遍利用的方法是充分利用枝条上剥下一段带芽树皮进行芽接。在薄壳山核桃等坚果和果树繁殖的方法中，夏季芽接是最经济有效的方法。在美国，只有薄壳山核桃和扁桃常规是芽接。曾经有一个时期，核桃在加利福尼亚州进行贴皮芽接，但是时间选择相当严格，反而证明枝接更为容易。夏季芽接在任何可离皮的时间都可以做。通常可在晚夏进行，这时可利用当年较粗的砧木，更成熟的芽和更适于愈合的温度。届时，已趋于生长期的末尾，可避免芽萌发和嫩枝生长。如果在同一季节，芽被迫萌发，则萌出的嫩梢将会受到冬季霜冻危害。

2) 丁字形芽接、贴皮芽接

丁字形芽接、贴皮芽接等方法在美国也是经常采用的芽接法。丁字形芽接，一般芽片插在砧木的北面。芽接时不立即剪砧，在 6~8 月底均可进行芽接。贴皮芽接正如丁字形芽接一样，贴皮芽接只能在树皮易离皮时进行，分别从取芽的枝条与砧木上取下形状相同的皮片，并用接穗芽片贴到砧木取下皮片的位置上，贴上芽片必须捆扎固定，但不要包住芽，边缘必须密封住，以防变干、枯死。贴皮芽接对树皮较厚，丁字形芽接有困难的树种效果较好。贴皮芽接，如同我国油桐半芽接法，砧木直径可达 2cm，一般常用一种专门制造的两刃刀具切取，操作方便，成活率很高。

在春天进行贴皮芽接时，要特别注意只能选用充分休眠的芽，这种选择的时期特别重要。因为合适的时间非常短。最好的芽往往是长在茎干的基部附近，时间期大概在顶芽开始膨大时为宜。同接穗一样，取芽的枝条也能够冷藏，然后移到温室或较暖的地方以便催育。取芽枝条应该放在盛水容器中或在湿麻布内，每天检查树皮的离皮程度以掌握情况。取芽枝条从冷藏处移出后，需 2~3 周即可备用，这个过程的时间一定要掌握好，以便于与苗圃中的砧木离皮时间一致。

3）嵌芽接法

嵌芽接法是用单独的枝嫁接而不是用几个芽接穗嫁接。同丁字形芽接相反，当树皮不能离皮时往往使用嵌芽接。它比丁字形芽接更适于茎干大，树皮厚的树，从取芽枝条削下带木质部的芽，并同样在砧木上进行切截面后进行嫁接。嵌芽接不限于休眠期进行。当4～5月室外温度增高时，可在休眠芽上使用这种嵌芽接，也可在旺盛生长的时间和生长季末期进行。因此嵌芽接是一种在任何季节中都可以用的繁殖技术。这同油茶上的嵌芽接法基本相同，效果很好。

芽接一直是美国南方和加利福尼亚州繁殖核桃的惯用方法。近几年的试验证明，在美国东北部，春天和初夏，芽接也获得了成功。在加利福尼亚州，苗圃工作者现在把接穗合接到1年生的砧木上，而在俄勒冈州，用较大的2年生砧木做腹接，即为春季嫁接时最佳的可用方法。

薄壳山核桃主要用贴皮芽接作为商业性的繁殖，但也用枝接、压条和扦插繁殖。但后两种方法尚未应用于广大实际生产。目前，还没有适于薄壳山核桃的无性系砧木，所以它们都是在实生树上嫁接。在美国西部，栽培品种 Riversible 通常是培育砧木的种子来源。薄壳山核桃可以其他所有山核桃种进行相互嫁接，但薄壳山核桃与本种实生苗嫁接最容易成功。当薄壳山核桃嫁接在心果山核桃、苦山核桃上，结果后果实往往会变小。

薄壳山核桃通常是在仲夏到夏末在2年生砧木新梢上进行贴皮芽接。砧木直径为1.3～1.9cm，某些薄壳山核桃实生苗需要3年或3年以上的时间才能长成。要缩短山核桃砧木达到适宜芽接规格所需的时间，可通过使用羊毛脂的 GA_3 "油膏剂"涂抹处理，每隔两周用这种油膏剂涂抹于正在萌芽的实生苗茎部，就能促使实生苗茎干加粗。一些处理过的实生苗在发芽后的短短3个月中就能达到所需要求的茎干粗度。这种用 GA_3 促进生长的新方法也可以应用到其他生长缓慢的坚果树种上。

温度对愈合成活的影响：由于阳光太强或风大会造成失水，影响嫁接成活。因此，嫁接后马上要套袋保湿，越快越好，这样可提高嫁接成活率，随即做好遮荫工作，以防止苗木因日晒过多而死亡。

在蜡封应用上，如蜡加热至沸腾，会烫伤植物组织，但蜡液如果太凉，又很难涂匀。因此，目前已有各种各样的材料可代替蜡作为密封嫁接接合部位的材料。这些材料包括石蜡、紫胶、清漆、乳胶、堵缝化合物和沥青乳胶等，这些材料已开始被利用，并取得成功。

美国一些繁殖者更喜欢用铝箔和塑胶袋而不用蜡。用一层铝箔包裹砧木，壳面朝外，但不要裹得太紧，而应稍松。这样伤口处于一个宽松的套内。铝箔抑制住砧木发芽并反射阳光,从而防止了嫁接接合部位过热。塑胶袋是罩在接穗和砧木上。在袋子的一角开一个裂口,裂口大小能使接穗穿出,应该用橡胶芽接带把袋子上口捆扎在接穗上,下口掘在砧木上。把塑胶袋罩住整个接穗,袋的下口在接合部以下捆在砧木上。把较厚的铝箔做成罩状,遮住塑胶袋,开口朝北。铝箔应捆在砧木上,以防被风吹掉。当接穗上的芽开始生长时,袋子必须打开,最初开个小洞,几天之后再开大洞,使新的接穗嫩芽逐渐适应环境的生长。

5. 嫁接后管理

嫁接苗的培育管理工作主要有除萌(抹除砧木上的萌条)、中耕除草、施肥、雨季排水、旱季灌溉等。嫁接成活的植株,应及时抹除砧木上的萌条,前期每隔 5~7d 一次,中后期可适当延长间隔期。嫁接未成活的植株,应及时选留萌条,以便再次嫁接。芽接苗嫁接后 20d 左右解除嫁接膜。次年春季萌芽前剪除已成活芽片以上的树干,促进芽萌发。剪干一般分两次进行,第一次留嫁接部位上部 7~10cm,第二次在接芽抽梢后进行。其余工作与实生苗培育相仿。

除萌蘖尽量做到"除早,除小,除了",以保证接穗芽的养分和水分的吸收,以提高成活率和有利于发芽生长。据多年的试验结果表明,及时去除砧木上的萌蘖,其嫁接成活率比未去除萌蘖的高 20%~30%。

三、嫁接苗调运与质量要求

嫁接苗木在其落叶后就可以出圃,直至次年春季萌发前。20~50 株一捆捆好,每捆挂 2 个以上标签,标明:树种、品名(主栽品种和授粉品种)、苗龄、等级、起苗日期、生产单位、检疫证书编号等内容。起运苗木最好选择阴天,装车时不能用脚踩踏,装车后需加盖篷布,防止苗木调运过程中风吹日晒,并及时启运。长途调运苗木时,苗木根部应采取蘸泥浆、用湿稻草或湿麻袋包裹等保湿措施。

苗木质量的定义、检测方法、检测规则和合格苗木的分级方法,按照 GB 6000—1999《主要造林树种苗木质量分级》标准执行。

苗木应符合表 4-1 的规定。

表 4-1 嫁接苗分级

Table 4-1 Grading of grafted seedlings

等级	苗高/cm	地径/cm	根系长度/cm	根幅/cm	高径比
Ⅰ	≥60	≥1.0	≥28	≥22	<80
Ⅱ	≥35	≥0.7	≥25	≥20	<80

第三节 扦插育苗技术

扦插繁殖是属于无性繁殖的范畴，由于它排除了雌雄两性因子的异质结合，其后代完全再现木本植株的优良性状，因而是良种繁殖的重要途径之一。对于大多数植物扦插繁殖是无性繁殖中最简单易行的方法，能在短期内繁育出大量的良种苗木，供应生产，因而被广泛应用。但是对于薄壳山核桃采用扦插育苗仍在试验阶段，还不宜在生产中大量应用。但可以进行试验性探索。

在一定条件下，植物体的各个部分都具有再生，形成新的完整植物体的能力。这是植物特有的一种极为有用的生理特性。不同种类的植物，再生能力的强弱都有所不同。薄壳山核桃是再生能力较强的树种，因此扦插繁殖从本质上说，是能够实现的。

从母树上剪取下来的枝条，在一定的条件下又可培育成能独立生活的一个完整植株，这是因为植物的极性现象。不论是一个完整的植株或是从植株上剪下来的一段枝条，都是有着相同的极性现象。对一个植株来说，地上部分的尖端不断生出枝条，地下部分则不断发出根系。对一段插条来说，新枝仅在其上端形成，而根系则在其下端发生。这一现象并不受插条长短的影响，即使插条再短，根系仍然是在下端发生，上端长出新枝叶。根据这一现象，人们可以灵活掌握插条的规格质量，以获得最好的扦插育苗效果。

扦插育苗的生根和发枝，要靠根原体和腋芽与不定芽长出。通过薄壳山核桃解剖学的观察，根原体大部分在髓射线、形成层处形成，亦可在韧皮部和皮层等组织内产生，插条在适宜的环境条件下，首先在下端切口部位形成一段薄壁细胞保护伤口，同时薄壁细胞继续多次分裂，形成愈伤组织，然后愈合分化出不定根或在愈伤组织相近的部位长出不定根。这种由愈伤组织分化出不定根的方式称为愈伤生根型，薄壳山核桃插条生根主要是这种类型。但也有另一种方式长出不定根，即插穗首先在其下端切口处上方周身的皮部长出不定根，这种方式称为皮部生根类型。薄壳山核桃插条上端一般常有腋芽，当插条下端长出根以后，腋芽即萌发抽生出新枝，如果不带腋芽，则由维管束鞘或韧皮部发生不定芽生长发育而成新枝，这就是薄壳山核桃扦插繁殖能够成功的生物学基础，也是它生根的原理。

一、插穗的选取及处理

接穗的生活力对扦插成活影响很大。试验证明，母树年龄对扦插成活没有明显影响，但插穗最好选取优良品种和优良无性系。以良种和优良无性系树冠中上部外围的枝条为好。插穗要求选择粗壮、通直、腋芽贴合、充分木质化且无病虫害的当年生春梢枝条。2年生以上枝条的枝段有叶片的腋芽，愈合生根困难，一般不选用。在云南省有用嫁接剪下的砧条，进行扦插，效果较好。

采集穗条必须用锋利的修枝剪剪取，在剪取当天或扦插前一天进行插穗处理，将插穗剪成长15～20cm，芽眼5个以上，入土端成马耳形斜口（顶芽饱满且木质化充分的顶芽可用）。剪好的插穗上部（长度的2/3）用蜡封处理。蜡封处理的插穗朝向一致排列整齐，按50根一捆整齐捆扎，用生根粉溶液浸泡接穗，入土30cm（生根粉的浓度为0.2‰），取出后即可扦插或保湿贮存备用。

二、插壤的准备

扦插土壤的配置和处理，关系到插穗生根的快慢和成活率高低。黄泥土、沙土、稻田土等彼此混合配制的插壤较好，因为各种土壤的保水、排水、通气、防病等性能不同。纯沙土虽然疏松，不带菌，但黏性重，通气性差，容易板结；肥土和塘泥土肥力高，但往往带菌和过湿，插穗易感病，因霉烂而死亡。根据薄壳山核桃扦插生理需要，可因地制宜地选用，主要是要求有利扦插成活和生根即可。

一般苗圃地的土壤，在插前要深翻打碎，清除苗床中的草根、石块等杂物，并用1‰的高锰酸钾喷洒消毒，整理成1.0～1.2m宽的苗床。在云南省河谷坝区稻田土也可作扦插用土，土壤耕作层要保湿，耙地前每亩施厩肥1000～1500kg，核桃专用复合肥40kg，深翻拌匀后做成苗床，根据地块情况决定苗床的方向、长度等。苗床做好后表面喷施封草的芽期除草剂，并及时覆盖好地膜待用。

三、扦插育苗方式

目前，我国薄壳山核桃的扦插育苗方式有如下几种。

1. 塑料地膜扦插育苗

这里，介绍浙江省临安市潜横苗圃育苗和繁育的部分做法和经验。在条件较好的地方做一般苗圃的苗床，深挖15cm，除去石块、杂草等物，15～20cm以下，不用松动要紧实，然后在扦插层下部，每平方米施复合肥0.1kg作基肥，放上扦插层土，用塑料薄膜覆盖在已经做好的苗床上，将来扦插时，插苗直接在塑料薄膜上按一定株行距打网插入即可。同时，搭好高架遮荫棚，防止日晒，使大棚下温度保持在30℃以下，做好生长期的管理工作。

2. 常规扦插育苗

在做好的苗床上，铺2∶1黄泥混沙作扦插层，约15cm高，扦插层下施好基肥或有机肥，在苗床上搭好拱形的塑料薄膜保温、保湿，待将来扦插时用。同时，在苗床上方搭好高架遮荫棚，使大棚气候保持在30℃以下，防止日灼。

3. 全封闭扦插育苗

全封闭扦插就是用塑料薄膜或玻璃等材料制成一个扦插完全密封保温、保湿的小环境。然后在全封闭苗床上方搭建高架遮荫棚，上面盖上遮荫网，使大棚下气温始终保持在30℃以下，使其有利于苗木的生长。

塑料地膜扦插以后，除需要控制遮荫棚下气温不超过30℃外，可省去很多日常的管理事务工作，是节工、省钱的技术方法。全封闭育苗既能保温、保湿，又可节省人工浇水等工作；在低温条件下可以增加温度，还可以提高空气中二氧化碳的浓度，可促进生长。待苗木生长到20cm以上时，再打开塑料封闭材料，进行管理工作。

四、扦插及其管理

扦插时间应根据当地的气候，扦插育苗的方式等因素而决定。

扦插一般有夏插和秋插之分，但以夏插为最好。大量试验证明，扦插时间以5~6月为最好。薄壳山核桃一般用直插，入土深度为插穗长的1/3左右，6~8cm。扦插以后，应在插床上浇透水，然后用塑料薄膜套上，覆盖密封、保湿，遮荫棚要盖上遮荫网，以防日灼。

塑料地膜扦插育苗，一般在3月底或4月上、中旬进行。用好枝条或用嫁接完剩下的余枝，剪成长15~20cm，上面平口封蜡，下面斜口即可，进行扦插。插枝用吲哚丁酸1支，加0.75kg清水，配成促根液，然后将插枝在溶液中蘸一下即可，或用1支吲哚丁酸加17.5kg清水配成浸泡溶液，将其插枝放在其中浸泡一下也可，随即在地膜上按10cm×15cm打网插入即可。同时，盖好上方遮荫棚，以防日晒死亡。插苗出土生长以后，在6月和8月，用托布津或多菌灵各喷1次苗木（即1包托布津分4桶混合使用）。当年插苗一般高40~50cm，生长良好。

扦插后的管理，总体要求是提供适合光合作用的温、光、水、气、肥等生态条件，尽可能提高光合效率和增加光合时数，其中最关键的是水分的及时供给。初插的穗条，由于没有根，主要靠切口，吸收水分来维持生理平衡。因此，加强水分管理是扦插成败最重要的环节。进行遮荫，主要是降低叶面温度和蒸发量。20d以后逐渐愈合生根，插穗吸水力强，开始生长。

光是扦插苗生长不可缺少的因素之一，扦插后必须维持最高的光合数量，才能顺利地培育出壮苗。因此，光的控制是很重要的。前期通过光的调节达到"保叶"的目的，主要采取有效和适量的人工遮荫。插穗生根开始生长后，在揭去荫棚后，以增加光照促进生长。

插床的土壤温度维持在15~25℃为宜。炎热夏季时的土温都不利于薄壳山核桃的正常生长。

常规扦插和全封闭扦插的不同之处在于，全封闭扦插以后，一直到插苗抽出生长20cm，一般到8月再打开塑料薄膜，进行去萌、松土、锄草等工作，然后施水肥1~2次，促进苗木生长。在天气开始转冷前，即9月，去除拱棚塑料薄膜和遮荫网，以利于提高苗木的适应性，加快木质化。常规扦插繁殖，一般在前期可以不打开塑料薄膜，待1个月以后再打开进行管理，可省去前期人工去萌浇水等工作，后期按苗圃常规管理，促进苗木生长和木质化。到当年年底，薄壳山核桃可达到一定的高度和粗度。

扦插成活的关键在于生根，插穗的生根除了与植物本身遗传特性有关外，还与处理插穗的激素种类和浓度有关。一般植物扦插，插穗大部是用当年生木质化枝条来扦插，因当年新抽枝条由于营养和活化物质的关系，扦插成活率高。二三年生以上枝条不易成活。黄有军等用薄壳山核桃3年生萌芽枝和休眠枝扦插，经不同浓度的NNA和BA处理后都有不同程度生根，尤其在NNA 200mg/kg和BA 100mg/kg的两个处理中，长势较好，生根数较多，而且所生根比较粗壮，这说明NNA和BA对薄壳山核桃3年生硬枝有较好的促根效果，萌芽枝比休眠枝生根效果更好。

目前，我国很多地方都在大力发展山核桃产业，薄壳山核桃良种苗木紧缺，供需矛盾突出，应用这些技术和方法，来解决当前良种种源紧缺，增加种质来源，应用前景广阔。这些技术操作简便，成本低，易于推广，将促进薄壳山核桃产业发展。

在美国，劳埃·施沃博士在薄壳山核桃的扦插繁殖上，取得了突破性进展。他指出，从不定芽产生的嫩枝扦插易于生根，这些嫩枝只能通过砍伐成龄树，促使树根形成不定芽才可以取得，促进这些不定芽的嫩枝长出根，必须使用2500~10 000ppm[①]的吲哚丁酸浸蘸1s。在间歇喷雾的温室里，将薄壳山核桃、黑核桃等扦插在泥炭苔藓和珍珠岩等混合的培养土中即能生根。薄壳山核桃插条需要50~60d，而黑核桃经过10d以后插条即能长出4~7cm的根。他在多次试验中，百分百插条都生根，但是在芽恢复生长或成功移植生根插条上还存在一些问题。在成功移植插条生根方面，通过枝插条在单个的容器内生根和在移植前促进侧根生长得到解决，提高了植株成活率。但总的来说，扦插繁殖技术还未被商业性苗

---

① 1ppm=1×10^{-6}，下同。

圃广大工作者采用，他们仍以嫁接繁殖为主要的繁殖方法。

第四节 薄壳山核桃容器育苗技术

容器育苗是一项技术革新，它可以避免裸根苗造林的诸多弊病。造林不受季节的限制，时间灵活，成活率高，生长发育快，是一种高效育苗的方法。因此，已广泛应用在林业和园艺生产上。

为掌握薄壳山核桃容器育苗技术，中国林业科学研究院亚热带林业研究所与杭州市萧山区田丰花木场合作，进行了薄壳山核桃容器育苗技术的研究。2009年从浙江省种苗站购买从美国引进的种子1500kg种子（120粒/kg），进行容器育苗试验。总共出苗15万株，种子发芽率达到90%，出苗率83%。现将容器育苗技术介绍如下。

一、薄壳山核桃轻基质网袋育苗

中国林业科学研究院亚热带林业研究所应用中国林业科学研究院研制和生产的"轻基质网袋容器机"对我国主要林木树种进行了轻基质容器育苗技术的研究，解决了杉木、马尾松、湿地松、红豆杉、木荷、闽楠、青冈、香樟等20多个主要用材和生态防护树种及经济林油茶等的轻基质容器育苗技术，现已在林业重点生态工程建设和林业发展中广泛应用。由于薄壳山核桃种子较大及其他特性，轻基质网袋容器机的网袋直径小（即6cm），不能使用，实行工厂化生产，作者改用容器杯进行容器育苗生产，取得了较好的效果。

轻基质容器育苗的容器，作者是采用河北省生产的黑色塑料网孔容器杯，根据薄壳山核桃种子生长特点和苗龄，选用有15cm×10cm、20cm×13cm、30cm×13cm、35cm×13cm等几种不同规格的容器杯进行生产试验。现在，从试验效果来看，1年生容器苗以15cm×10cm和20cm×13cm两种均可以。当年生苗高50cm以上，地径粗达0.8cm左右，而2年生苗用30cm×13cm和35cm×13cm较好，根系发达，当年生嫁接苗高达80cm以上，当年秋天或第3年春造林最为适宜，成活率高。

二、薄壳山核桃轻基质育苗基质

轻基质培养土对幼苗的生根和生长影响较大。因此，选配好轻基质十分重要。采用无土栽培的轻基质要求，应选择能保持水分、贮藏养分、提供氧气、透气性好、质轻、来源广、价格便宜，并含有基质能为植物提供营养。从我国目前情况来看，基质有蛭石、珍珠岩、泥炭、砂、草灰、锯末、木屑、酒糟、垄糠灰等。这些基质可单独使用，也可以几种混合使用。

1. 蛭石

蛭石由铝硅钙镁石在 1000~1400℃ 高温下煅烧 1min 制成。体积可膨胀 15~20 倍，呈棕褐色，pH 为 6.0~6.8，持水为 42% 左右，容量约为 90kg/m³。

2. 珍珠岩

珍珠岩的主要成分是氧化硅和氧化铝，是把铝硅火山石烧到 982℃ 时膨胀而成的白色颗粒，容量约为 50kg/m³。

3. 草灰

草灰是森林苔藓、沼泽芒草等植物的沉积物，目前是世界上配制营养土的良好基质和主要材料。高位粗纤维草灰适于栽培用，低位草灰适于育苗，一般呈酸性。容量为 80~100kg/m³，持水力为 50%~60%。

薄壳山核桃容器杯育苗的基质，作者采用 3 种：①蛭石 1 份+珍珠岩 1 份+泥炭 1 份；②60% 的本苗圃土+40% 经过发酵好制成的菜籽土；③40% 本苗圃土+20% 米糠+40% 泥炭。

先按比例混合 1m³ 某个配方基质，然后加入 ABS 缓释肥（美国进口，它可不断缓慢释放有效肥）。每立方米加 2~3kg ABS 即可。这样成本低，肥效好，对薄壳山核桃生长好。

作者在基质中放了底肥，即 ABS 缓释肥，亦可以在基质中放入硝酸钾 0.9kg，过磷酸钙 0.9kg，石灰粉 3kg，吸湿剂 85kg 等其他底肥。在苗木出土生长后，再追施多元素复合肥。

在无土培育基质上，用透气性过强的基质，如煤渣、砾石等时，施肥浓度和次数应适当增加，这是因为基质保水保肥性差。但配制所用基质较好，在管理上，可视天气、苗木生长和加水后的变化进行施肥等管理工作。

云南省林业科学院在容器苗造林试验中，容器采用 40cm×15cm、30cm×10cm 和 20cm×10cm 3 种不同规格的袋装容器，也取得较好效果。

将采收的鲜种子用 GA（100mg/L）浸泡 7d 后播种，选择光照较好的苗床集中催芽，苗床上搭拱棚覆盖地膜，出圃后霜期加覆盖地膜，出圃后霜期加覆 70% 遮阳网防冻。次年春将苗木移栽到不同的育苗容器中，采用本砧嫁接育苗，单芽枝腹接法嫁接。1 年生嫁接苗平均地径为 0.59cm，平均苗高 40cm 以上。

三、薄壳山核桃轻基质容器杯育苗

将配置好的基质，放入容器杯，然后将催芽的种子放入杯内，一般在 3 月底到 4 月初进行，最后，再覆盖一层 3cm 左右的基质。容器杯全部摆放在塑料大棚的苗床上，待播种工作全部结束后，喷浇一次水即可。这样，一般每个劳动日可完成 800 杯左右。

育苗的管理：在小苗出杯生长后，视天气和大棚中温度情况变化，每月追肥多元素复合肥 1~2 次，寒露前后再追施一次。据 2010 年 10 月调查显示，一般当年容器苗高达 60cm 以上，粗在 1.0cm 左右，当年或第 2 年春天可以进行嫁接，实现 2 年生嫁接苗上山造林的目的。

四、薄壳山核桃容器苗造林的效果

中国林业科学研究院亚热带林业研究所于 2005 年在浙江省安吉县报福镇营造了几个不同品种的薄壳山核桃嫁接苗 1400 株，株行距为 6m×6m，约 2.67hm^2。安吉县在北纬 30°39′，东经 119°41′。造林地海拔 20.4m。年平均气温为 15.5℃，最低月均温 2.0℃，年降雨量为 1368.6mm，日照时数 1951.8h。造林前，先挖穴，施基肥，造林当年成活率在 96%。据调查，2008 年已有部分植株开花结果。2010 年 10 月调查结果显示，目前，保存率在 85%，植株生长良好，单株分枝在 4~6 枝，平均树高在 4~5m，冠幅在 5m×5m。由于管理跟不上，加上有的地块较潮湿，有些植株生长不良或死亡，致使保存率偏低，应做好潮湿地块的整地工作和加强林地管理，促进植株生长，提高结实量。

近几年，云南省林业科学院在大理白族自治县和红河哈尼族自治州建水县进行了薄壳山核桃容器苗小面积造林试验，造林地概况见表 4-2。

表 4-2　薄壳山核桃容器苗造林地概况

Table 4-2　General situation of the field for planting container pecan seedlings

地点	北纬	东经	海拔/m	平均气温/℃	平均降雨量/mm	相对湿度/%	土壤	pH
漾濞县	25°41′	99°58′	1650	16.8	1055	72	冲积土	6.8
建水县	25°51′	103°2′	1460	18.6	801	72	干沙土	7.1

造林地采用鱼鳞坑整地，按株行距 8m×8m 或 11m×10m 挖穴，穴的规格为 80cm×80cm×80cm。定植穴内施底肥（腐熟农家肥）20~30kg，过磷酸钙 0.5kg，尿素 0.1kg，硫酸钾 0.1kg，复合肥 0.2kg，与表土拌匀后回填。将容器苗轻轻放于穴中央，用剪刀将容器底部和口部缝隙处剪口后一同放入穴内，扶正苗木，填入熟土，覆土一般盖过容器 2cm 左右，以土埋至嫁接口下为宜，用脚踏实，浇足定植水，然后穴面再覆盖地膜增温保湿。以后及时松土除草，并注意排水和病虫害防治工作。

从不同容器苗生长来看，以容器袋 40cm×15cm 和 30cm×15cm 两种为主，侧根生长粗而多，苗木质量较高。薄壳山核桃在云南高原地区造林，在春、夏、秋三季造林中，以夏季成活率、保存率最高；春季次之，秋季最差。这是因为云南是干湿季分明的地区，春季蒸发量大，降水最少，造林后如不能及时补水，则枯燥严重，成活率低；夏季造林，正当雨季，苗木恢复生理活动较快，成活率高，在雨季中造林最佳，不但有利于当年生长，生长快，有较大生长量，而且翌年能顺利度过早春。秋季雨水少，且正值农忙季节，难以做到及时管理，所以成活率也低。

据调查，适当修剪叶片，覆盖地膜，造林成活率达96.5%，保存率94.6%，不作任何处理的成活率为83.4%，保存率80.2%。实践表明，覆盖地膜可保温保湿，漏斗式地膜覆盖还可以使雨水，集中到树干中心，渗到土层中，使无效小雨变为有效降雨，同时还避免蒸发，不但提高了成活率和保存率，还有利于薄壳山核桃生长。

第五节　薄壳山核桃根段育苗

薄壳山核桃属深根性树种，其根系萌蘖性强，苗圃移苗后可由留土壤中的根系萌发出幼苗。鉴于此现象，为了验证根段育苗与实生育苗的效果，设计了用不同粗细根段，用ABT_6浸泡2h后直播于大田中，进行薄壳山核桃根段育苗试验，并于同一圃地播种实生苗作为对照。

试验安排在浙江省建德市邓家东坞村，地理位置为29°28′N，119°23′E，海拔高度50m，年均温16.9℃，无霜期254d，年降雨量1500mm，土壤为紫砂土。于2007年4月6日，在2年实生苗圃地内选择无病虫害的、径粗0.4～1.6cm的根段作为种根，将种根切成长度10cm左右的根段，分成$0.4cm<d≤0.8cm$、$0.8cm<d≤1.2cm$、$1.2cm<d≤1.6cm$ 3个径级，每个径级160段，分4组，每组40段，配制50ppm、100ppm和200ppm ABT_6溶液。3组根段分别用不同浓度ABT_6浸泡，1组不浸泡作为对比。同时种植实生苗作为根段育苗对照，栽植密度20cm×30cm，于2007年11月26日进行田间调查。

一、不同粗度根段及ABT_6浓度对出苗率的影响

由图4-17可以看出，不同粗度根段，其出苗率也不尽相同，总体来看，以$1.2cm<d≤1.6cm$径级根段出苗率最高，均值达67.5%，$0.8cm<d≤1.2cm$根段次之，为60.63%，以$0.4cm<d≤0.8cm$根段出苗率最低，仅为37.5%。不同浓度ABT_6溶液对不同径级出苗率的影响基本一致。$0.4cm<d≤0.8cm$，随着ABT_6溶液浓度增加，出苗率表现出先上升后下降的趋势，以100ppm ABT_6溶液浸泡出苗率最大，为50%，比对照高22.5%；$0.8cm<d≤1.2cm$与$0.4cm<d≤0.8cm$径级表现出的规律基本一致，也表现出先上升后下降趋势，用50ppm ABT_6溶液浸泡后出苗率与对照几乎没有差别，仍以100ppm浓度的ABT_6溶液浸泡出苗率最大，达67.5%，

比对照提高了10%；1.2cm<d≤1.6cm 径级，除50ppm ABT_6 溶液浸泡后根段出苗率低于对照外，与另外2个径级表现出规律一致，仍以100ppm ABT_6 溶液浸泡出苗率最大，达85%，比对照提高了17.5%。总体而言，选择1.2cm<d≤1.6cm 粗度的根段，100ppm 浓度的 ABT_6 溶液浸泡2h，可使出苗率达到最大。

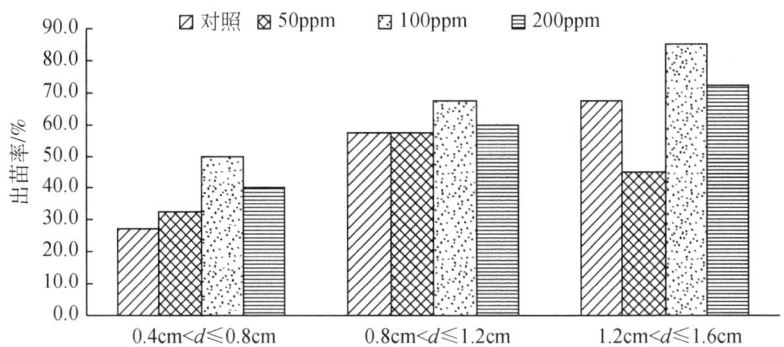

图4-17　不同粗细根段及 ABT_6 浓度对出苗率影响（常君等，2007）

Fig. 4-17　Effect of different ABT_6 concentration and size of root sections on rate of emergence

二、不同粗度根段播种对苗木地径的影响

由表4-3方差分析结果表明，不同粗度根段播种后，其苗木地径相差很大，表现出极显著差异，显著水平为0.0000，以1.2cm<d≤1.6cm 粗度根段播种地径最大，其次为0.8cm<d≤1.2cm，最小为0.4cm<d≤0.8cm 根段的地径。不论哪个径级苗木地径均小于对照的0.72cm。

表4-3　不同粗度根段苗木地径方差分析表（常君等，2007）

Table 4-3　Variance analysis of ground diameter of the seedlings from different root sections

变异来源	平方和	自由度	均方	F 值	显著水平
处理间	1.24	3	0.41	18.13	0.0000
处理内	5.91	260	0.02		
总变异	7.15	263			

图4-18（5%显著水平）为不同粗度根段播种后苗木地径多重比较，由图可以看出，虽然薄壳山核桃苗木根段萌蘖性强，也能长出苗木，但是仍不如播种苗地径大。不同粗度根段播种后地径最大可达0.52cm，其次为0.47cm，最小的仅为0.45cm，分别相当于对照的72.22%、65.28%和62.5%。

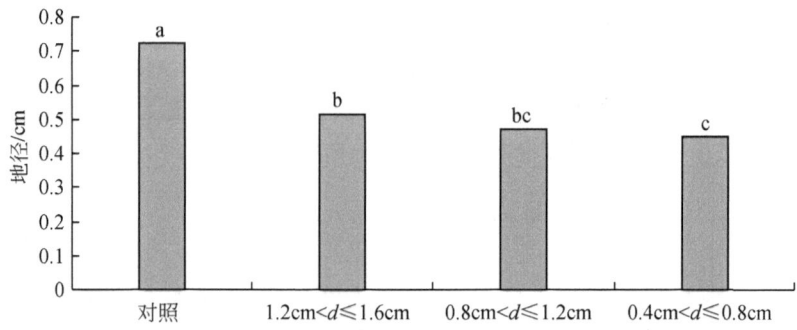

图 4-18 不同粗度根段播种后苗木地径多重比较（常君等，2007）

Fig. 4-18 Multiple comparisons of ground diameter of the seedlings from different root sections

三、不同粗度根段播种后对苗木高度的影响

表 4-4 方差分析结果表明，不同粗度根段播种后，苗木高度也表现出极显著差异，显著水平为 0.0000，与地径稍有不同，3 个不同径级中以 0.8cm<d≤1.2cm 粗度根段播种后高度最大，其次为 1.2cm<d≤1.6cm，最小的仍为 0.4cm<d≤0.8cm，不同径级下苗木高度远远小于对照 31.40cm 的高度。

表 4-4 不同粗度根段苗木高度方差分析表（常君等，2007）

Table 4-4 Variance analysis of height of the seedlings from different root sections

变异来源	平方和	自由度	均方	F 值	显著水平
处理间	6 264.68	3	2 088.23	75.85	0.000 0
处理内	7 157.68	260	27.53		
总变异	13 422.37	263			

图 4-19（5%显著水平）为不同粗度根段播种后苗木高度多重比较，结果表明，对照苗木高度与不同径级根段苗木高度均表现出显著性差异，不同径级中，0.8cm<d≤1.2cm 径级、1.2cm<d≤1.6cm 径级苗木高度分别与 0.4cm<d≤0.8cm 径级苗木高度表现出显著性差异，而 0.8cm<d≤1.2cm 和 1.2cm<d≤1.6cm 径级苗木高度未表现出显著性差异。其中 0.8cm<d≤1.2cm 径级苗木高度略高，为 14.98cm，其次为 1.2cm<d≤1.6cm，为 14.59cm，最小的是 0.4cm<d≤0.8cm 径级苗木高度，仅为 11.16cm，分别相当于对照苗木高度的 47.71%、46.46% 和 35.54%。

四、薄壳山核桃根段育苗效益评价

由表 4-5 可以看出，虽然根段育苗不需种子成本，这样会使单株苗木成本大大下降，但使用根段育苗需投入大量劳动力，且需要在 2 年实生苗圃地内挖取种根，来源比较受限制，另外，种根所培育的苗木细矮，平均苗高仅为 14.79cm，

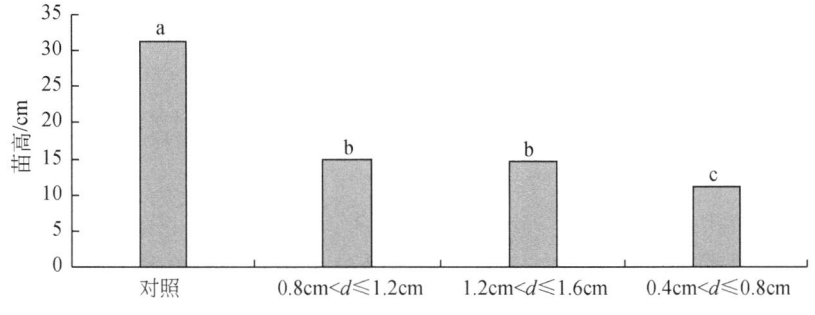

图 4-19 不同粗度根段播种后苗木高度多重比较（常君等，2007）

Fig. 4-19 Multiple comparisons of height of the seedlings from different root sections

平均地径只有 0.49cm，需要进行多年培育才能达到实生育苗的平均水平，无疑潜在地增加了根段育苗成本，且不利于规模化发展。实生育苗虽然种子成本较大，但投入人力少，效率快，培育出的苗木无论是高度还是粗度都比较大，平均苗高 31.40cm，平均地径 0.72cm，便于规模化发展。因此，在建造薄壳山核桃苗圃时，优先采用实生育苗，以培育健壮薄壳山核桃苗木。

表 4-5 播种育苗与根段育苗成本比较（常君等，2007）

Table 4-5 Comparison of cost between seedlings culture by sowing and root propagation

	实生育苗	根段育苗
种子费用/（元/kg）	60	0
用工数/（人/2 天）	2	2
工作量	可播种 250kg（以马罕为例，136 颗/kg）	可获得适合播种根段 2 000 段
出苗率/%	70～85	60.63～67.5
所得苗木/株	23 800～28 900	1 212～1 350
地径（苗高）/cm	0.72（31.40）	0.49（14.79）

通过不同根段播种试验结果表明，以 $1.2cm<d\leqslant1.6cm$ 粗度根段播种出苗率最高，均值达 67.5%，$0.8cm<d\leqslant1.2cm$ 根段播种次之，为 60.63%，以 $0.4cm<d\leqslant0.8cm$ 根段播种出苗率最低，仅为 37.5%。不同浓度 ABT_6 溶液浸泡对不同径级出苗率影响基本一致，即表现出先上升后下降的趋势，其中以 100ppm ABT_6 溶液浸泡根段出苗率最大。不同粗度根段播种后，苗木地径、高度相差较大，均表现出极显著差异，显著水平为 0.0001 以上，不同径级中以 $1.2cm<d\leqslant1.6cm$ 粗度根段播种地径最大，以 $0.8cm<d\leqslant1.2cm$ 粗度根段播种苗木高度最大，$0.4cm<d\leqslant0.8cm$ 径级根段播种苗木地径、高度均最小。根段播种虽可使育苗成本有所降低，但由于根段育苗后苗木质量比实生苗差，且需培育多年才能出圃，不利于规模化发展。因此，在培育薄壳山核桃苗木时，应优先选择实生育苗而非根段育苗。

第五章 薄壳山核桃优质高效栽培技术

薄壳山核桃造林的成败与栽培技术的优劣，与薄壳山核桃的生长和高产稳产有着密切的关系。只有熟悉了解栽培品种特性，生物学特性和栽植地的生态条件，才能采取相应的栽培技术措施，以实现用较少的投入，取得最大的生态效益和经济效益。

薄壳山核桃高效栽培技术，主要包括造林地选择与区划，造林方式方法和经营方式等方面。

第一节 薄壳山核桃栽培区划分

随着薄壳山核桃生产的发展，种植区域不断扩大，带来的生产实际问题越来越多，了解薄壳山核桃栽培区划，将对我国薄壳山核桃持续健康发展具有重大的现实意义。

一、栽培区划的重要性

我国地域辽阔，自秦岭、淮海以南至海南岛，纬度相差16°左右；由东南沿海丘陵到云贵高原，经度相差20°以上，海拔高度相差2000m左右。经度、纬度的差别，地形地貌的复杂变化，形成了复杂多变的生态环境。薄壳山核桃的生长，会受到不同的气候、地形、土壤、生物和人类生产活动等各种影响，从而产生各自的生理机制和适应措施。即使是同一个种，也因其栽培区的地形、地貌和地带性气候条件的作用，而产生不同地理区域的适应能力和生态条件，所以，一个种的自然分布条件和适应的栽培区域，无疑就反映了该种的生态习性及其所在的生境环境相一致的客观自然规律。在生产实践中，如果忽视上述自然规律，盲目地引种，往往会造成不良的后果。我国引种薄壳山核桃开始几十年的过程是很不理想的，也正是说明了这个问题。其中，一是不了解品种特性和生态条件要求而盲目引种栽培；二是超地区引种栽培，导致造林失败。因此，必须在总结过去实践经验和教训的基础上，根据各品种特性和生态要求，进行合理的栽培区划，选择适宜的栽培品种，以便更好地发挥其增产潜力，获得最佳的经济效益。

二、栽培区划的分类

薄壳山核桃不同种都具有各自最适生的分布范围和最适宜的生长条件，分布上也具有地带性或不连续的间断性。不论是自然分布和适生栽培区域,都具有生物气候因素一致的客观规律。如美国南部地区,薄壳山核桃大多数栽培品种的平均生长期都在 270~290d,否则,生长结果不良。在西北部的中间地区,自纽波特全北卡罗来纳州的阿什维尔,然后转北到肯塔基州,自那里到印第安纳州和密苏里州的汉尼巴的这一地区,薄壳山核桃的生长期为 180~200d,是适宜于起源俄河流域及相同位置的薄壳山核桃栽培品种。西北地区,位于得克萨斯州西部,是半干旱气候,天然薄壳山核桃生长在这一带的山脉或溪谷间,适宜在海拔 257~803m,降雨量为 457~1016mm 的地区生长。而在雨量少而海拔更高一些地方,薄壳山核桃树冠变得开张,而且植株变矮。

生长季的长短是决定某一树种或品种及无性系能否正常生长的重要因素。许多在美国北部的薄壳山核桃、核桃品种要求至少 150d 的无霜期,局部的霜冻、洼地比通风良好的地区季节要短一些,但也能生长良好,说明这些地区的生长季和积温有可能适宜于这些美国北方果树或薄壳山核桃品种、无性系生长。而南部的薄壳山核桃栽培品种就不能成熟。再往北的地方,北部薄壳山核桃栽培品种,即使具有抗寒性,也要遇到非常热而长的夏天才能正常生长结实,否则果仁不饱满,而影响产量和坚果品质。

从我国各地调查资料分析结果表明,影响薄壳山核桃生长发育,完成生长周期的主导因子是气候。其中首先是温度,表现在年平均温度、积温、花期气温、冬季日均温和极端最低气温等,必须能够达到和满足年周期生育要求。其次是水分,即年降雨量和月降雨量的分布,也必须满足果实生长发育和油脂形成的需要。当然,地形、土壤、生物特性等因子与薄壳山核桃的生长发育也有着密切的关系。因此,薄壳山核桃栽培区划分必须遵循客观自然规律,坚持从生物气候为主导因素,结合考虑地形地貌,土壤等因子,作为划分标准。

薄壳山核桃的栽培区划,如同浙江山核桃一样,还未很好开展研究。山核桃科技工作者将浙江山核桃以分布中心区为主,根据山核桃的生态习性和各地气候条件,将浙江山核桃划分为中心产区、特大栽培区和引种栽培区 3 个等级,其中并没有明确的具体指标,主要视其气候与土壤的相似情况而定,供各地在生产中参考应用。

薄壳山核桃在我国引种范围较宽广,北至北京、河北;南至海南岛;东起江苏、浙江、山东和福建;西部到陕西、云贵高原等。目前,以云南、浙江、江苏、安徽、湖南、河南、山东等地较多。根据中南林学院张日清教授等利用林木引种气候预测方法,根据原产地美国的气候生态条件,结合我国的气候生态条件和前期的引种效果,将我国薄壳山核桃划分为 4 个栽培区,即适应区、次适应区、边缘区和不适应区。具体划分如下。

1. 适应区

在北纬25°33′，东经100°～120°的亚热带东部和长江流域地区，包括上海、江苏、浙江、安徽、福建、江西、湖南、重庆、四川东部等地方。

2. 次适应区

山东全部和河北（石家庄以南）、河南（南阳、信阳、驻马店以南）、湖北（十堰以南）和陕西（西安以南部分地区）。

南部亚区：贵州大部和云南（大理以南、景洪以北、宾川）、广东（韶关、南雄以北）和广西（桂林以北）。

3. 边缘区

北部亚区：天津、北京和辽宁（辽东湾）、河北（石家庄以北）、山西（太原以南）、陕西（延安以南、西安以北）、甘肃（兰州以南）、四川（松潘）。

南部亚区：云南（景洪以南）、广西（桂林以南、郴州以北）、广东（韶关、南雄以南、英德以北）和台湾（台北以北）。

4. 不适应地区

北部亚区：黑龙江、吉林、内蒙古、青海、新疆、西藏全部和辽宁（中北部）、陕西（北部）、宁夏（固原以北）、甘肃（中、北部）、四川（西北部）。

南部亚区：海南全部和广西郴州以南，广东英德以南和台湾台北以南地方。

薄壳山核桃在我国引种初期，一般多作为行道树，庭院绿化观赏树，少有成片栽植的果园。后来有些单位作为干果种植。目前，各地都将薄壳山核桃作为名优干果发展，建立良种园、采穗圃等，扩大繁殖，大力推广良种，并初步取得了较好的效果。

三、各栽培区的主要特点

1. 适应区

本区地形基干是克里东运动褶皱起来的古隆（江南古隆）。岩层是古生代的变质岩系的千纹岩、板岩；中生代末期侵入的花岗岩；第三纪堆积的红色岩系。中间有长江沿澜江、赣江等大河，有断续的冲积平原与第四纪宏图砾石台地；再向外侧是广大的丘陵。相对高度由几十米到三四百米，其中高度在100m以上的中山有黄山、幕阜山、龙岭山、武功山、雪峰山等，自东北向西南绵延成为主要山脉。闽、浙、苏沿海丘陵属古生代"华夏古隆"，多为流纹岩、凝灰台。海拔

500m以上的山地较广大，地貌崎岖，平原狭隘。

本区属于典型的亚热带东部季风湿润气候，温暖湿润，四季分明。年平均气温在16～21℃，1月平均气温为5～12℃，7月平均气温为28～29℃，全年无霜期230～270d。极端最低气温-13～-7℃，≥10℃的平均气温5000～5600℃，年降雨量900～1800mm。春夏多雨，4～6月降水集中，约占全年的50%。中北部7～9月有秋旱现象；东部夏秋之际多台风暴雨；中部、北部冬季有寒潮入侵。

该区如四川盆地，气候温暖湿润，土壤肥沃，广大丘陵地区适宜农业和林业发展。长江流域和江南丘陵、洞庭湖、鄱阳湖和太湖三大湖区周围河网如织，是我国江南富裕的鱼米之乡，适宜农业和各种果树及经济林发展，生产潜力很大。

2. 次适应区

南部属南亚热带，地跨我国森林植被南亚热带常绿阔叶林区。地形大致西北高、东南低。山岭、丘陵绵延起伏；山地、丘陵约占全区80%。西南高山区是我国地形第二阶梯，在中生代末期燕山运动后隆起的高原。一般海拔1000～2000m。高原面向东南倾斜，地面割切剧烈，除一些小规模的山间盆地，当地称为"坝区"外，多为高山峡谷，地形错综复杂，在石灰岩分布区，广泛发育为石林、陷阱等喀斯特地形。南京西北部海拔高达3000～4000m，河流强烈割成高山峡谷，高差可达2000m以上。山岭河流均呈南北走向，平行排列。高原与盆地间为我国地形第一、第二级阶梯过渡地带，自然环境很复杂。

高原东北部属亚热带湿润季风气候，具有冬无严寒，夏无酷暑，四季如春，一雨成秋，阴雨天气多的特点。年平均气温为10～20℃，年降雨量900～1500mm。次适应区北部、西部是由秦岭、大巴山组成的山系，中央汉水谷地和汉中盆地，向东伸延构成广阔的丘陵岗地。属北亚热带湿润-半湿润季风气候，四季分明。年降雨量800～1300mm（山区和东部偏多，丘陵和西部偏少）；年平均气温14～16℃，1月平均气温0～4℃，极端最低气温-23～-17℃，无霜期220d左右。冬季常有干旱，秋季有霜冻，常有旱涝出现。土壤为黄棕壤，山地黄棕壤和部分黄壤。森林植被常绿落叶阔叶混交林。

本区影响薄壳山核桃生长发育和产量的主导因子是气温和地形。复杂的地形能阻滞寒潮的侵袭，改善生态环境条件，形成了较好的小气候，有利于薄壳山核桃的生长和结果。如大别山区由于山脉绵延、地形复杂，许多地方因山体的屏障，阻滞了寒潮的侵袭，构成了比较优越的生态条件，大别山南坡的湖北麻城一带，由于北部的高山屏障，气温较高，年平均气温在16.2℃，≥10℃的年积温为4980℃以上，1月平均气温2～4℃，极端最低气温-8℃，这些地方薄壳山核桃生长较好，河南信阳地区、陕西西安及汉中盆地等气候也是如此，都适宜薄壳山核桃生长和结果。

3. 边缘区和不适应区

顾名思义，边缘区和不适应区是发展薄壳山核桃的边缘区，不适应地区，就是说，不适宜发展薄壳山核桃。

在栽培区划中的边缘边，不管是南部亚区，还是北部亚区，薄壳山核桃生长发育的基本条件均不能满足，因此，薄壳山核桃虽能生长，但不能开花结果。

如北部亚区中的山西、陕西和甘肃的部分地区，虽然年降雨量在400~550mm，月均温低于0℃的有3个月，高于20℃也有3个月，但它是春麦杂粮地区，而不适宜薄壳山核桃生长的要求。北京和天津及河北等地，年降雨量为450~750mm，最多在7~8月丘陵区雨量多，1月平均气温在-6℃以上，7月平均气温在24℃以上，地带性植被为温带落叶阔叶林区适宜于某些果树、石榴、板栗等生长，但不能满足薄壳山核桃生长发育和结果的要求。因此，不宜种植薄壳山核桃。至于东北的黑龙江、吉林、辽宁、内蒙古和西北部的青海、新疆等及西南的西藏等，由于生长期短，气温很低，根部不能满足薄壳山核桃生长发育。如东北地区的北部，包括大、小兴安岭一带，1年中月平均气温在-20℃的数月；南部的松花江、嫩江、辽河一带，1年中月均温超过22℃的只有1个月，超过10℃的也只有5个月，而低于0℃的也有5个月，年降雨量有400~700mm，而且集中在4~9月5个月中，多雨与高温季节相吻合，加上土层深厚，土壤肥沃，对大豆、高粱和小麦生长很好，是东北的富裕谷仓，但不能生长薄壳山核桃。

在西南部分和西藏雅鲁藏布江一带，雅鲁藏布江源于西藏西南部，沿喜马拉雅山与冈底斯山脉之间，由西向东流至昌都地区折而南入印度，汇入布拉马普特河，流经巴基斯坦注入孟加拉河，是西藏高原南部最大的河流。这一带1月气温为-0.5℃，7月气温为16.4℃，年降雨量可达500mm。高原上终年积雪，而局部地方日照很多，此处不受寒潮侵入。在雪线以下不到5000m为寒潮，到3900m为高地草原气候；3000m为半干燥河谷地带，即为农牧发展地区；3000m以下为暖谷的农业区，多种植小麦、玉米等作物，也不适宜发展薄壳山核桃。

为了给我国薄壳山核桃产业良种化打下基础，根据我国薄壳山核桃早期引种工作和适应区域的自然环境条件，中国林科院亚热带林业研究所姚小华研究员带领团队牵头组建该树种基地协作网，将分布区分成四个区域开展系统区域试验工作。①长江中下游及南部区域。该区域酸性土壤，多雨，气温高，需解决授粉问题、季节性干旱。地域包括浙江、上海、皖南、苏南、鄂南、福建、广东、广西中北部、贵州东部和北部。目前已在浙江金华、安吉、绍兴，以及安徽黄山、江西贵溪、湖北武汉、贵州黎平、上海松江等建立试验示范基地2000多亩。②西南发展区。该区域酸性土壤，干湿季极为分明，雨量少，但果实成熟期间雨量较多，授粉期间雨量少，但干季长，对树体在此期间生长不利。主要有云南、四川西南部、贵州西南部、广西西部等地。在云南玉溪市、富源县、腾冲县，以及贵州兴义市、广西百色市、四川会理、宁南等地建立试验基地1000多亩。③淮河流域发展区。中性、微酸或微碱性土壤，雨量中等，土壤条件、气候条件与原产地中北部产区比较接近。有利条件为授粉气候条件较好。还有可在平原区生产，有利于机械化作业，可用于黄淮平原区树种结构调整。不利条件为区域靠北面气温偏低，晚熟品种会受影响。主要有江苏北部、安徽北部、山东、河南等地。在江苏东台，安徽合肥、滁州、阜阳，河南信阳，山东泰安等地建立试验示范林1000多亩。④川陕渝山地丘陵发展区。酸性土壤，雨量中等，春季雨量较多，要考虑如何授粉问题。同时，除了成都平原外，相对来说地形复杂、较为破碎。发展模式上以选择深厚立地、小块状发展或用于村镇周边群状稀植为主。主要有四川中、北、东部，重庆，陕西南部等地。已在绵阳、广安等建立试验基地1000多亩。

在发展薄壳山核桃时，一定要根据我国气候多样性和特点，牢记过去的历史教训，要客观反映薄壳山核桃的生态习性与其所在生育环境相一致的自然规律，根据栽培区的要求，选择其适生的栽培区，只有这样薄壳山核桃才能达到高产稳产，获得最佳经济效益和生态效益，推动薄壳山核桃产业的大发展。

第二节　新品种高产栽培基地建设

薄壳山核桃喜欢生长在深厚、肥沃的土壤上，其经济收益期长达百年以上。因此，造林基地建设的成败与好坏，与园地的选择，栽培技术的优劣有很大的关系。

一、立地选择

1. 气候

年平均气温在15~20℃，极端最低气温为-18℃，夏季最高日平均气温为25~30℃，≥10℃的年积温为4300~5400℃，降雨量为1000~1600mm，无霜期为220d以上。在我国的适应区和次适应区的范围内，一般完全能满足薄壳山核桃的要求，但在有些地方，要注意小环境的影响。薄壳山核桃系强阳性树种，在通常情况下，几乎没有光饱和点，因此，必须选择阳光充足的地方。

一个地区的气候对它生长起着极为重要的影响。每一个树种都有它已经适应的生长地的气候，以其他地区引进的植物来看，由于冬季低温、夏季高温、生长季的长短、降雨量的多少，以及日照长短等气象条件上的差异，会使引进植物在新的地区难以栽培。在两个比较接近或气候条件相似的地区，通常就会克服气候上的不适应性。在一个地区内，立地选择可能就会在某种程度上避免严酷气候的影响。在美国，冬季极端低温可能是限制薄壳山核桃成功栽培的最重要的气象因子。在美国和加拿大的冬季极端低温是使一些植物的耐寒性可在地带图上表现出来，使它不适应生长或使一些品种的结果时间推迟。在我国，这点也是同样存在的现象。当遇到临界值温度（大约为-28℃）且大大超过时，就有些薄壳山核桃品种受到严重的冻害甚至死亡，其他一些经济林树种也是一样，而北方的无性系和品种就有可能抵抗这里的严寒天气。

生长季的长短，春季终霜日与秋季初霜日之间的天数（即无霜期）是决定某个树种和品种、无性系能否生长的重要因素，许多在美国北方生长的品种至少需要有150d的无霜期，这样的生长季节和积温才有可能使这些品种生长。如无性系较长的生长季在北线附近种植，南部的薄壳山核桃品种就不能成熟或果仁不饱满。

在美国大湖附近的几千米范围内的地方，冷凉的春季气候使薄壳山核桃开花推迟而避免了晚霜的危害。北部薄壳山核桃栽培品种一般具有抗寒性，在北部边界附近种植来自同纬度的栽培品种，其表现比来自南方的栽培品种效果要好。在温度适于它生长的地区，雨量必须充沛，否则需要进行灌溉。在大平原一些较干旱的地方，没有灌溉条件，则由于干旱而不能种植薄壳山核桃。在美国东南部，当发生严重干旱时，薄壳山核桃果实不饱满，是相当普遍的。

2. 立地

中东部和北部产区选择海拔在300m以下，云南、贵州高原选择海拔在1000～1700m为宜。低丘缓坡山地坡度25°以下的阳坡、半阳坡或地下水位在1m以下，排水良好的河滩地。

立地是气候和土壤等许多外界环境条件所组成的复杂体。立地是指种植基地（园）的确切地点，在山地或地势有起伏的地方，立地变化大，局部地方的变化，特别是温度上的变化，有时决定着种植成败与否。同一品种，在不同立地条件下，其生长好坏产量高低，主要是因为不同立地条件下，立地因子的质和量之间的差异所造成的。立地是薄壳山核桃获得高产稳产的基础，要重视立地的选择。进行立地条件划分，要做到"适地适树"。通过在不同立地上，不同海拔高度上安放最高最低温度表，在冬季严寒期或春季仍有霜冻的时间记录下温度的变化，这可以掌握不同立地条件下的温度变化再来确定地段划分立地，这是非常科学和有效的。霜冻洼地就是被四周高低包围的低地，当寒冷、晴朗、无风的夜晚，冷空气沿斜坡沉降下来在凹地聚集。在斜坡的最低与最高点之间温度的差异是很大的。冬季寒冷的白天，在斜坡的底部、寒冷时温度足以造成耐寒性已到临界点的栽培品种冻死。春季，树木开始生长时，斜坡底部的温度，可以冷到足以冻坏全部新枝，而在斜坡上面的树却未受冻害。秋季，树叶及尚未成熟的果实也有可能受到冻害，过早落叶，将不利于枝梢充分成熟老化而受冻害。在斜坡较高的地方，在毗邻有湖泊、大片水域的低地，是不会遭到霜冻的，因在水域附近气候较温暖。低丘陵缓坡山地，以坡度25°以下的阳坡、半阳坡为好。南坡比北坡温暖，从而树木开始生长较早，冬季日照比较多，温度变化大的地区，低温的侵害、冻害可能比北坡严重；北坡生长开始较晚，在春霜（晚霜）出现时，生命活动还较弱，这样春季和冬季的冻害可能较小。北坡蒸发较小，土壤干燥也慢些，斜坡易遭受侵蚀，但一般不会造成严重危害。从庄瑞林等同志在湖南省雪峰山地区油茶垂直分布生产力的调查报告中看出，不同海拔高度，坡面和坡向的不同，油茶的生长和结果及经济性状的优劣是有差异的。薄壳山核桃的生长和结果也是如此。这说明在栽植薄壳山核桃时，它的栽种地区和立地选择的重要性。

3. 土壤

在土壤要求上，薄壳山核桃要求土层深厚、肥沃，土层要在1.0m以上。一般土壤均可生长，质地过于黏重，尤其是心土层过于黏重的酸性土壤，深层岩石土壤，质地过粗的土壤不宜种植。薄壳山核桃在水涧或池塘边生长结果很好，但在排水不良、通气性差或地下水位过高的地方生长不良，也不适宜种植。pH适宜在5.5~8.0，但以中性土壤为最佳。土壤过酸或过碱都会造成土壤中营养的不平衡，易诱发"缺素症"。在生产上，可以通过施用石灰和生理碱性的肥料来调节土壤的酸碱度，防止某种养分的短缺。在干旱、贫瘠、土层浅薄、保水性差的土壤一般不宜种植薄壳山核桃。这些地方不是生长不良，就是产量低和品质差。因此，种植园还是要靠近水源或具有灌溉条件且土壤肥沃的地方为好。

二、园地规划与林地整理

薄壳山核桃造林地确定以后，就必须对林地进行规划设计。根据薄壳山核桃不同品种特性和经营目的不同，可将造林地规划为新品种优质高产林和种子园等一些类型，制订出具体施工技术方案并实施。

1. 园地的规划设计

园地的规划设计包括社会、经济状况，造林地条件，交通状况，气候因素，资金配比和劳动力等方面。在施工技术方案上，有物种、品种的选择，经营方式，造林地区划，种植点的配置和丰产技术措施及经济效益等，有生产费用的预算、生产效益的估测、经济效益的评价等。

在造林区规划时，根据地形和造林面积大小，可采用 1：500 比例尺或 1：1000 比例尺将造林地范围、面积及大区、道路等绘制成图。大区顺自然而划，小区按需要而定，小区面积一般为 30~50 亩。大区与小区之间要合理配置道路。小区林地两侧，从上而下开设纵坡林道、排水沟、水平方向开设林道和排水沟，纵横相通，形成一个良好的交通和排水系统，以便经营管理，避免暴雨成灾。在降雨量少，干湿明显的地方，除考虑排水措施外，还要有林地灌溉和蓄水池等设施，以确保薄壳山核桃高产稳产。

2. 林地整理

1）林地整理

整地是薄壳山核桃造林的重要环节。通过深翻土壤，加深土层厚度，改良林地土壤结构，提高土壤蓄水和通气状况，改善微生物活动条件，可以提高土壤肥力，为薄壳山核桃生长发育创造良好的生长条件。在山地丘陵栽培条件下，整地应与水土保持结合起来。据甘肃省天水市水土保持试验站测定，9°坡较3°坡平均每年每亩地的土壤流失量高一倍多。20°坡较9°坡水土流失量高一倍多。养分随着水土向下流动迁移，坡上较坡下的有机质减少 0.15%，含氮量减少 0.0418%。

整地工作应在造林前三四个月进行，这样有利于土壤充分分化。一般是秋季整地、冬季造林；冬季整地、第二年春造林；夏伏整地、十月小阳春造林等习惯，效果较好。

整地方法有全垦、带状垦和块垦 3 种方法，各地可根据林地条件，经营水平，劳动力情况，因地制宜地选用。在采用不同整地方法时，都要考虑水土保持措施。

（1）全垦

全垦适用于坡度小于15°以下，不易造成水土流失的造林地。在坡度大，土层浅薄及土壤结块松散的山场不宜采用。有炼山习惯，采用全垦的地方，一定要先开好防火线，做好防火工作。如果不采用炼山的全垦整地，可将整地时挖出的树根或砍下的柴茬集中堆放，待整好以后，集中燃烧，作为肥料。

整地时要顺坡自下而上挖垦，并将土块翻转使草根向上，减少草的再生能力。挖垦深度视土壤而定。挖垦后按规定的株行距打点挖穴。为防止水土流失，全垦以后沿水平等高线每隔 5 行挖开一条宽 30cm 的拦水沟，以保持水土。

（2）带状整地

带状整地适用于坡度为 16°~25°的山地使用，有利于水土保持，也可进行短期间作套种。垦带采用由上向下挖筑水平地带。本着"上挖下填，削高填低，大弯顺势，小弯取直"的原则，筑成内侧低，外缘略高的水平阶梯，又称为"反坡梯地"。阶梯内侧挖成深宽各 30cm×20cm 的竹节沟，以利于蓄水防旱和防止水土流失。

水平阶梯地的阶梯宽度视坡度、造林的品种和经营目的而定。一般生产性的薄壳山核桃，带基面宽度为 3～4m，视具体情况而决定。水平阶梯整地虽然用工较多，但是是一种一劳永逸、保水、保土和保肥的好方法，有良好的保持水土和土地利用增收的效果。

（3）块状整地

在坡度较大，坡面破碎及"四旁"适宜种植的地方，整地时表土和心土分别堆放，先以表土填穴，最后以心土覆盖于穴面。此法虽然省工省时，但因整地范围小，改善林地条件的作用不如前两种方法的效果好。

2）挖穴和施肥

在水平带上每 3m 挖穴，穴的大小选用 100cm×100cm×100cm。挖穴后施足基肥，每穴施入腐熟有机肥（或农家肥）25kg 左右，分两次施入；一层肥一层土，稍加踏实，总高度低于 30～40cm，然后用表土回填，直至高出地面 15～20cm。表层再拌入钙镁磷肥 1.0kg。

3. 建园（基地）的方式方法

按造林材料的不同，建园可分为直接播种造林和无性系苗（嫁接苗或扦插苗）造林两种，从生长效果考虑，以嫁接容器育苗直接定植造林为好。

1）嫁接苗建园

用在园地、温室和容器培育的嫁接苗造林而建立基地的方法。生产上一般都采用 2+1（砧木 2 年，嫁接培育 1 年）嫁接苗上山造林。这种嫁接苗有完整的根系和旺盛的地上部分，对外界环境的抵抗力较强，造林成活率高，生长快，形成树冠也快，可提早开花结果。浙江省安吉县报福镇于 2005 年营造的 40 亩不同品种薄壳山核桃林，2008 年就有部分开花结果，生长良好。其他无性系苗木应根据苗木的生长情况而定。总之，要选择优质品种苗木建园。

嫁接苗造林成活率与苗木本身是否维持水分平衡有着密切的关系。试验证明，苗木以随起随造成活率最高。苗木如经堆放或暴晒后，成活率会显著下降。为保证造林成活率，需要长途运输的苗木，应当适当修剪，尽量多宿土或用黄泥浆浸后包扎好，然后再运输，到达目的地后，应立即造林，一般不栽隔夜苗。在运输过程中，千万不能让苗木风吹雨打和暴晒。在条件许可时，最好用容器嫁接苗造林。

造林季节，各地可根据当地气候条件、苗木情况而定。一般在雨前造林最好，阴天为宜。在有条件的地方，造林以后浇一次定根水为最好。

2）播种苗建园

这是大粒种子一般造林方法。在整好地的情况下，直接冬播或春播造林。这样可以省去种子贮藏、培育苗木等一系列工作。种子直播以后，具有发芽早、发芽快、出苗齐、抗旱能力强等优点。"立冬"前后下种，一般在"清明"前后即长出胚根，在大地回春，气温逐步升高时，对苗木生长有利。春播宜在"立春"到"春分"期间播种。冬播最好要覆盖，既保持水土，又能防止土壤结块，对种子发芽有利，发芽后能迅速生长。

目前，这种用种子直播造林的方法应用较少，而是用种子育苗，然后用 2 年生苗造林。富阳市胥口镇富阳三峰特种果业有限公司于 2005 年营造了 50 亩实生薄壳山核桃林，由于实生苗木造林开花结果很迟，因此，于 2010 年开始采用不同薄壳山核桃品种嫁接改造实生林，当年只嫁接了几亩，嫁接成活率在 80% 以上。他们准备用几年的时间全部改造为嫁接品种林。

4. 品种选择和授粉树配置

因薄壳山核桃品种很多，各品种的生态要求又有一定的差异。因此，人们应根据当地气候条件，正确选择品种，这是实现高产稳产的关键。根据最近几年各地引种和栽培的效果来看，在江苏、浙江一带，主要品种有：钟山 25 号、钟山 26 号、钟山 35 号、Western、Mahan、Tejas、Shoshoni、波尼、金华 1 号等品种；丘陵山地栽植肖肖尼、Mahan、Western 等品种；在长江流域栽植肖肖尼、Mahan 等品种；在淮北和沿海地区造林，选用耐旱品种 Pawnee 等。在栽植时，一定要有 3~4 个品种一起种植，这样可解决授粉问题。根据中国林业科学研究院亚热带林业研究所在浙江省建德市多年推广的实践经验看，在浙江首选 Mahan、Pawnee 等为主要栽培品种，因为它果大、壳薄、出仁率和出油率高、商品性好、高产稳产、果实有香气、无涩味、品质优良。但一定要配置授粉树，按 10%~20% 的比例均匀混栽 YLJ35 号、YLJ27 号、YLJ06 号等授粉品种，这样可以获得连年高产。

在云南高原区，以选用 Shawnee、Caddo、Choctaw、Barker 等品种为好。这些品种在云南漾濞等地表现出良好的适应性，生长较好，抗病性强，除有轻微发生核桃黑斑病，刺蛾外，未见其他病虫害。如 Caddo 等 4 个品种嫁接后第 4 年开始挂果，第 7 年平均株产果为 6.9~8.6kg。又如 Shawnee 第 7 年平均株产果为 8.6kg；Choctaw 第 7 年平均株产果为 6.9kg；Barker 第 7 年平均株产果为 7.7kg，表现出丰产性好。

关于授粉树的配置问题，薄壳山核桃虽为雌雄同株，但因其雌、雄花期极少一致，故必须配置雌、雄花期相遇的品种作为授粉树。一般情况下，应选择3～4个以上品种，互为授粉树，如Mahan、YLJ35号、Shoshoni、Pawnee等。为达到最佳授粉效果，也可选择5～6个品种互为授粉树栽植。品种配置必须引起高度重视，否则，达不到高产稳产的目的。

为进一步说明品种配置的重要性，以近几年中国林业科学研究院亚热带林业研究所在浙江省建德市实例作进一步的说明（表5-1）。在浙江省建德市三都镇Mahan纯林，虽已到结果期，但是由于未进行品种配置，致使该林分一直结果欠佳，到目前为止，已经定植12年，仍未能形成一定产量。在建德市莲华镇齐平村，主要栽培品种为Mahan、Western和64号无性系，定植9年，早期虽配置有授粉无性系，但是配置比例偏少，也导致多年结果性状不佳，从2009年开始，对该林分进行授粉无性系高接改造，目前已经表现出一定效果，2013年Mahan单株核果产量达2.31kg，Western单株核果产量为1.08kg，64号无性系单株核果产量高达4.46kg。在建德市乾潭镇陵上村为2000年实生定植的林分，2005～2006年农户自行全部改接为Mahan品种，导致多年不结果，从2009年开始，采用中国林业科学研究院亚热带林业研究所选育出的授粉无性系35号和少量1号进行高接改造，截止到2013年，该林分单株核果产量高达6.72kg，产生了较好的效果，也创造了较大的经济效益。

由此可见，薄壳山核桃果园的营建，一定要花期可相遇、授粉亲和性良好的多品种进行配置，才能达到丰产、稳产的目的。不可盲目进行发展种植。

表5-1 浙江省建德市薄壳山核桃品种配置技术效果表
Table 5-1 Effects of varieties combination technique in Jiande county, Zhejiang province

地点	主栽品种	定植年龄	无性系配置	配置品种年龄	平均地径/cm	平均树高/m	冠幅/m 东西	冠幅/m 南北	单株核果结实量/kg
建德市莲花镇齐平村	Mahan	9	35号、1号和5号	高接第4年	11.47	5.16	4.46	4.58	2.31
	Western	9			11.31	5.98	4.73	4.09	1.08
	64号无性系	9			12.59	6.63	5.46	5.68	4.46
建德市三都镇	Mahan	12	无配置	无配置	23.51	6.24	6.73	6.66	0.11
建德市乾潭镇陵上村	Mahan	13	35号、少量1号	高接第4年	22.56	8.57	6.79	6.19	6.72

三、栽培技术

1. 苗木质量

苗木质量的定义、检测方法、检测规划和合格苗木的分级方法，按照 GB 6000—1999《主要造林树种苗木质量分级》标准执行。

1) 1~2 年播种苗

Ⅰ级苗，根系长度≥28cm，根幅≥22cm，地径≥1.0cm（苗高不做要求）；Ⅱ级苗，根系长度≥25m，根幅≥20m，地径≥0.8cm（苗高不做要求）；地径<0.8cm 的播种苗不宜栽植，可留床继续培育。

2) 当年嫁接苗

Ⅰ级苗，根系长度≥28cm，根幅≥22cm，地径≥1.0cm，苗高≥60cm，栽植时宜适度短截；Ⅱ级苗，根系长度≥25m，根幅≥20m，地径≥0.7cm，苗高≥35cm，栽植时宜适度短截。

2. 栽植时间

落叶后至萌芽前，具体时间各地可视天气、土壤、墒情决定；必须等下过透雨，定植穴内回填土自然下沉后进行。根据各地近几年干旱少雨的气候特点，栽植时间以早春为好。云南等高原山地也可用容器苗在 6~7 月的雨季进行造林。

3. 栽植密度

栽植密度应根据品种特点和经营目的的不同而有所不同。以采穗圃为目的的林分，栽植密度可采用 6m×6m 为宜；以果园为目的的林分，栽植密度以 8m×8m 或 11m×10m 为宜。

4. 成活率和保存率

栽植当年成活率应达到 90% 以上，容器苗要求 95%；次年必须进行补植（或嫁接），保存率应在 95% 以上。

四、林分的抚育管理

薄壳山核桃基地造林以后，要加强抚育管理，以达到丰产、稳产的目的。

1. 幼林抚育

薄壳山核桃造林以后，到植株普遍开花结果这段时间，称为幼林。幼林阶段的长短，除因品种不同、实生造林和嫁接苗造林有不同外，还与立地条件的优劣及幼林的抚育管理好坏有很大的关系。在一般条件下，嫁接苗 3~4 年便开始开花结果，而实生苗造林需 10 年以上。因此，造林以后，要及时管理，创造良好的环境条件，以满足薄壳山核桃生长发育，这是保证薄壳山核桃造林成活率和早实丰产的关键措施。

1）栽植后定干，定干高度以 60cm 为好

在抽梢展叶后，可采用主干疏散分层型（也称变则主干型）、自然开心型来整形。主干疏散分层型中心干明显，上下层次多，枝条多，树冠较大，适宜深厚肥沃土壤。自然开心型无中心干，一般有 3~4 主枝结构，第一层主枝有 3~4 个，第二层枝可保留 2~3 个，层间距 40~50cm，侧枝上可再选留 2~3 个枝条。幼林管理主要是整形，不宜过多修剪。定植后第一年就要进行修剪，在第 2~3 年当树长到 1.8~2.0m，修剪更为有效。初期的修剪，最主要的工作是定型，一般来讲，枝角大的枝条比较牢固，一般以 40°~70°为好，有很强稳固的支撑力。结果期开始，主要是控制营养生长，促进生殖生长，进入盛果期以后，即 6~8 年去顶一次，剪除第二层主枝以上的中央领导干的延长枝，树体最高应控制在 6m 以内。

为促使幼树早成形，早结果，除骨干枝适当短截外（一般剪除当年枝的 1/3 左右），应采取轻剪、长放、多留枝的原则，只剪除病虫枝、细弱枝、重叠枝，生长季对骨干枝的延长枝进行 1~2 次摘心，促进分枝，与冬剪相辅相成，促进树体骨架早日成形。初结果树的修剪，主要是稳定树体骨架，促进形成更多的结果枝组，除骨干枝外，过多的主枝、侧枝、辅养枝及各层间的枝条应采用撑、拉、顶、吊、刻伤、环剥等各种措施和手段，尽量使其早结果，然后改造成为结果枝组。对难以利用改造的竞争枝，应逐年疏除，造成树冠郁闭和通风透光的良好结构。计划结果的结果母枝一般不宜短截。

2）实行早期间作，以耕代抚，保证幼树生长

薄壳山核桃栽植后，怕高温干旱和日灼，如带状整地、块状整地造林，抚育时尽量在距离树的一定距离外，保留带侧和块周围的杂草、灌木，造成侧方蔽荫的条件，以利于幼树成活生长；在平缓坡地或阶梯整地的带上，在造林以后，3 年内可套种豆类、萝卜、小麦、花生等作物，对核桃醌敏感的作物，如苜蓿、辣椒、土豆、烟草、番茄、茄子等不宜间作。早期间作的作物，应栽种在定植穴以外，与树保持一定距离，以免与薄壳山核桃争水、争肥，影响薄壳山核桃的生长。通过以耕代抚，促进苗木和幼树生长的同时，还可获得早期间作效益。栽植当年，要及时中耕除草，除去树边的杂草。在中耕除草时，将劈、锄下的杂草覆盖在离根际20cm以外的地上，这既可降温保湿，又可提高成活率，促进幼树生长。

3）做好林地的水土保持工作

带状或阶梯整理的林地，每年要清沟（内沟）和固坎，崩塌的梯坎要用石块或草皮块加固。土壤pH在6.0以下时，可在带的外围套种茶叶、黄花菜等，以保持水土。造林时没有进行带状整地的，要求在造林以后，按等高线，采用逐步上挖下填的方法，在2~3年内完成简易水平带。在陡坡可在树的下方，叠石坎做成鱼鳞坑。林地水土保持是保证幼林速生早实和将来高产稳产的根本措施之一。

4）造成合理林分结构和树体骨架

林分结构主要是控制合理的密度和均匀度，薄壳山核桃密度不能过大，或过小，过小不能及早形成林分环境，在未进行套种的情况下，林地郁闭度小，阳光直射，杂草丛生，不仅增加了抚育的次数，还会影响幼林提早稳产。较为合理的密度为8m×8m。

嫁接苗人工造林的薄壳山核桃树形良好，多呈圆头型，分枝均匀，只需适当修剪。对薄壳山核桃只需疏删，不要短截，对某些幼树因造林带来的不良或受病虫危害形成的萎蔫植株，如"小老头树"砍去，让其重新发新枝，选留好的培养主干，树势能很快恢复。

5）及时锄草和施肥

幼林在每年雨季结束后，应立即锄草松土，将锄下的杂草等覆盖在苗木根际，以减少水分蒸发和降低地表温度，有利于林木生长。

因为杂草争水、争肥，消耗大量的养分和水分，影响植物生长发育。杂草有时会诱发病虫害，杂草是多种病虫害的媒介和寄主。高大的杂草会遮光，影响光照和生长。果园的杂草主要是人工除草，也可以采取覆盖压草，间作和化学除草等方式进行除草。化学除草，就是用化学除草剂来防除果园的杂草。除草剂要选择具有高效、迅速和及时的特点。但化学除草剂会带来环境污染，选择或使用不当，会对薄壳山核桃造成危害。目前，我国各地常用的除草剂有如下几种。①草甘膦：在除草剂中，草甘膦产销量占全国首位。该药杀草谱广，可防治多种1年生或多年生杂草和灌木等。②盖草能：一种芳氧基苯氧基丙酸酯类除草剂，是内吸传导型除草剂，是高效、低毒、广谱性除草剂，可除去多种1年生和多年生杂草，可用于多种农作物、蔬菜和果园田间除草，效果较好。此外，还有百草枯、23.5%果乐乳油和扑草净等。在使用时，要注意说明书的要求。

薄壳山核桃幼林施肥，以有机肥和复合肥为主，因幼林以营养生长为主，适当增施氮肥用量。栽植当年在旱季过后，每株施尿素0.05~0.10kg，第2~4年，每年施2~3次：第1次，3月下旬至"清明"，每株施尿素0.10~0.20kg或硫酸铵等生理酸性氨肥0.20~0.30kg（近中性或偏碱性土壤施用）；第2次，旱季前夕，肥料种类和用量同第1次；第3次，旱季过后至12月中旬，每株施农家肥5~10kg。幼树冠幅小，肥料可施在定植穴附近。根据生产经验，可以配方施肥，氮、磷、钾的比例，以5:2:3为好；2~3年生，每株施化肥0.5kg，厩肥15~20kg，分别于2月下旬和9月施入土中。施肥可在冠幅内挖圆形沟，先在沟底放有机肥或杂草，再撒施肥料，这样，有机与无机结合可增加肥效。4年生以后施肥量要增加到1kg，有机肥20~30kg，在这样的管理水平下，4~5年就会投产成林，产量也会逐年增加。

2. 成林抚育

薄壳山核桃进入成林以后，由于结果逐年增加，每年要消耗大量养分，与土壤所能提供的营养之间的矛盾日益尖锐，为满足树体生长发育需要，如不及时加强管理和人为补充生长发育的养分，则生长会衰退，产量会下降，大小年日趋明显。目前，我国薄壳山核桃林由于长期管理粗放，水土流失严重，又不经常施肥，产量增幅不大。但经过抚育管理以后，产量大幅度增加，经济效益显著。如浙江省建德市的薄壳山核桃现有林，一般产量不足1000kg/hm^2，而小面积丰产林可达到1500~2250kg/hm^2。可见管理粗放，林地肥力低下，是当前薄壳山核桃产量低而不稳的根本原因。因此，要提高产量，就必须加强现有林地的抚育管理，提高管理水平，做好抗旱、施肥、挖山削草和老林更新等各项工作。

1) 保持水土、覆盖抗旱、加强土壤管理

目前，薄壳山核桃多生长在有一定坡度的山地丘陵，一般坡度在15°左右，又无水土保持措施，有的林地水土流失严重，坡陡、土薄、缺水、少肥是薄壳山核桃产量低的主要原因，此类林子共同的特点是土壤保水保肥力差，夏季易受高温干旱危害。对这种土层浅薄，肥力不高的林地，在抚育中尽量少动土，多保留地表植被，夏秋干旱季节割草覆盖地面，降温保水。施肥宜用点穴深施，减少肥料流失和引导根系向深层发展，有的地方在林下种黑麦草，夏季覆盖地表，在林内挖蓄水池,以作为抗旱之用,效果很好。

虽然薄壳山核桃可以生长在各种土壤上,但在有些土壤上明显地比其他土壤生长得好,这些土壤主要是土层深厚、排水良好、有较疏松结构,土壤通气透水性能强且肥沃。一般来讲,这种土壤是冲积土,由径流搬运并沉积在谷地而形成的土壤。

造林地与天然林相同或相似的土壤,一般树木生长与产量都好。在美国得克萨斯州,种植在深厚、排水良好的冲积土上的薄壳山核桃成林,其生长和产量都大大超过种植在其他一般类似地方的林子,而在佐治亚州、沿弗林特河在冲积土壤上种植的树比种植在残积土上的相同林子,树体和产量都高得多。在佛罗里达州,土壤深度从25cm增加至1.1m时,其薄壳山核桃林分单位面积的产量增加1倍以上,同时,薄壳山核桃水平根系伸展距离是树冠展距离的1.5~2.0倍,深度达到5~6m。另外,土壤结构也明显地影响水分有效性吸收。在同样深度的土壤上,薄壳山核桃的干旱危害,随着沙粒百分比的增加而加大,这反映沙土比黏土的保水能力低。

薄壳山核桃对"湿脚病"很敏感,特别是在生长季节。在这种情况下,叶片可能失绿,且根系生长稀疏,根系深度随排水状况而变化,这对生长和结果都有一定的影响。做好保水保土,加强林地土壤管理,通过施肥等措施,提高土壤结构和肥力,才能实现薄壳山核桃林分的高产稳产。

在我国南方的低山丘陵,土壤以红壤、砖红壤和黄壤为主,由于气温高,降雨量多,生物生命活动旺盛,加上矿物质强风化、强淋溶、物质转化和迁移的作用,所以成土矿物都经过强烈而彻底的风化,土壤中溶解的矿物质养分很贫瘠,土壤的富铝化和高岭化,即矿物质风化释放出来的硅酸、钙、镁、钾等基本成分比较活跃,在这高温多雨的气候下,严重淋溶而损失;这些土壤有机质很少,离子交换量也极少,保肥作用很弱,这是我国亚热带山地丘陵土壤的严重问题。在这个地区,除了有机质含量很少外,速效磷奇缺,据作者在湖南省湘南地区的衡阳、永兴、常宁、莱阳、衡东等县(市)和浙江省浙北地区的安吉、长兴等县(市)的四纪红壤、沙砾岩红壤和黄壤地区调查,全磷含量为0.026%~0.117%。此外,土壤中黏化作用是普遍存在的,它对植物生长和土壤改良利用,都有重要的影响,造成土壤密度大,孔隙度小,黏性重,团粒结构差,干旱时容易板结,下雨时容易流失。只有通过土壤管理,即土壤耕作,提高土壤肥力,使薄壳山核桃形成庞大的根系和完整的树体,才能提高产量。

2) 调整林分密度和耕作

薄壳山核桃产量不高的另一重要原因是现有的薄壳山核桃林中植株多为实

生，因此，这类林子的特征是疏密不均，大小不一，树龄不一，老树所占比例较大。由于管理不够，树干高耸，树冠狭窄，能结果枝梢较少，单株和单位面积产量都很低。对这些林子的改造，首先要调整密度，去密留疏，使每亩株数保持在10~15株；其次，对林中部分树冠残缺不齐，病虫危害，产量不高又妨碍林地卫生状况和生长的老树或无用树进行清除，以改善林分的年龄结构和卫生条件。在此基础上加强水土保持，施肥等措施，以提高产量。在美国许多地方，对于这些林子，通过高接改造，调整密度以后，产量不断提高，收到很好的效果。

3）施肥

薄壳山核桃进入结果期以后，由于树体生长和开花结果的需求，每年都要从土壤中吸收大量有机质和营养元素。科学施肥是有效提高产量和缩小大小年变幅的重要措施。提倡根据土壤和叶片的营养分析进行配方施肥和平衡施肥的方法，这是今后薄壳山核桃施肥的方向。

(1) 施肥的种类和施肥量

薄壳山核桃施肥要根据土壤肥力和树体营养状况来决定肥料的种类和施肥量。薄壳山核桃对肥料的反应是迟缓的。Hammer 和 Hunter 1948 年发现施过磷肥的树，在停止施肥 2 年以后，其叶片含磷量比未施磷肥的树叶片含量高。施肥对产量的反应是连续几年以后，而不只是在施肥当年，这点与我国的薄壳山核桃情况基本相似。根据土壤的不同，不仅要施氮、磷、钾肥，还要因地制宜地增施钙、镁、锌、锰、硼等肥料。如在残积土中比在冲积土中养分缺乏更为突出，则是因为残积土比冲积土古老，土薄且受过高度的淋溶所致。

对于氮、磷、钾的比例，有人认为成年树以 8:1:3 为宜，幼树适当增加氮的比例。

氮：氮是蛋白质、生物碱、叶绿素的构成成分。缺氮时枝条细弱，叶片颜色淡绿，早秋提早变黄脱落。据试验证明，氮肥与产量密切相关。在没有地下杂草与树争肥时，每年每亩施氮素 9kg（约 23kg 硝酸铵）即可。在长期套种豆科作物的林地可少施或不施氮素。

磷：磷对种子脂肪代谢、呼吸作用和氮的利用都非常重要。缺磷引起生长不旺盛，盆栽试验会出现失绿病。在美国大多数薄壳山核桃园一般不缺磷，在施入配方肥 8:1:3 后，可不再施用磷肥。我国南方各地缺磷特别明显，因此，必须施磷。

钾：它与膜透性和运输有关。在美国，一般果园不缺钾，只有少数管理不善的果园才会严重缺钾。缺钾会使叶片出现枯萎，抗寒力下降，遇到冻害时枝梢枯死。

钙：钙是细胞壁的主要构成部分，是一个能中和有机酸的碱基，在生长点中，包括根尖中部需要钙。因此钙是很重要的元素。

镁：镁是叶绿素分子的一部分，植物不能缺少它。

钙和镁，在薄壳山核桃果园内适当施用石灰石是最好的技术措施，由于石灰能减少磷、钾的淋溶，增加土壤pH到一定水平，使其更适于豆科覆盖作物生长和氮素的固定。石灰能降低镁的可溶性。镁是植物生长的重要元素，但在某些土壤中，其含量达到了致毒程度。镁和钙是从石灰里发现的两种重要植物养料。从盆栽试验中看出，由于缺钙引起顶端小叶变小和生长衰弱。在砂性较重的土壤中栽植时，薄壳山核桃树常发现缺镁，有时严重到足以引起落叶造成减产。缺镁的特征是叶边缘发黄，中间叶脉褐绿和发生枯斑，晚夏时期变得特别严重。

含钙量高的石灰是极好的钙素来源，而含白云石的石灰，既含钙又含镁。含钙量高的石灰可以纠正土壤酸度，而含白云石的石灰则在镁水平低时使用更好。含白云石的石灰其优点是，在使用过量时，由于一旦pH达到6.0或更高时，就很少溶解于土壤中，不会造成石灰过重的危害。

薄壳山核桃在施石灰时，如园地不套种豆科植物，pH保持在5.5~6.0，而种豆科植物以后就会提高到6.0~6.5，这对薄壳山核桃生长是有好处的。

锰和铁：锰和铁虽不是叶绿素的构成部分，但与其形成有关，它可起到催化剂的作用。缺锰常使山核桃发生称作"老鼠耳朵"或"小叶"的毛病，此病常发生在石灰土或含有贝壳时土壤上，与pH过高有关。当发生此病时，每株成年大树施硫酸锰0.9~4.5kg加1.4~7kg硫酸亚铁即可消除这种现象。

硼：硼有催化和酶解的作用，在生长点中是很重要的。园中因种植豆科植物，需硼量高，故一般园中需有足够的硼，每公顷施入9~14kg即可。

锌和铜：锌和铜起催化剂和生长调节的作用，与氧化还原反应有关。薄壳山核桃的蓬座叶丛，是由于缺锌引起的生理紊乱，不能正常生长，表现为小叶青铜色卷缩，节间缩短，影响复叶发育，小枝出现蓬座叶丛，严重时小枝枯萎，造成减产。补救的方法是施用锌肥，效果很好。硫酸锌是常用的锌肥，因为它比其他的锌肥作用快。氧化锌也可用于土壤，但其肥效要比硫酸锌慢。当把锌直接施在土壤表面内，便能直达薄壳山核桃树体的根部，效果好。

施锌的时间相对来说，不是特别重要，但对薄壳山核桃来讲，在春季抽梢展叶前为最好。治疗薄壳山核桃缺锌病，可在每株的树冠下均匀撒布0.9~1.2kg硫酸锌，便足够满足栽培在砂质土壤上的树；较黏重的土壤，每株树则须施硫酸锌2.2~4.5kg才能达到同样的效果。对幼树则用0.1~0.2kg就够了。成年树出现蓬座叶丛时，则在施用常规肥中加入1%~2%的锌即可起到防治作用。缺锌症一旦消除，以后每5年或10年再施肥一次，因过高的锌对植株会产生毒害。

硫：硫是蛋白质和某种挥发物的构成部分，和铁、锰一样，不是叶绿素的构成部分，但与其形成有关。

钼：钼可能与氮的转化有关，但更确切的作用目前尚不清楚。

施肥次数和施肥时间，基本上与幼树相同，施肥量按树冠投影面积计算，每平方米：第1次施速效肥0.1~0.2kg；第2次，氮、磷、钾三元复合肥0.1~0.2kg，视挂果的多少而决定；第3次，农家肥10kg，加上钙镁磷肥（酸性土壤施用）或过磷酸钙（适中性或偏碱性土壤施用）0.2~0.3kg。结果树施肥应施在树冠外围投影处，此处是吸收根的密集处，效果好。

（2）营养诊断的技术和方法

营养的需要可以通过推测，从收集物带走的养分，营养缺乏的症状，土壤分析和叶分析中计算出来。目的是防止和减少由于营养不平衡造成的产量损失。防止营养失调比纠正营养失调要容易些。例如，在某些薄壳山核桃林中，调整锌、钾、镁的缺乏需要数据，一般在一二年或更多的时间便可完成。目前，常用的方法是土壤分析和叶片分析。

土壤分析：土壤分析是了解植物营养状况的一种常用方法。在美国的东南部、土壤分析的主要目的是测定pH，土壤养分含量的分析对薄壳山核桃很有价值。树的生产性能与土壤分析既非一致，但同样土壤分析与叶分析也十分相关。虽然土壤分析有些局限性，但如果要充分了解果树林木的营养情况，土壤分析还是十分必要的。这也是我国各地常用的方法之一。如对一块缺锌的树林作了土壤测定后，表明土壤中锌是充足的，调整的方法是，对叶片喷锌。如试验结果表明土壤中锌含量很低，调整土壤缺锌的方法就是土壤施锌。总之，树体的营养水平是目前人们非常关心的问题，掌握土壤营养水平的知识，是调整营养水平和预测将来可能出现问题的基础，而且土壤分析在评价坚果树的土地中也是最可靠的方法。

叶分析：在测定中，被分析测定的组织是叶片而不是根或其他组织，因为叶片组织是对养分供应变化最为敏感的组织，是植物制造食物的器官，也是新陈代谢活动旺盛的场所。

对植物来讲，养分的含量随着新梢上叶片的位置和复叶上小叶的位置变化而有所不同。薄壳山核桃树钙的含量从新梢基部叶到顶部叶及复叶的基部小叶到顶部小叶是逐渐减少的。因此，要使分析结果能正确反映实际情况，取样工作必须标准化。对薄壳山核桃取样的程序包括从新梢中部复叶取1对小叶，例如，新梢有11片复叶，就应该选第6片复叶。如果取下的复叶有11对小叶，应该选择第6对小叶为样叶。在采样时间上，必须作出规定，因为某一叶片的养分含量，随着季节和叶片生长变化的不同而不同。薄壳山核桃小叶磷的含量随时间变化而变化。当在生长初期，即小叶迅速生长期，磷的含量随着时间的推移而降低得很快。为准确起见，如果叶片分析值需要重复，并与标准取样相比较，取样时间必须在养分含量稳定时再取样较为合理。薄壳山核桃小叶中的大多数养分一般取样时间为柔荑花序脱落之后的 56~84d。在美国佐治亚州，取样从 7 月 1 日至 8 月 7 日为好，这也是实践的结果。我国各地具体取样时间，最好是通过实验后再确定为好。但有时必须在其他时间取样，在这种情况下，应该取两种样：一种是从认为养分失调的树上取；另一种是以作为标准的健康树上取，这样做比较合理。

在美国长期研究基础上，现在已建立了薄壳山核桃叶片成分标准，对生产起到重要作用。叶片分析程序的最后步骤是决定叶片成分与养分缺乏症状的确定，然后采取调正方法，以满足树体生长发育的需要。一般有两种常用的方法。一是调查试验研究，在调查法中，叶片样品以有高产纪录的成林中取得。假设这些林养分是最适当的，从而这些林分的叶片成分值可以用来作为适宜的标准。当得不到其他可使用的林分养分资料时，这种调查方法是可行的。但是用调查法取得数值只是初步的，这些数值还必须通过田间、温室或二者结合的实验研究以后才能证实为合理。二是在温室内研究，当得到养分的缺乏数量值后然后再应用到田间。因田间研究发展是长期的，也是最理想最可靠的方法，所以也是目前科技工作者主要采取的方法。薄壳山核桃和黑核桃试验性的叶片成分分析值标准见表 5-2。

表 5-2 薄壳山核桃和黑核桃试验的叶片成分标准（以干重计）
Table 5-2 The leaf mineral nutrient standard of pecan and black walnut (dry weight)

养分	缺素症状		最适度的生长	
	薄壳山核桃	黑核桃	薄壳山核桃	黑核桃
氮/%	2.30	2.00	2.7~3.0	2.60
磷/%	0.10	0.10	0.14~0.30	0.25
钾/%	0.60	0.75	1.25~1.50	1.30
钙/%	0.40	0.50	1.00~2.50	1.10
镁/%	0.20	0.15	0.40~0.80	0.45
硫/%	0.10	0.05	0.20~0.50	0.25
锰/ppm	<100	30	100+	80
铁/ppm	50	40	65+	100
锌/ppm	20	15	50~100	50
硼/ppm	6	20	15~50	50
铜/ppm	<10	5	10~30	10
钼/ppm		0.05		0.10

薄壳山核桃叶片成分标准以干重表示，在最适生长时，氮含量需要有2.7%~3.0%；磷含量需要有0.14%~0.30%；钾含量需要有1.25%~1.50%；在微量元素上，锰的含量需要100ppm，硼含量需要有15~50ppm；锌含量需要有50~100ppm才行，当分析值低于这些标准时，就反映为缺素症状。如表5-2中所示，当氮含量为2.3%，磷为0.10%，钾为0.60%时，多是缺素症状。对薄壳山核桃栽培品种来讲，在接受等量施肥的肥料中，叶片组织的养分含量差异很大，因此，不同的坚果和栽培品种应分别种植在不同地区内作养分分析的测定。

此外，土壤pH对薄壳山核桃生长影响很大。有实验表明，在土壤pH为7.0时，薄壳山核桃实生苗的第1年生长量最大。并且土壤pH低于6.4或高于8.6时，生长量就明显地下降。土壤pH对微生物生长的影响也是复杂的，而且不同的土壤类型和不同树种，pH的影响也不同。由于土壤中其他因素随pH的变化而变化，进而改变对植物生长的影响。它有时在土壤中形成伤害植物的酸性物质，就会产生毒害；有时影响微生物的活动，由于固氮菌需要有一定的pH，因而间接地影响了氮的供应；有时影响到植物对养分有效性的吸收，这些都会对薄壳山核桃产生影响。酶在养分有效性吸收上，明显地削弱了根系吸收养分，薄壳山核桃根系吸收某种养分的能力，目前还未很好地研究。

在美国干燥的西南部土壤，pH高成为了一个主要问题。这是因为在pH高的土壤中，锌的有效性大大降低，不得不用叶面喷施的方法来施锌。在美国东南部，用施石灰的方法来提高土壤的pH，它将会降低锌的有效性，但是如果在施石灰的同时，施锌就可以保持足够的锌，这也是可行的。我国在有些地方，钙、镁和钾的减少是由于淋溶作用，因为在土壤颗粒上它们被氢和铝所取代。磷的有效性下降是由于形成不溶解的化合物。由于不断用酸性氮肥，造成严重的营养不平衡，最终将抑制树的生长。

在薄壳山核桃施肥问题上，有人提出了养分平衡的问题，据美国有些学者研究，他们认为，对薄壳山核桃最容易打破的养分平衡是：氮-钾-镁的平衡。如果不断地增加氮，而不考虑钾，氮、镁的不平衡就要发生。这种不平衡的发生是由于氮抑制了钾的吸收。施用酸性氮降低了土壤的pH，结果增加了钾的淋溶。如果继续不断地施氮，而钾又不能保持足够的水平，叶片灼伤（焦边等）就会发生，将造成严重的叶片脱落，最终会出现缺钾的典型症状。当氮、钾不平衡发生时，调整的方法是施钾。但是钾抑制镁的吸收，于是，缺镁的症状就逐渐形成了，如果用硝酸铵肥料降低土壤pH而使镁有效性下降时，缺镁情况特别容易发生。在薄壳山核桃成林中，氮-钾-镁的平衡是非常重要的，并由人们经常地、反复地打破这种平衡，结果会抑制树木的生长，因而结果树的产量就会受到影响。在采取纠正措施以后，但持续达不到预期产量时，只在施用石灰和肥料后才能慢慢地遍及到土壤中，在树木有了反应并开始得到潜力后就发挥它的效能。因此，人们一定要做好完整、周到的实施计划和耕作计划，才能防止不必要的事情发生。

4) 结果树的修剪

修剪就是除掉死亡或濒临死亡，以及没有利用价值的树枝，以便控制开花、结果，将树体培育成合理的树体结构。修剪方法和修剪量及强度，因树种、环境条件和栽培目的不同而不同。一棵树，除生长点外，加粗生长的量与树冠的繁茂程度有关。大而繁茂的树冠对植物来讲，才能是丰产的基础。

结果树的修剪，主要是要形成以牢固的骨架为基础的树体结构或形状，以达到高产稳产的目的。在修剪时，主要是做好卫生修除、疏冠等工作。果用薄壳山核桃，一般在定植10年后逐步进入盛果期，这时修剪的主要任务，一是适度短截，回缩骨干枝和结果枝组，控制树冠的横向扩展，防止结果部位外移，将树冠覆盖草控制在80%左右，使枝条更新复壮，紧凑饱满，维持健壮树势；二是在疏除病虫枝和部分细弱枝、过密枝、重叠枝的同时，对部分着生位置适宜的内膛小枝适当短截更新，充实内膛，防止内膛空虚。培养一个强壮的骨干枝结构的树体要仔细观察，至少每年要检查修剪情况。在冬末早春是最适宜的修剪时间，要很好地掌握。

5) 灌溉

薄壳山核桃不耐干旱，尤其是在两个需水关键时期必须保证水分的充足供应。一是果实膨大期，一般在5月底之前；另一个是果实灌浆期，从7月开始至采收前夕。缺水会造成生理性落果，严重时会减产一半，缺水还会降低坚果品质（颗粒大小、饱满程度、坚果风味和外观质量等），缺水会影响花芽的分化，影响来年的产量和品质。我国是一个水资源相对短缺的国家，适宜种植薄壳山核桃的地区几乎都需要进行灌溉。如浙江省的建德市、杭州余杭区等都是栽植薄壳山核桃较多的地区，这些地区全年降雨量虽然充分，但由于旱季明显，持续时间长，一般从7月中旬开始至8月底或9月上旬，此时正是薄壳山核桃果实灌浆生长的关键时间，因此，必须重视节水灌溉工作。

(1) 雨季蓄水、旱季灌溉

一般薄壳山核桃果园多在山地丘陵，应因地制宜地在果园内多造蓄水池，蓄水池要均匀分布在园区内，每个蓄水池可蓄水20m³以上。在梯土带上，还可多挖些小型的蓄水坑，以便在雨季临时拦截地表径流蓄水，旱季利用自然落差自流灌溉。低洼处要注意排涝、防止积水。

(2) 灌溉时间与方法

栽植当年，由于根系正值恢复期，抗旱能力差，可酌情灌溉 1~2 次。在抚育时将锄劈的杂草，覆盖在小树的根际，不但可降温，而且又可增加土壤的湿度。2~3 年生的幼树，主根深，根系发达，抗旱力强，一般可以不用灌溉，但遇到长期秋旱时，应进行灌溉。结果树，像浙江省建德市、余杭区，从 7 月初开始，直到采果前夕，如遇持续高温天气，每隔 10~15d 需灌溉 1 次，后期半个月灌溉 1 次。一般可用塑料软管分片流动浇水，轮番进行，有条件的地方可采用滴灌等节水灌溉技术。

6）覆盖

覆盖在经济林上是一项很实用的技术措施，用以调节土壤温度，减少土壤表面水分蒸发，保持湿度，形成一个对植物生长有利的土壤环境及防止杂草生长。在美国的薄壳山核桃林中得到了广泛的应用，取得了很好的效果。在我国南方山地丘陵，无论是种植油茶、油桐，还是板栗、银杏等其他经济林木，覆盖都是经常采用的一项措施。实际上，土壤表面的浅耕层，又称"松散土层"，也可起到覆盖的作用，还有生草和伴生植物形成的天然覆盖，也可以起到覆盖的效果。

(1) 覆盖的种类

覆盖物的种类很多，在环境中，有自然无机物，如松散的土层，土壤覆盖物等。天然有机物有草皮、枯枝落叶、干草、蒿秆、甘蔗渣、玉米秆等物，合成物有皮纸、各种颜色的塑料薄膜等，只要是来源充足、便宜和易于施用，能够减少土壤水分蒸发，又能使水分迅速渗透，并能调节土壤温度，防止水分流失的物质。自然界有机物质一般是有色的、吸水的，干燥时不易导热的。结构疏松的物质，进水快渗透迅速，而细密结构的物质如泥炭等覆盖土壤表面都能抑制杂草丛生，起到保水保温作用的。因此，许多植物的残体都适合作覆盖物。

(2) 覆盖物的物理性质和能量变化状况

从覆盖物的物理性质来看，当太阳能射到地表面或被植物吸收能量时，一部分辐射到植物和其他空气中，一部分消耗于地表的蒸发，其余的都用于提高地表的土温。在一般情况下，一个放射体所发出的能量，其波长与温度成反比。人们从炽热的太阳接收短波辐射，而从相对冷的地球发出长波辐射，在使用塑料薄膜等物时，这些物质在阳光充足的白天，净能量流入土壤，在昼间和阴天时基本全为土壤散失能量。当裸露地表一直很湿润时，大部分吸水的能量则消耗在土壤蒸发上。这就是人们常说的"湿土是冷土"。气流将裸露地表附近的湿气带走，促使持续蒸发，随着土壤水分的散失，更多的热量传入土壤面而使土温升高。蒸发停止以后，地表逐渐变热。在昼夜未加覆盖的土地失去热量而变凉。因此，裸露土地干燥而变热，昼夜温差很大。

常见覆盖物有如下几种。

干草。一种典型的有机覆盖物。用干草有机覆盖物所覆盖的土壤，能保持凉爽和湿润，并且温度基本上比较稳定，变化不大。

生草覆盖物。生草覆盖物覆盖的土壤，它吸收的能量大部分是用于生草的叶片蒸腾。在白天没有多少能量用于提高土温，而在夜间生草覆盖层可阻碍降温。所以生草覆盖下的土壤比裸露的土壤温度要低，变化幅度较小。

黑塑料薄膜。用深色或黑色薄膜覆盖土壤，不透光线，一般杂草的萌发会停止甚至死亡。黑色薄膜吸收大部分能量，而又将能量的大部分与上方的空气交换。膜和土壤之间的一层空气使土壤隔热而增温缓慢，夜间当膜变凉时，这层空气可减少热量散失。所以，土壤的净热量交换大致与裸露的土壤相同。由于地面未暴露于周围的大气流，因此蒸发较少。黑色薄膜覆盖的土壤是温暖而潮湿的，但与裸露相比较，极大地减少了土壤温度的变化，对植物生长是有利的。黑塑料薄膜以不露出土面为好。

半透明薄膜。半透明薄膜覆盖可以透过射来的大部分短波辐射而到达其下部的土壤。这些能量像裸露地一样可以散失，但有所不同。覆盖有一层水分的塑料膜，几乎不透过长波辐射。这种辐射在土壤和膜之间的静止空气层阻碍热量散失，透明薄膜像黑色膜一样，把湿地面与湍流的空气相隔离，并能减少蒸发。然而透明薄膜传导的光线远远超过杂草生长的需要。半透明膜，如绿色聚乙烯膜改变了透明的光质，因而阻止或减慢大部分杂草的生长。用半透明膜覆盖土壤比裸露土壤更温暖和湿润，但与黑塑膜覆盖下的土壤相比温度变化大。

通过对覆盖物理性质的分析，人们可以通过人为的方法来创造植物生长所需要的各种各样土壤小气候环境，这对树木生长是有利的。在晴天，地面附近温度变化最为强烈；在阴天及随土壤深度的增加，这种变化的趋势缓慢或消失。任何阻碍热量从土壤中散失的物质可延缓霜冻。同样，任何有利于增温的物质或措施可减少冷冻的深度，并促进春季更早地解冻，从而延长了有利于根系活动的温度时间，这都是有好处的。

只有惰性覆盖物能够极大减少土壤水分的散失。耕作过的土壤水分散失量与裸露的未耕作的土壤相同。生草覆盖由于具有大量叶表面，比裸露土壤所消耗的土壤水分要多。从土壤中吸收水分，而且能阻挡太阳辐射并隔断湍流空气，土壤水分没有什么蒸发。半透明膜需要一些控制杂草的措施，否则，杂草耗尽土壤水分，应松开膜的边缘，从松开的缝隙散失热量和潮湿空气（表5-3，表5-4）。

表 5-3　薄壳山核桃地表以下 5cm 的土壤温度（单位：℃）（麦克丹尼尔斯，1990）
Table 5-3　Soil temperature at 5cm below the surface of pecan field

日期	时间	天气	覆盖物			
			裸露	绿色膜	生草	干草
6月24日	午后3：00	晴（碧空）	35	38	27	23
8月14日	午后3：00	少云	23	25	22	22
			裸露	绿色膜	黑色膜	干草
8月9日	午后3：30	晴	33	36	35	25
			裸露	透明膜	生草	木屑
8月10日	午后2：00	少晴	32	36	30	24
8月9日	午后1：00	阴	26	28	23	22

注：地点在美国康涅狄格州农业试验站，土壤样品在降雨 7mm 以后 24h 取样。

表 5-4　各种覆盖物下土壤水分含量（％干重）（麦克丹尼尔斯，1990）
Table 5-4　Soil moisture content under the different coverings in the pecan field

土壤深度/cm	覆盖物					
	裸露地	木屑	透明薄膜	生草	裸露+除草剂	塑膜+除草剂
0～5	14	14	8	12	13	13
10～20	11	12	9	7	10	12

注：地点在美国康涅狄格州农业试验站，土壤样品在降雨 7mm 以后 24h 取样。

(3) 覆盖对林地土壤的影响

在薄壳山核桃整个生长期间，虽然覆盖不能保存它生长需要的全部土壤水分，但覆盖却形成了防止蒸腾、减少水分蒸发、保湿保温的土壤小环境，对薄壳山核桃生长是有利的。覆盖物截持降雨，一些覆盖物可吸收可观数量的降雨量，但少量的降雨可能透不过有机覆盖物。同样，裸露土壤的下层只有在表层土壤水分饱和后才能被湿润。小雨一般仅从土壤表面全部蒸发。除了结构良好的覆盖物，如泥炭或锯末等其他对降雨的截持和吸收效果要差些。覆盖的土壤比没有覆盖的土壤有更多的土壤孔隙。渗透性和脱水性能更好。当裸露的土壤干燥时，收缩面变得很紧实，降落的雨滴冲击使土壤颗粒移动，进一步堵塞了地表的土壤孔隙。被覆盖的土壤表面积很少完全干燥，它消除了降雨的冲击。所以雨水更容易于吸收和渗入，如果地表在植物周围向膜的开口处倾斜，则大面积的雨水便汇集在此再渗入土壤中。预先留下渗水孔隙，而留下的衔接缝则有利于拦截雨水，以便防止因排走雨水而造成地表径流。

覆盖物明显地在下雨时成缓地表径流，从而减少了土壤侵蚀。许多研究表明，土壤 pH 能被覆盖物提高，降低和保持不变，当然有机质含量低的沙质土壤

pH 最容易被改变。有机覆盖物还富含有钙、镁和磷等，在覆盖物分解的同时，还能够缓慢地增加土壤的 pH。覆盖林地不会产生土壤的淋溶和营养的损失，这是非常重要的。用土壤渗漏测定计对不同覆盖物进行测定，研究表明，覆盖土壤与裸露土壤相比，土壤水分的渗入量增加了 50%。有机物覆盖下的土壤，增加了硝态氮、钾、镁和磷的含量。这可解释为，由于覆盖物分解释放出了某些营养，土壤中结合的有机物可以增加土壤保持养分和抗淋溶的能力，增加了植物利用土壤水分，也减少了淋溶。

此外，覆盖下土壤稳定的温度和湿度条件有利于土壤微生物真菌和细菌的活动及数量的增加，其结果是土壤通气性越来越好，这些都有利于土壤肥力的提高，改善土壤理化性质，促进植物生长起到很好的作用。

(4) 覆盖对薄壳山核桃树生长的影响

覆盖能促进薄壳山核桃种子的萌发，幼苗和幼树的成活和生长，提高成活率和保存率。佐治亚州试验站对薄壳山核桃根系的研究指出，集中的很多根系分布在易于被冻死、干死和耕作面的地面附近，侧根系的根幅接近冠幅的 2 倍。同时，观察到在土壤温度为 30～35℃时须根的生长量最大。在果园地表以下 30cm 处土壤温度都未超过 25℃。由此看出，覆盖对薄壳山核桃根系生长较好。在日本，对桃树生长最适温度大约为 24℃，在 35℃时生长受到限制。作者于 1998～1999 年对在富阳市大青村的 15 亩板栗和银杏林进行了覆盖黑色和半透明薄膜及干草的覆盖试验测定，可以看出，覆盖不但降低地表温度，而且提高土壤温度，对板栗和银杏的生长都有促进作用，树体生长良好，枝叶茂盛。此外，覆盖不但对薄壳山核桃生长有利，而且可提高单位面积的产量。在生产中，对一些干旱或半干旱地方，覆盖是非常重要的。

7) 薄壳山核桃隔年结果与大小年问题

(1) 隔年结果问题

像薄壳山核桃、山核桃、核桃和栗属等雌雄同株异花型，以风为传粉媒介树种的共同特点是有自花不育现象。在这种核桃中，薄壳山核桃隔年结果现象特别严重。隔年结果也称为大小年或不规则结果现象，更确切地说，因为结果不一定隔年，没有规律性变化，自然有时短期内可看出一些规律，但不明显，是不规则结果。果树结果的大小年现象是指在管理不善情况下，结果出现一年高产、一年低产的不规则交替结果现象。高产的年份称为"大年"，低产或不结果的年份称为"小年"。在小年的春季，树上存在着两种情况中的一种，没有雌花或产生柔弱的雄花，以后容易败育。败育现象出现得比较多。坐果是隔年结果的最终标志，而不是产生雌花与否。隔年结果可分为成片的或单株的两大类。从商业性角度来看，第一种情况比第二种情况损失更大些。成片树的隔年结果是一种典型的例子，要么全片林结果累累，获得大丰产，要么颗粒无收。这种树在小年往往没有产量，而大年结果相当多，以致出现果仁不饱满的现象。这种类型的隔年结果，常常多出现于丰产性栽培品种，如 Moneymaker 和 Moore 等品种。栽培管理不善，几乎是所有栽培品种都有可能发生的问题。

在成片树中，一些单株隔年结果，结果作为一片树的平均产量来看，可能不算回事，并且可能错误地认为不存在隔年结果的现象。然而，在这种情况下，如果观察这片树中的一些单株，隔年结果现象就容易检查出来。总之，一些单株的隔年结果现象是客观存在的。一般在良好的管理水平条件下就不一定产生或只是不同程度地产生。在美国的一些地方，即使在管理较好，多品种混种的薄壳山核桃林，这种隔年结果仍是客观存在的，这种单株结果的差别还是明显的。

(2) 大小年的原因

引起果树结果大小年的内外因子较多，但主要的内在因素是营养问题。果实的干重主要是由碳水化合物和由碳水化合物衍生出的物质组成。大小年是果树由于营养盈亏而形成的一种"自我调节"或类似"反馈"的一种自然现象。具体反映在生殖生长与营养生长在营养分配上的矛盾及树体营养消耗与积累的矛盾上，在大年，由于结果多，营养消耗多，使当年的新梢、叶片发育差，进而影响花芽分化和发育，使来年开花结果少。而小年由于结果少，树体营养丰富，可保证新梢生长和大量形成花芽，花芽生长发育良好，为下年的结果打下了物质基础。根据果树的研究，在大年由于结果太多，营养生长受到严重抑制，表现出新梢少而细弱，叶片的铵态氮及磷、钾含量低、光合积累和效率下降，根系生长由于得不到营养而生长高峰出现次数减少，时间缩短，吸收根数量可减少 70% 以上。因此，无论是大年，还是小年，都决定于前一年碳水化合物的积累水平。

大小年是所有结果果树的共同特点，而对薄壳山核桃来说，比其他坚果更为严重。主要原因有以下几个方面：第一，果实成熟时间长短；第二，果实生长的性质不同；第三，果仁的化学成分和积累有关。

与果树相比，薄壳山核桃的果实成熟时间比苹果要晚。在美国佐治亚州，桃从果实成熟到霜降约有 153d，苹果约有 100d，而薄壳山核桃仅存 40d。这就是说，桃在果实成熟后，能够有一个较长的碳水化合物积累时间，而薄壳山核桃只有一个较短的时间。因此，薄壳山核桃果实生长的过程就不利于连年的产量。

薄壳山核桃果仁大约 70% 的油质是浓缩的碳水化合物。换句话说，生产 1kg 果仁比生产壳或荚的组织需要更多的碳水化合物，大约 2.5 倍。较大的能量需求，果仁成熟较晚，说明果实生长对隔年结果的影响比壳或荚更大。隔年结果与果仁生长的压力（干重积累）间的关系在果仁发育期间通过摘除叶片和疏果已经得到证实，即除掉叶片而留果会造成严重的隔年结果，用疏果而保留叶片的方法来解除压力，可以削弱隔年结果的现象。

隔年结果与碳水化合物的关系非常密切，可以认为，果实的多少与单位叶面积大小有关，增加果实的单位叶面积，就可减少隔年结果现象。

试验结果表明，在抽发新梢数中等或良好且雌花新梢的百分比在40%~50%时，每个果的叶片量可达到8~10片，每个果的果仁质量可达5g以上，这是较理想的结果。当新梢数中等或中等以下时，有雌花新梢的百分比大多数为0%~20%，这时每个果的叶片数只有2~4片，不能满足生长的要求。如果叶片面积太小，果仁的发育受到了抑制，高产的大年有可能产生"空仁"，这说明大叶面积对薄壳山核桃生长和结果的重要性。这一点，与油茶试验测定结果基本一致。从观察薄壳山核桃幼树的结果中可以明显地看出。如果管理得当，幼树会有个连续结果和增产的效果，这是因为幼树有较多的叶面积之故。

在果实成熟以后，延长叶片保留的时间，可以减少下一年隔年结果的倾向。这点已在试验中得到证实，并且在漫长的秋季变得特别引人注目，叶片可能留在树上直到12月，少量的情况可保留到1月初。在这样的情况下，良好的开花和坐果的机会则会大大增加。在其他因素相同的情况下，生长季节的平均长短是薄壳山核桃长期保持有适宜产量的决定因素。

除了果实的单位面积数和秋天保留叶片之外，叶面的光合效能也能控制隔年结果，大量有效的叶片，就能生产出最多的碳水化合物。减少隔年结果的实践和方法，如控制环境因素、疏果、修剪、栽培品种的选择和进行遗传育种等，现已在生产上广泛应用。

控制环境因素，包括：第一，果实和叶片及枝干的病虫害防治；第二，光照、树体内叶的密度，树体间的密度（树冠之间距离）及提高光合效能；第三，土壤水分含量；第四、营养——特别是氮，也有钾、镁和锌，达到这些环境条件的最佳水平就会保持和增加叶片的效能，从而延长了叶片的保留时间，乃至增加了叶果比。这种环境因素相互联系，必须年复一年地不断地保持微妙的平衡才行。如果任何一种因素受到限制，就不能达到最大限度的叶片光合效能。例如，叶片缺氮，或者缺水，每个果所需要叶片数则比氮与水充足时要多。

疏果和修剪的目的就是要增加叶果比。用手工疏果可以减轻隔年结果现象，薄壳山核桃可以用化学药物疏果，但对果实的商品性可能有影响。修剪也能减轻薄壳山核桃的隔年结果现象，修剪可使树体再度年轻，而且降低了叶的密度，增强了透光，对生长有利。

选择适当的栽培品种能使叶果比增大，Moore 和 Moneymaker 两个品种隔年结果严重，而 Desirable、Sumner 和 Stuart 等品种在进行了结合良好的栽培措施后，始终是稳产的。这种差别主要表现在品种间所发生的自然落花落果的严重程度上的不同。Moneymaker 和 Moore 品种落花落果很少，因而每个果的叶面积不足，Stuart 品种有第一次大量的落花；Desirable 品种有第二次落花落果；Sumner 品种还有第三次的大量落果。这 3 种栽培品种就有一种内在的或遗传性的果实自疏的机能，从而叶果比加大，大小年现象就好些。

通过培育早实早熟的栽培品种可减轻隔年结果的倾向，这种方法可以延长早实成熟后的叶片保留期，此时碳水化合物可以积累用于翌年的生长和结果。早熟的薄壳山核桃在生长季长的地方，隔年结果的现象就较少。

(3) 缩小大小年的措施

影响薄壳山核桃结果大小年的因子较多，在弄清楚这些因子以后，应采取有效管理措施，可以缩小大小年现象。

做好保花保果工作。花期期间低温多雨会引起授粉和受精不良而大量落花落果，导致减产，6 月长期阴雨，光照不足，加上林地排水不良也是导致生理落果的重要原因。因此，必须了解薄壳山核桃授粉习性，进行人工辅助授粉，提高成果率。并注意雨季排水或抗旱工作采取外源激素防治落果，提高单位面积产量和品质。

加强林地的肥水管理。引起薄壳山核桃产量低，大小年差距大的根本原因是营养不足，而引起营养不足的重要原因，是薄壳山核桃多种植被坡地的土壤水土有流失现象，保肥保水能力差，肥力低的立地条件不能为薄壳山核桃提供营养保证；其次，管理粗放，没有合理和科学施肥，投入少，实为掠夺式经营。因此，要在做好保水、保肥的前提下，做好树体管理和科学施肥，有助于减少大小年的发生。

做好调整林分密度和播种，适合修剪，控制树体，增强结果面积，是提高产量的有效措施。

做好病虫害防治工作。目前，我国薄壳山核桃产区，有些病虫害开始危害和有所发展，必须加强病虫害预测预报和防治工作，这也是保证丰产的重要措施。

五、采收技术

薄壳山核桃成熟时应及时采收，延迟采收则果实和果仁可能变色，或者由于人的采食和动物活动遭到损失，坚果一经采收，要及时处理干净和适当晾干。在采收和处理干净以后，及时贮藏好。

1. 薄壳山核桃果实成熟的标准

坚果成熟时，外果皮由青色转黄，继而自行开裂，坚果脱落。当全树有 25% 左右的果实外果皮开裂时，即应及时采收。

2. 采收方法和处理

先清理树下杂草或在树下铺尼龙布，然后用细长竹竿轻轻将果实击落。采收的果实在堆放几天以后，外果皮即会自行开裂脱出坚果，作种子用的坚果即可播种或层积沙藏。作为商品用的坚果可在室内薄摊，让其自然干燥或在阳光下晒燥，即可销售、加工或贮藏。贮藏期长的商品坚果，含水量应控制在4%以下，以免变质。薄壳山核桃不需要脱涩，采收以后即可食用和加工成商品。

第三节 低产林改造技术

我国早期引种的薄壳山核桃，一般为庭院观赏和城市绿化，发挥了它的庭院景观和生态绿化防护的作用。20世纪70年代我国开始大批引种薄壳山核桃，在各地营造了一批果用林，生长良好。有不少已进入结果期，除个别地方，结果和产量较好外，一般为薄壳山核桃低产林。其主要原因如下。第一，在引种发展时，没有重视良种的选择，做到适地适品种。很多地区栽培了大量实生树，不但结果期迟而且林分分化明显，不适用于果用栽培。第二，林分密度过大。薄壳山核桃是速生树种，定植后生长条件好，树高、冠幅和胸径/地径生长迅速，密度过大透风透光性差、树冠有效结果面积少、树势弱化、病虫害发生概率增加。过密是我国各地薄壳山核桃低产和不稳产的重要原因之一。第三，薄壳山核桃许多品种有雄先型和雌先型之别，雄花和雌花花期相遇，授粉受精良好，结实率高，这是高产的条件，花期不遇，结果率差，产量就低。在有的年份花期期间天气多阴雨，也会影响薄壳山核桃果园产量。第四，经营管理技术水平落后。有的地方，立地条件差，让其自由生长，未能重视施肥，修剪和其他技术措施的推广和应用。

综上分析，虽然目前薄壳山核桃高产典型不多，但只要加强管理，单位面积产量还是高的，如浙江建德市135hm^2多的薄壳山核桃林地通过对林地的抚育、施肥和品种配置等技术措施以后，产量大幅度提高，获得了较好的经济效益。

薄壳山核桃低产林改造的主要技术措施主要有以下几种。

一、低产林分密度调整技术

可根据林分实际情况，对林分密度进行调节。可适度地疏伐一些欠优、病虫害严重的单株，或者隔行隔列进行密度调整，将林分株行距调节为（8~12m）×（8~12m）（图5-1）。

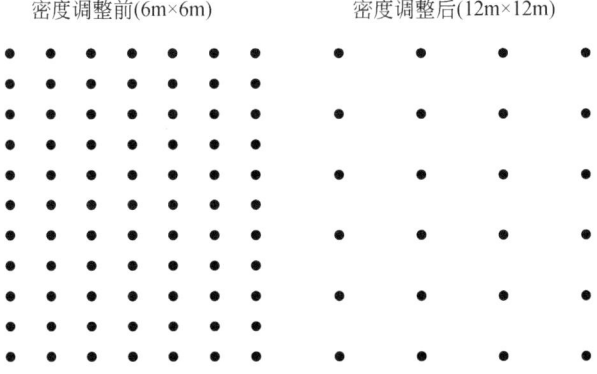

图 5-1 林分密度调整示意图

Fig. 5-1 Diagram of forestry density adjustment

二、大树用良种接冠，控制其树体和生长，实现高产稳产

适宜于早期种植的薄壳山核桃，由于没有考虑品种搭配等问题，导致雌雄花期不遇，幼龄林、中龄林生长旺盛但基本不结果或多年结果产量低下的林分。

每株选择 1~3 个分枝角度适当、干直光滑、无病虫害、生长健壮的主枝作砧木。选择适合当地条件的优良高产、同时雌雄花期相遇的品种，在树液已经开始流动，而芽尚未萌动时采集接穗，进行大树良种换冠或改造。穗条采集过程中要选择树冠中上部外围、生长健壮的枝条。采集好的穗条需放在冷库中贮藏，温度控制在 0~5℃，放入冷库前，先将穗条下端平行剪口进行蜡封处理，然后将穗条捆成小把，放入塑料薄膜袋中。每小把穗条质量控制在 0.2kg 左右为宜。同时在袋内放入湿润的脱脂棉保湿，扎紧袋口，竖立在库内。

果树大砧木嫁接的常用方法有：劈接、插皮接和插皮舌接（俗称：双插皮）。劈接是一种古老的传统嫁接方法，由于接穗与砧木间的愈合面小，成活率偏低，目前已很少采用。插皮接操作简便，成活率高，生产上应用比较广泛，适用于绝大多数果树，亦可用于薄壳山核桃嫁接，但成活率略低。插皮舌接接穗与砧木间的愈合面大，成活率高，特别适用于像薄壳山核桃这样难嫁接的果树。但嫁接必须在砧木和接穗均离皮的前提下才能进行，技术要求较高。

嫁接时，先用手锯在预定的嫁接部位锯断砧木，并削平截断面，截断面直径以不超过 4cm 为宜。在断面下面选择树皮平直光滑处（在主枝上嫁接时，应选在内侧或两侧，不能选在外侧），削去一块长度和宽度略大于接穗削面的老树皮，露出嫩皮，做到"露青不露白"。削接穗时，先在离基部 5cm 处以 60°角切入径粗 1/2，然后用较小的角度斜削至基部对侧，将基部削尖。再用大拇指和食指用力将削面的皮层捏离木质部。插接穗时，"皮对皮，骨对骨"，即接穗的削面朝向砧木内侧，木质部从砧木上已削去老树皮处的木质部与皮层间缓缓插入，直至接穗露白 0.5cm 左右。再将接穗上已脱离木质部的皮层贴在砧木上已削好的嫩皮上，然后用尼龙薄膜绑扎。绑扎前，先在砧木截面上加盖尼龙薄膜片（最好内衬一层旧报纸，遮光）。绑扎时，先从砧木上开始，自下而上，固定并覆盖包在砧木上的皮层，同时固定覆盖在截面上的尼龙薄膜片。然后在接穗基部与砧木交接处绕 1~2 圈，将其固定在砧木上。接穗顶端的剪口也要用尼龙薄膜包扎，减少水分蒸发。

嫁接后对砧木上的萌蘖应及时抹除，前期 5~7d 一次，中后期间隔时间可酌情延长。接穗新梢长到 30~40cm 时，应及时除去覆盖在断面上的塑料薄膜片，同时剪断绕在接穗基部的塑料带。为防止砧穗结合部劈裂，砧木上的塑料带松开后仍须绑上。当新梢长到 30cm 左右时应及时立防风柱，为防风折，用枝干等支撑物绑扶新梢。同时，要适量施肥，防止人畜危害及蚂蚁侵害。

三、加强林地抚育，科学施肥，促进高产

1. 林地清理

清理对象是薄壳山核桃林地上的灌木、杂草及林地上的枝丫、梢头、站杆、倒木等。林地清理的主要目的是为了改善立地条件和卫生状况，同时为进行抚育管理创造便利条件。

2. 林地垦复

通过深翻改土、中耕除草、耕翻扩盘等措施改善林地的立地条件，达到丰产的目的。具体做法是：对地势平坦的低产林，每年春季和秋季，对树冠下土壤翻耕 1~2 次，深度在 20~30cm。在翻耕的过程中要注意，离树干近的地方要浅翻，离树干远的地方要深翻；平坦的地方要深翻，缓坡的地方要浅翻；坡度较大的地方，可以通过挖水平阶、鱼鳞坑、修树盘、筑埂等工程措施蓄水保墒，从而起到丰产的目的。

3. 合理施肥

每年施肥两次，分别为早春和秋末。在树冠下挖 20~30cm 深的环状、辐射状沟槽或挖穴施人基肥。盛果期树每年每株施农家肥 100kg。花前或花后 4~6 周穴施或沟施速效氮 1.0~1.5kg、过磷酸钙 1kg。幼树施肥量酌减。条件许可时，还可于花前或果实膨大期进行 1~2 次叶面喷肥。肥液种类及浓度为 0.2%~0.4% 四硼酸钾、0.2%~0.3% 磷酸二氢钾和 0.1%~0.2% 尿素。通过叶面喷肥，可使叶面变绿，光合作用增强，进而提高坐果率。

4. 老林更新

采用强修枝或截干等措施，促萌，配合土壤管理，复壮树势，更新树体，扩大树冠，提高结实能力。同时，还可矮化树冠，便于管理。

5. 间作、套种

实行立体经营，林粮、林经间作，在有些薄壳山核桃林实行套种、间作或栽植棕榈、三叶草等作物。加强管理，改善林地生态条件，达到提高单位面积经济效益的目的。

6. 重视病虫害防治

采用不同防治措施及时进行防治，并做好病虫害预测预报工作。

总之，通过抚育管理和更新改造，使一些孤立木、散生树，一般树龄在50~60年以上的树仍能正常开花结果。像老树通过截干更新以后，各种枝条上多有一些潜伏芽，这种潜伏芽在老树的主干主枝上也无处不有，一旦受到刺激以后，如采取截枝等方法，就会在短截部位以下部位抽生许多萌生枝，新抽的萌生枝一般第2年以后就开始结果。由于截干使树体稍小，营养集中，生长旺，结果快。在有的地方采用这种方法后，第4年恢复产量，至今仍能正常结果。因此，对低产林应根据不同情况，采取不同的单一或综合措施，会取得很好的效果。

第四节 主要病虫害防控技术

一、薄壳山核桃病虫害概述

1. 病虫害发生现状

在植物病虫害方面，据美国佐治亚州美国农业部东南部水果坚果试验室杰里·滚思教授报道，世界上全部收成中大约有35%的产量因为病虫害而白白损失掉。在美国粮食生产中，病虫害造成的损失大约占总产量的39%。据美国农业部的材料，1977年有商业价值可食用的坚果收成中，薄壳山核桃，核桃和榛价值57 500万美元，由于害虫和螨类的为害所受的损失至少20%以上，有些年份甚至高达50%。

在美国的薄壳山核桃和山核桃上至少有100种害虫和螨类在木材、叶片、枝梢、树皮和果实上取食为害。在盛产薄壳山核桃地区危害严重的多数为害虫，如在靠北部的薄壳山核桃和其他山核桃中有些品种危害更为严重。

比如美洲山核桃蜂斑螟（Acrobasis nuxuorella），它主要是在幼虫期为害，首先在芽中为害，然后钻入嫩枝内，常常在嫩枝内化蛹，大约在坚果形成时，深灰色的成虫出现，并在坚果顶部产卵，这第一代卵不久孵化，幼虫主要在幼果上为食。以后几代在果实和叶片上取食为害。在佛罗里达州和得克萨斯州，每年可发生4代，在纽约州和加拿大等地每年不超过2代。幼虫也为害黑核桃、波斯核桃和灰核桃。只要是薄壳山核桃和山核桃生长的地方，就会发现美洲山核桃象虫（Curculio caryae），它主要以果实和幼果为食，造成早熟落果，其防治主要在成虫出现的时间喷药进行。山核桃小卷蛾（Laspeyresia caryana）在薄壳山核桃和山核桃生长的地方都能发现。因为世代之间相互重叠，缺乏适宜的残效期长的杀虫剂，防治较为困难。美洲山核桃长斑蚜（Tinocallis caryaefaliae）是一种细小的动物，可造成过早落叶，直接影响当年产果和果实质量。核桃黑斑螟（Acrobasis juglandis）是薄壳山核桃的一种害虫，主要分布于加拿大的安大略省，在美国南方，大多数在幼虫出现后为害，在叶和芽上取食为害。

美国农业部专家估计，病虫害造成的损失，平均约为产量的1/10，侵染性病害可能由于阻塞导水细胞而使植物受害，症状是叶片萎蔫和枯死。除了侵染性病害之外，营养性和其他环境诱发的危害在各种核桃属上也产生类似的症状。从叶片各种各样的畸形或变色可以判断是缺锌、铁、硼，还是缺锰。至于空气污染和其他反常气候条件对山核桃有何种影响，至今研究很少。

近几年，我国各地在薄壳山核林中都发现了一些病虫害。据江苏省报道，南京地区薄壳山核桃病害较少，未见造成危害，而虫害较重，主要有根瘤蚜、核桃叶甲、旋枝天牛、天牛、刺蛾、透翅蛾等。浙江省在富阳市、建德市、临安市等地先后发现了金龟子、天牛、钻心虫等害虫危害。目前，云南省发现的主要病虫害有根腐病、枝枯病、地老虎、金龟子、刺蛾、云斑天牛、木蠹蛾等。

从我国部分省市（区）薄壳山核桃病虫害来看，主要有苗圃害虫、叶部害虫、枝梢害虫和果实害虫。虽然有的地方还不是很严重，但应引起人们的高度重视，注意和预防病虫害的发生。根腐病主要发生在苗期，枝枯病主要发生在结果期，病菌侵害幼嫩枝梢，先从顶端开始，逐渐向下蔓延，直至主干，受害叶片变质脱落，枝干枯死，以致全株死亡。地老虎主要为害幼苗根部，致使树体得不到水分和营养物质的供应而死亡。金龟子种类较多，其中以棕色金龟子发生较多，为害最为严重。在南部低海拔地区，如普洱、新平等地发生较多。主要为害嫩叶，晚上6~11时出现，一两天之内，可把新梢新叶全部吃光，白天潜伏于土壤中危害根系，严重时植株死亡。云斑天牛幼虫蛀食韧皮部和木质部，成虫啃食幼枝嫩皮，轻者影响生长，降低结实量，重者导致植株枯萎死亡，在云南省建水县尤为严重。当发生病虫危害时，各地都进行了防治，并取得了较好的效果。

2. 薄壳山核桃病虫害防治策略

薄壳山核桃病虫害的发生、发展、蔓延成灾都是在一定的条件下，寄主、病原菌、环境三者互相作用的结果。在一个稳定的森林生态体系中，如果环境条件有利于林木的生长发育，不利于病原菌的滋生发展，那么病原菌即使存在，也不会蔓延成灾。相反，如果森林的环境有利于病原菌的大量繁殖，那么病虫害就会扩大发展成为灾害。寄主的抗病性与病害发生的关系很大，另外有些病虫的发生与海拔高度和环境条件都有一定的关系，人们必须了解和掌握，这对预防病虫害非常重要。

薄壳山核桃除了为人们提供优质的干果外，还具有生态防护和绿地的作用，美化环境、净化空气等生态效益和社会效益。这就决定着薄壳山核桃病虫害的防治策略，应实行以营林措施为主、综合治理的原则。为实现这一目标，必须切实做好以下几点工作。

1）重视调查研究，及时掌握情况

薄壳山核桃病虫害的种类、分布、危害状况是和其他事物一样，处于不断地运动变化之中，因此，认真做好调查，及时掌握病虫的活动规律，采取必要的防治措施，是控制某一病虫危害的基础。

2）健全检疫制度，严格检疫工作

由于检疫工作没有做好，某个病虫害侵染到某个新的地区，从而使农业生产造成严重损失的情况，这种情况国内外皆有之。人们必须加强这方面的工作。

3）做好病虫害预测预报工作

病虫害的预测预报工作是贯彻"预防为主，综合治理"方针的基础。任何病虫害的扩散基础，首先是在某一局部地区发生，然后逐步向四周扩散，如能及时发现，掌握虫源和源株，便可采取有效措施消灭，既省时省工省钱，又可保护天敌，达到事半功倍的目的。

4）认真贯彻"预防为主，综合治理"的方针

贯彻"预防为主，综合治理"的方针，必须采取以营林措施，增强树体抗逆能力为基础，因地制宜运用多种技术措施，最终达到控制病虫害发生、保护天敌、维持生态平衡的目的。①要加强抚育管理，促进山核桃林木生长，改善环境和提高抗病虫能力。②大力应用生物技术防治，保护和利用捕食天敌，充分利用寄生性昆虫与寄生菌和利用昆虫不育技术防治害虫。

二、主要虫害及其防治

据美国相关资料报道，危害薄壳山核桃和核桃的昆虫和螨类，至少有100多种，在木材、嫩枝、树皮和果实上取食为害，有些虫害危害还相当严重。

1. 美洲山核桃蜂斑螟

美洲山核桃蜂斑螟（*Acrobasis nuxuorella*）成熟的幼虫体长13mm，身躯为茶灰色到青绿色，头部黄褐色。幼虫通常是在芽与茎的连接处小而坚实的茧中越冬。当发芽时，这些幼虫开始活动。蜂斑螟主要在幼虫期造成危害，首先在芽中取食为害，然后钻入嫩枝内，常常在嫩枝内化蛹。在坚果形成时，深灰色的成虫出现，并在坚果顶部单独产卵，这一代卵不久孵化，幼虫主要在幼果上取食。一条毛虫能把一整簇果实完全毁掉。以后几代在果皮上和叶片上取食。虽造成危害不大，但有一定的损失。蜂斑螟在美国佛罗里达州和得克萨斯州，每年均可发生4代，在纽约州和加舒大每年可能不超过2代。幼虫除危害薄壳山核桃外，也在灰核桃、黑核桃和波斯核桃的芽、叶和茎上取食。

在越冬幼虫危害严重时，应该用杀虫剂进行喷洒防治。喷洒最佳时间可选择当幼虫的顶部变成褐色时，效果较好。

2. 美洲山核桃象虫

美洲山核桃象（*Curculio caryae*）在美国，只要有薄壳山核桃和山核桃生长的地方，就会发现美洲山核桃象虫。它对薄壳山核桃危害较大。喙是美洲山核桃象虫最主要的鉴别特征。刚羽化的成虫体长约1.9cm，浅褐色龙斑，由于翅上的鳞片被磨掉，其成虫就变成近于深褐色。

美洲山核桃象虫在果壳坚硬之前，以果皮和幼果为食，造成落果，或者在将要成熟的坚果上产卵，以此来为害薄壳山核桃和山核桃。卵孵化为无足、乳白色的蛴螬，头部呈红褐色。对薄壳山核桃的危害，主要限于蛴螬或幼虫的取食。蛴螬在坚果中钻一个直径3mm的圆孔并从中脱出，在土室中地下约30cm深的地方化蛹。经过2年（偶尔3年）后羽化成虫，通常在夏末8、9月间，在薄壳山核桃外壳长得坚硬之前或变硬过程中变为成虫。这样年复一年地为害树体和果实，尤其喜欢生长在地势低凹处的薄壳山核桃树上进行为害。

防治美洲山核桃象虫的喷药时间，决定于成虫出现的时间。最好在8月第一周开始对树木采样，再决定是否进行防治。一种方法是在规定的时间内，摇动树枝或用击倒力强的喷雾剂，保障树上有无象虫。另一种方法，在大树下放塑料薄膜布，用力摇动树枝后进行捕捉，然后把它们碾碎或沉浸在煤油里烧死。

3. 山核桃小卷蛾

山核桃小卷蛾（*Laspeyresia caryana*），凡在薄壳山核桃生长的地方都有发现。成虫期为蛾。完全长成的毛虫长17mm，呈乳白色，头部呈褐色，以幼虫在地上或树上的果壳内越冬。春天开始发育，通常在结果早的山核桃坚果开始发育的时间出现。然而，越冬的幼虫常常推迟发育，要在整个夏天成虫才能从老的果壳中羽化出来。这种近于黑色的蛾翅长13mm，在叶片和果实上产卵。孵化时，幼虫总要寻找正在发育的果实，钻入果实内，使受危害的坚果过早脱落，造成减产。

山核桃小卷蛾根据地理位置的不同，一年可发生1~4代，据记载，在加拿大东部和美国东部，包括佛罗里达州、西至密苏里州、俄克拉何马州、得克萨斯州均有发生。

防治这种虫害很困难，因为世代之间相互重叠，缺乏适宜的残效期长的杀虫剂。在彼此隔开的果园，可通过捡拾提早脱落的果实，堆积烧毁，以控制虫害。另外，可选用具有抗这种小卷蛾能力强的 Evers 品种作为雄亲本的薄壳山核桃栽培品种栽植。

4. 美洲山核桃长斑蚜

在美国南方薄壳山核桃林和北部的山核桃林普遍都可以看到大量叶片上生有黄棱角的污斑，这就是受到美洲山核桃长斑蚜（*Tinocallis caryaefoliae*）侵害的主要症状。由于季节的推移和蚜虫数目的增多，这些黄褐斑逐渐变成褐色，受害叶片也增多，造成叶片过早脱落。严重时不但直接影响到当年的产量和品质，而且影响到来年的产量。昆虫学家认为，这种变通的叶片组织，是由于有毒的唾液注入正在取食部位的叶片造成的。

美洲山核桃长斑蚜的成虫常无翅。蚜虫的幼虫或若虫是浅绿色，短期取食后，变成深绿色，以致黑色。成虫长2mm，背部和两侧都有一大串黑瘤。蚜虫在密集的群体中生活，在叶片的两面吸取营养。在美国南方，一个生长季中，它们繁殖能多达20代，而北方只有几代。在秋季，最后一代的成虫在小枝上和树皮上产卵，这些卵在冬季休眠。坚果树上的各种蚜虫都能繁殖许多后代，这已成为一种规律。

在美国，其他危害薄壳山核桃和山核桃的蚜虫有小山核桃黑斑蚜（*Monelliopsis nigropunctata*）、斑蚜（*M. hispida*）、大树皮长痣大蚜（*Longistigma caryae carya*）和黑边平翅斑蚜（*Monellia caryella*）。

黑边平翅斑蚜几乎只在山核桃树种的叶片背面吸取营养。这种蚜虫遍及美国东部、中西部和南部，从虫的翅组织就很容易识别出来，其主要是沿着前翅的端部有暗带，身躯为柠檬色。当大黑边平翅斑蚜和小核桃黑斑蚜发生时，分泌的蜜露会造成叶片黏滞，呈现出不正常的光泽，然后烟霉菌就在蜜露上生长。在美国南方每年繁殖 15~20 代。在蚜类中，最大的蚜是大树皮长痣大蚜，体长有 6mm，分为有翅型和无翅型两种，偶尔这两种型同时发生。一般身躯是暗灰色到暗黑色。这种蚜虫在美国东半部大部分地区，在森林中取食各种树木。在薄壳山核桃果园中，蚜虫必须防治，除喷杀防治外，捕食性天敌、寄生性天敌和寄生于昆虫的真菌，这些天敌有助于自然地控制蚜虫。

5. 盾蚧

盾蚧有栎美盾蚧（*Melanaspis obscura*）、糠皮雪盾蚧（*Chionaspis furfura*）和梨园盾蚧（*Quadraspidiotus perniciosus*）。

蚧虫是一种最不平常的小动物，完全用盾甲包裹着。"盾甲"一部分是旧的骨骼，加上一种由泌蜡组成的壳介状外套。这种"盾甲"对在它下面固定生活的昆虫提供了很有效的保护。即使把外壳去掉，身躯部分如头和足也很难识别。

蚧虫幼期，即爬虫，虫体很小，约 2mm，但已具备昆虫的主要特征。它在树皮上寻找到合适的地方，把像头发丝一样细的针状口器插进去，吸取汁液。栖身之地找到后，终身就有可能不会再移动。蚧虫是一种很厉害的害虫，它不但造成严重的减产，还会造成许多大树死亡。薄壳山核桃上最普通的蚧虫是栎美盾蚧和糠皮雪盾蚧两种。栎美盾蚧在堪萨斯州、宾夕法尼亚州、马萨诸塞州、纽约州、俄亥俄州、印第安纳州和伊利诺伊州等州最普遍。特别是深色树皮的树上，完全长成的雌性栎美盾蚧直径约 3mm，圆形，呈深灰色。雄虫是活动的，有 1 对翅，但不善于飞翔，每年只发生 1 代，在春天，卵孵化出粉红色爬虫。

糠皮雪盾蚧是薄壳山核桃、山核桃、灰核桃、黑核桃和其他许多落叶树上的一种害虫，主要分布在加拿大南部和美国。雌雄虫在外表上有很大的差异。雌虫近于梨形、扁平形，有 3mm 长，雄虫近于长方形，比雌虫小得多。表面的上部由 3 条与两边平行状的脊分割而成。雄虫从"壳"内钻出时是一个能动的、有翅的昆虫。雌雄虫的介壳几乎是纯白的，顶端黄色。在受害空气严重污染的地区，颜色会变成深灰色，爬虫是红色的。在美国北部，每年发生 1 代，在南方可能发生 2 代。

梨园盾蚧主要在薄壳山核桃、山核桃树上吸取营养，此虫很小，直径 1mm，蚧的介壳呈暗色，中间有 1 个乳头状凸起物。

防治方法是在早春、树体处于休眠期时，1 次喷洒（每 100L 水加 3.5L 柴油）就能防治蚧虫。当经过适当喷洒后可以保效几年，然后再喷洒。

6. 核桃巢斑螟

核桃巢斑螟（*Acrobasis juglandis*）这种毛虫把自己包在一个灰色茧鞘里，只有黑褐色的头露出巢外，幼龄幼虫可能在生长季节的大部分时期中都在它们的巢内度过。幼虫长13mm。在占美国1/4国土的东南部，核桃巢斑螟是薄壳山核桃的害虫之一。在美国南方，它以小幼虫在茧内贴近一个薄壳山核桃芽处越冬。到春天，小的褐色幼虫离开它们的冬茧或冬眠场所。大多数的危害是在幼虫出现后发生，并开始在未展开的叶和芽上取食。核桃巢斑螟春季严重为害时可使薄壳山核桃在3~5周成为半落叶状态。核桃巢斑螟1年发生1代，成虫通常在叶片的背面沿着一条脉或主脉的脉腋处产卵。孵化的幼虫到秋季很少能长到16mm，从5月中旬到11月在叶片的背面吸取营养。

核桃巢斑螟的防治，可以在芽开始绽放时喷药防治，也可以在夏季，从6月下旬到8月中旬进行喷药防治，一般喷1次即可达到防治效果。

7. 美国白蛾

在仲夏到晚夏时，在许多叶片、嫩枝和小枝上，覆盖有一条松散、污白色的0.6~0.9m长丝网的一团东西，这就是美国白蛾（*Hyphantria cunea*）集体出现的最好证明。毛虫完全长成时有38mm，从沿着身躯分布的瘤上长出1簇白毛。一般是浅黄色或浅绿色，沿着背部有1条宽的暗黑条纹，沿着两侧有1条黄色条纹。美国白蛾的幼虫偶尔为害大枝，所以在美国北方，危害不是很严重。在南方，也会造成薄壳山核桃落叶。据报道，这种白蛾为害的植物种类很多，在全美和加拿大的一些地方都有发生，除嗜食薄壳山核桃、山核桃、波斯核桃、黑核桃外，还在柿树等多种阔叶树上取食。

白蛾成虫翅长约38mm，翅的颜色从绢白至白色并有黑色点。在美国高纬度地区，每年只发生1代，最南部每年发生4代。

在防治上，只有美国白蛾大量发生时，才进行防治。当幼虫很小，虫口不多时，用丝网放在树上捕捉。

8. 栎橙纹犀额蛾

栎橙纹犀额蛾（*Anisota senatoria*）属鳞翅目，毒蛾科。根据国内研究报道，中国毒蛾类天敌共计6目19科91种。其中寄生性昆虫57种，姬蜂科30种，寄生蝇27种，半翅目19种，步甲科10种。即卵期寄生天敌主要是大蛾卵跳小蜂 *Doencyrtus kuwanal*（Howard），幼虫期天敌主要是绒茧蜂，寄蝇；蛹期天敌主要有舞毒蛾黑瘤姬蜂、寄蝇等。

这种毛虫有群居性，通常把一个树枝上叶片全部食光后，才转移到另一根枝条上。如食物丰富，它不会很快地分散蔓延开。橙纹犀额蛾可能在一个地方聚集生存好几年才移动。老熟的幼虫长约5cm，黑色，在背部和两侧具有8条橘黄色条纹。身体上有许多短而尖的刺，近头背后两个微曲的角，长6mm。成虫鲜红黄色，翅上有许多小黑点。雌虫翅长约4mm。在美国北方，成虫出现在6月，在叶片的背面可产生大堆的卵。

这种毛虫在美国北部最多，在薄壳山核桃、山核桃和榛树上为害比较严重。这种虫广为分布在东部，从加拿大到佐治亚州，西部在加利福尼亚州等州也有发生。对该虫一般不需要采取特别防治措施，用天敌进行生物防治即可。

9. 薄壳山核桃叶部根瘤蚜

美洲山核桃根瘤蚜［美洲山核桃旱矮蚜（*Phylloxera devastatrix*）、美洲山核桃叶旱矮蚜（*P. notabilis*）和其他种类］在叶、小枝、嫩枝和果实上形成虫瘿而引起危害。这些昆虫和通常的蚜虫很相近，像很多的蚜虫一样，以卵越冬，在叶芽绽开时孵化。根瘤蚜的幼虫从新生枝条中吸取汁液。

在吸取营养时，注射进植物组织中一种物质，起着类似生长调节剂的作用，在短时间内，就形成一种虫瘿，裹住这个昆虫。结果使嫩枝生长畸形、衰弱，最后枯死。

对于成年薄壳山核桃，美洲山核桃叶根瘤蚜并不是一种严重的害虫，但它对苗木和幼树，危害还是严重的，在阿肯色州南部造成了严重危害。可在休眠季节用柴油进行喷洒，效果很好。

10. 核桃旋枝天牛

核桃旋枝天牛（*Oncideres cingulata*）是一种灰褐色甲虫，体长13~16mm，足部红褐色，有1对与身体等长或超过体长的触角。其保护色使其在寄主上难以发现。在晚夏和初秋时，它直接在芽下面或侧枝的活树皮内产卵。雌虫将在产卵处下的小枝咬成环槽，显然是因为幼虫不能在树液流动的枝条上生长发育。被咬成环槽的小枝很快枯死并易于被风折断。秋季卵孵化，幼虫在冬季仍留在被咬成环槽的小枝中越冬。老熟的幼虫呈圆柱形，长20~25mm，体为白色，头呈黑色，有黑色的上颚。

核桃旋枝天牛遍布美国，东部从新英格兰至佛罗里达州，西至肯萨斯州、得克萨斯州和亚利桑那州都有发生，除为害薄壳山核桃外，核桃、柿树、苹果、榆树、栎树等树种的成年树和幼枝均受到危害。可用杀虫剂进行喷洒防治。

11. 盲蝽、蝽及叶喙缘蝽

蝽象的特点是刺吸式昆虫,有 2 对翅膀,前面的 1 对基部厚而硬,翅的末端完全是膜质的,并有几条翅脉。为害薄壳山核桃的有大腿缘蝽、叶喙缘蝽 (*Leptoglossus*) 和褐蝽等,能引起薄壳山核桃和核桃提前落果,造成一种叫黑坑或果仁斑的果仁病害。黑坑最初是当成一种病害来对待,后来发现,这是由于刺吸式昆虫在幼果上吸取营养的刺孔造成的。盲蝽所造成的刺孔很难找到,但是有刺孔的薄壳山核桃果实继续生长时,在有刺孔的地方,就有一个褐色小斑点出现在外种皮上,这说明果壳内部受害。果仁可能完全败坏,形成一个直径 2~5mm 褐色或黑色的果仁斑。

各种盲蝽和蝽象遍布全美国,它不但大量出现,而且一头蝽象就能毁掉很多坚果。防治措施主要是应该彻底清除种植园内及周围的杂草。保持冬季卫生环境,杀灭越冬的成虫。在生长季节,每月至少要除一次草,杀虫剂也能防治盲蝽,在南方,薄壳山核桃在 7 月和 8 月间喷药,第二次喷药应该在 3 周内进行。

12. 沫蝉(核桃长胸沫蝉和赤杨沫蝉)

核桃长胸沫蝉(*Clastoptera achatina*)和赤杨沫蝉(*C. obtuse*)在沿墨西哥湾直到大西洋沿岸和肯塔基州、伊利诺伊州的薄壳山核桃树上普遍存在。成群的沫蝉若虫聚集在一起,在芽、幼枝和坚果丛的周围产生大量大堆的白色泡沫,一般在春季幼果形成之后不久出现,仲夏也会出现,吮吸幼枝嫩果的汁液,可使幼枝顶梢死亡,造成减产。

沫蝉在虫口密度较大时需要进行化学防治,但一般情况下,不会造成明显的损失,可不必化学喷防。

13. 锯天牛(叠角锯天牛和阔颈锯天牛)

叠角锯天牛(*Prionus imbricornis*)和阔颈锯天牛(*P. laticollis*),这两种天牛都是以幼虫为害薄壳山核桃和核桃。早龄幼虫在根部外表取食,不久后就钻入木质部把大根完全蛀空,并常常使根折断。这些大的肉质乳白色或黄色幼虫在地上,从一棵树爬到另一棵树的树根,只要碰到树根就在那里取食。老熟的幼虫长达 76mm,取食时间能持续 3~5 年,受到这种幼虫严重蛀食的薄壳山核桃大枝相继死去。在 5 月初,成熟的幼虫在表土下 20~50cm 的地方,用结实的土壤和木屑做成大椭圆形室,在其中化蛹。成虫在晚春和早夏出土,这种甲虫体宽、稍扁、黑色至红褐色,成虫具有约为体长一半的触角,从而得名天牛。

蛀根天牛通常只有在薄壳山核桃树遭到病害、干旱、机械损伤和土壤条件差时才发生侵害。事实上，锯天牛的幼虫都是在成熟的或枯死的植物根部蛀食，特别经常在苹果、桃、栗、桑、橙等树种根部蛀食。

14. 鳃角金龟甲

鳃角金龟（chafer），亦称六月甲虫（june beetle）、五六月甲虫（may-junebeetle）或六月虫（june bug），为鞘翅目（Coleoptera）金龟科（Scarabaeidae）鳃角金龟亚科（Melolonthinae）的一群甲虫。叶鳃角金龟（*Macrodactylus*）成虫食叶，春季和早夏在薄壳山核桃和山核桃叶片上取食。这种昆虫有几种，最普遍的为 13~19mm，浅褐色或绿色，最喜欢食新绽开的芽、嫩枝、叶片和花。褐色的一种金龟甲在夜间取食，白天停在草皮里或地表的下面。绿色的一种（6月鳃角金龟甲）在白天飞翔，如果树下的土地没有耕作过，则这种金龟甲可能构成危害。

15. 多瘤小蠹

在 1962~1966 年，正值夏季干旱的年代，在美国东北部多瘤小蠹（*Scolytus quadrispinosus*）造成许多薄壳山核桃和山核桃树死亡。当大量发生时，它们也为害健壮树，这种黑色甲虫（长约 3mm）在所有山核桃树上繁殖。据调查，佐治亚州，西至得克萨斯州、北至犹他州和明尼苏达州都能找到这种虫。

16. 核桃点灯蛾

核桃点灯蛾（*Halisidota cargae*）的幼虫喜在山核桃、核桃、苹果和果树上取食，但局部范围内数月很多，造成大面积落叶。成虫有浅褐色的带 3 条不规则的透明亮点的前翅和薄的浅黄色后翅，翅长 50mm。老熟的幼虫长 38mm，有浓密和灰白色的毛簇，沿其背部有 1 排黑毛簇。幼虫在地上落叶中做茧之前取食 2~3 个月。这种虫的分布由新英格兰到北卡罗来纳州，西至密苏里州。

17. 核桃木蠹蛾

核桃木蠹蛾（*Cossula magnifica*）也称山核桃木蠹蛾。在美国南方各州的薄壳山核桃、山核桃和栎树上都有发生。这种虫钻入树干和大枝内，由粉红色的幼虫（长 13mm）在树的基部排出成堆红色颗粒状的物质，可证明有这种虫的危害。

18. 螨

只有在山核桃始叶螨（*Eotetranychus hicoriae*）大量发生时，才会造成薄壳山核桃大量落果，造成植株死亡和减产。这种螨为灰绿色，很小，一般很难找到，它主要在叶片上吸取营养，造成嫩叶枯萎。受螨危害一般在低位树枝上，然后向上发展，危害状在所有的寄主上都是相似的。防治螨虫的方法可以同防治蚜虫和病害相结合，因为这3项防治时期几乎相同，种植园经过细致的药物喷洒后，有时除了螨虫外，其他病虫害也被消灭了。

山核桃始叶螨主要出现在沿密西西比河沿岸各州，东至大西洋，加拿大东部也有这种螨，在东南部很普遍并构成危害。

19. 叶甲

鞘翅目叶甲科甲虫，又名核桃叶甲、金龟子。叶甲（leaf beetle）以成虫和幼虫群集咬食叶片为主，有时将叶片全部吃光。该虫一年发生1代，以成虫在地面覆盖物中或树干基部粗皮缝内越冬。成虫于叶背面产卵，孵化后取食叶肉，5~6月为危害盛期。防治方法在抓好清园的同时，采取黑光灯诱杀，药剂可选择1000倍80%敌敌畏，或4000倍1.8%阿维菌素，或1000倍4.5%高效氯氰菊酯防治。

20. 警根瘤蚜

警根瘤蚜（*Phylloxera notabills*）主要为害叶片、新梢、果实。在生长的新梢上，分泌一种物质，致使叶片、叶柄及新梢上产生豆粒大的虫瘿，受害植株生长缓慢。该虫每年发生3~5代，以卵在树皮裂缝处越冬，越冬卵4月上旬开始孵化，5月中旬孵化结束。防治方法在萌芽前喷施杀虫剂，萌发后再用1000倍吡啉或2000倍2.5%三氟氯氰脂喷洒全株，效果很好。

21. 云斑天牛

云斑天牛（*Batocera horsfieldi*）的幼虫蛀食韧皮部和木质部，成虫啃食幼枝嫩皮，轻者影响生长，降低结果量，重者导致植株枯萎死亡，此虫在我国云南、浙江等地区为害严重。

防治方法，一是钩杀法，先清除排泄孔中的虫粪，木屑，用铁丝顺虫道钩杀幼虫，然后注入80%敌敌畏100倍液，或20%杀虫脒400倍液，用黏泥或者绵纸封住虫孔进行熏杀；二是人工捕杀成虫，或者用50%杀虫螟400倍液喷洒。

22. 金龟子

在薄壳山核桃危害上有许多种金龟子，其中以棕色金龟子发生量最多，为害最为严重。在我国南部低海拔地区，如普洱、新平等地发生较多。主要为害嫩叶，于晚上 6~11 点出现，一两天之内，可以把新梢新叶全部吃光，白天潜伏于土壤中为害根系，严重时造成植株死亡。防治成虫，设置黑光灯诱杀，利用其假死性，摇动树枝，收集后杀死；在下午喷施敌百虫粉剂药杀。防治幼虫，育苗整地时，撒施 50% 辛硫磷毒杀。

23. 地老虎

地老虎是鳞翅目（Lepidoptera）夜蛾科（Noctuidae）昆虫幼虫部分种类的俗称，主要为害幼苗根部，致使树体得不到养分和水分的供应而死亡。防治时，播种前在土壤中施辛硫磷杀虫剂后覆膜熏杀。当发现幼苗枝条萎枯时，立即挖土捕捉害虫或用农药浇灌杀灭。

24. 蛾类

在我国一年发生 1~2 代，幼虫先蛀食顶芽和嫩梢，主要发生在盛果期的树上。据云南漾濞核桃研究站试验，用高浓度的溴氰菊酯配以柴油，用油机喷施，半小时后，幼虫死亡掉落地上，应及时清理，避免人畜受害，效果很好。另外，涂白剂具有抗菌、杀灭虫卵和幼虫及防冻、防日灼的作用。这属无公害无机杀虫杀菌剂，在冬季涂刷树干效果好。配置方法：生石灰 5kg、硫黄 500g、菜籽油 100g、食盐 250g 和水 20kg，充分搅拌均匀后使用。

1) 刺蛾

刺蛾为杂食性害虫，为害薄壳山核桃的种类有褐刺蛾、黄刺蛾、青刺蛾 3 种，其中尤以褐刺蛾为害最多，最严重。防治方法，在 6~7 月，当年 1 代幼虫成长时，喷射 1000 倍液的敌百虫效果很好。冬季消灭冬茧（青刺蛾、黄刺蛾的越冬茧在树皮及枝条上，可进行捕杀。褐刺蛾的茧在树干附近土内，可挖掘出来杀灭）。

2) 透翅蛾

透翅蛾以幼虫为害主干（直径在 15cm 以上的树）中下部分，在韧皮部与木质部之间蛀食成孔道。受害植株严重时会造成死亡。防治方法，冬季结合清园，用刀刮去主干中下部的老树皮，并涂白，防治越冬幼虫有一定效果。在幼虫危害期可用棉花小团淹敌敌畏乳油原液塞入虫道，然后用泥浆封闭进行防治，效果好。

25. 其他害虫

悠悬木网蝽（*Corythucha ciliata*），在美国北方 1 年发生 2 代，在南方要多些。这种网蟥对薄壳山核桃为害较轻。

山核桃球颈象（*Conotrachelus affinis*）在幼枝和芽上取食，在未成熟的坚果上取食并产卵。这种象主要分布在密西西比河以东，向北远达伊利诺伊州和马萨诸塞州，南至墨西哥湾。此外还有叶瘿、山核桃状虫瘿、山核桃叶片虫瘿等，这些害虫为害不大。

以上是原产地美国等地方的主要虫害。在我国，目前危害薄壳山核桃的虫害有叶甲、根瘤蚜、地老虎、云斑天牛、蛾类、刺蛾等几种。

三、主要病害及其防治

病害造成的经济损失还是相当大的，不管是薄壳山核桃的疮痂病，还是波斯核桃的黑线病，都可使产量减少 1/10。植物侵染性病害由 4 类微生物引起，真菌病害一般会在侵染部位产生出白色棉絮状物、丝状物、不同颜色的粉状物、零状物或颗粒状物；细菌性病害是由细菌病菌侵染所致；而类菌质体和病毒害可以称为活生物化学物质的亚显微物质（因为它们能够繁殖）。真菌和细菌均由孢子繁殖，孢子由风、雨水、昆虫和其他动物传播，也靠人通过工具传播。孢子是一种独特的繁殖结构，极微小，某种程度上类似于高等植物的种子。孢子萌发需要一个适宜的温度、湿度范围与一个成病寄主。当它们成功地侵染植物时，植物的某一部分功能就会受到损害，或整株植物都会受到影响。对植物病害人们可以用各种方法，包括卫生处理、抗病品种的选择和杀真菌剂、杀细菌化学药剂来进行防治。

侵染性病害可能由于阻塞导水细胞使植物受害。症状是叶片的萎蔫和枯死，如美国栗树受栗枯萎真菌侵染那样。一种病害就能破坏网化组织（叶绿素）。还有一种病症状可能是叶斑或大斑，像薄壳山核桃叶片上的疮痂病，病害可能影响树根，从而破坏吸收水分和矿物质的功能。有些病害发展很快，造成枯萎的症状。有时病害则造成植株矮化衰退。形成瘤时病害则打乱了植株正常的细胞功能，这就是被称为植物瘤，因为瘤是植物某一局部部位不正常生长所造成的，根瘤是因细菌所致病的一种。这些瘤往往是出现在干基部或近于茎部。

除了侵染性病害之外，营养性及其他环境诱发的病害在薄壳山核桃树上也产生特征性的症状。从叶片各种各样的畸形或变色可以判断是缺锌、缺铁、缺硼或者是缺锰等。有少数病害被认为是在某些特定的寄主树上才有的病状。至于空气污染和其他反常气候条件对薄壳山核桃有什么影响，至今研究很少。

线虫，虽然是动物，但常常包括在植物病理学的研究范畴之内。侵害坚果的线虫在土壤内可以发现，在土内的小根上吸取营养，这样就给病害生物体侵入根部提供了入侵口。严重受侵害的树可能矮化，产生小的褪色叶片。线虫问题在美国南方的土壤中总是客观存在的，它等待着适宜的侵染条件进行侵染、繁殖和发展，给坚果造成损失，人们只有深入地了解某种病害的生物学特性，根据当地特定的条件，才能进行喷杀防治，达到预期的防治效果。

薄壳山核桃、山核桃感染的真菌和细菌病害，包括根瘤线虫的5种线虫、1种病毒等大约有上百种。病害和各种不良环境的影响，其中以真菌病害种类最多，分布也广。春季，这些普通的病害在薄壳山核桃等坚果园中蔓延非常迅速，特别在潮湿季节。

1. 疮痂病

疮痂病（scab）就像所有的真菌病一样喜好在热而湿的环境中生存，但在美国的新墨西哥州和亚利桑那州却都没这种病害。一般认为，疮痂病是美国东西部薄壳山核桃最严重的病害。感染品种包括Burkete、Cherokee、Delmas、Desirable、Grabahls、Mahan、Moore、Schley Sioux、Wichita、Brake、Curtis、Dependable、Elliott、Caddo、Gloria、Granda等几十个栽培品种。一般来说，美国北方薄壳山核桃、山核桃是较抗疮痂病的。这种病害的病症是在叶片或嫩枝上有圆形或不规则的橄榄褐色到黑色斑点；在坚果上有小的深褐色到黑色的圆形斑点。如果这种有侵染力的病原物存在，在春季它将侵染正在展开的叶片。这种斑点或病原的大小各异。从几乎看不见的小点到直径达6mm或者更大斑点。这些病痂常出现在叶片的背面，沿着叶脉或在叶脉间及叶柄上。坚果上，疮痂病最初是一个稍凸起的斑点，然后变成凹陷，这些斑点逐渐扩大，如果有很多侵染点，则坚果和树叶早落，小枝病痕在夏末秋初形成，病原菌在病痕中越冬。

疮痂病能使坚果品质下降，造成减产。因此，人们要消灭病原物，应用杀菌剂进行防治。当叶芽初展时，进行第一遍保护性喷洒。然后，在授粉之前，再进行一次喷洒。当高于平均降雨量的年份，露水大，连续或断断续续下雨，叶片长期潮湿时，则有必要每隔3周，另外进行4~5次的喷洒，这样才能获得较好的防治效果。

2. 肝斑病

肝斑病是一种真菌病害，一种侵害薄壳山核桃，一种侵害山核桃。在山核桃上这种病被称为炭疽病，造成叶片正面上有浅黄色或浅红褐色斑点，在叶背面有暗褐色斑。这些斑点合并在一起形成不规则形状大斑。这种病导致在潮湿季节中落叶。薄壳山核桃叶片上的肝斑病主要发生在美国最南部。这种病明显的症状出现在晚春4~6月，这时主要是沿着小叶中脉的两边分布，有深褐色圆形斑点，出现在低处叶的表面。这种病俗名来自于早期受病时的外形与色泽。这类病可用杀菌剂进行防治。

3. 叶斑病

叶斑病是薄壳山核桃一种真菌病害。在美国东部和南部各州，西至得克萨斯州，北至印第安纳州都有发生。病原物是一种弱的寄生菌。在初夏，成熟叶片背面出现橄榄绿的绒毛毛丛，就是这种病田间的最初症状。然后，在叶片的正面出现黄色斑点，仲夏前后，在叶背面能发现黑色丘疹状物（子实体），而后形成黑亮的大斑。有时这些大斑块在一起把整个小叶包围起来，导致早落叶。在果园中一般不构成危害。但在苗圃中，特别是在同时发生枯萎病时就比较麻烦，必须进行防治。在薄壳山核桃果园中，在5月的第2或第3周，或在开花后约1周，用适宜杀菌剂进行喷洒，以后，间隔2~3周再喷洒1次。

4. 丛枝病

丛枝病（bunch disease），亦称核桃霜斑病，是由 *Mycosphaerlla caryigena* 引起的，这种真菌侵染所有的薄壳山核桃栽培品种，也侵染山核桃。在美国南方最为严重。据了解，刺吸式害虫是这种病的传播媒介，然后一棵一棵地传播。在春天，侵染发生在新叶上，在叶片的背面发展有特征性的小而白或"霜状"的斑点。到春末这些叶片病状变成褐色，严重时造成落叶，树枝才出现受害迹象。丛枝在春季和初夏是比较明显的，因为受侵害枝的叶和枝的生长要比正常树枝早10d左右，并且繁茂。严重受侵害时，主枝上有很多丛枝。这种树上，晚夏时叶枯死，有些枝也枯死，结果较少。在有些部位，看上去像莲座叶丛。

这种病害在薄壳山核桃和山核桃种植园中都能看到。在美国的阿肯色州、堪萨斯州、路易斯安那州、佐治亚州、密西西比州、密苏里州、新墨西哥州、俄克拉何马州和得克萨斯州各种肥沃冲积土的地带都有发生。

在受害轻时，可把病枝剪掉，减轻病害。在秋天把有病的叶子全部烧毁掉。丛枝病没有化学防治的方法，但是喷洒防治疮痂病的果园，就很少看到丛枝病。罗斯伯（Rosberg）和沙弗纳（Schaffner）等认为，Stuart 是最抗丛枝病的品种，可利用其抗病力进行品种改造。

5. 根瘤菌

根瘤菌是一种细菌性病害，危害薄壳山核桃、山核桃、波斯核桃和扁桃、栗等多种果树，可造成树干基部肿大或瘤状畸变，直径可达46cm。自1853年发现这种病以来，目前已遍及全世界。虽然这种细菌在许多土壤中都能发现，但只有通过树皮的伤口才能侵入植物，导致树势逐渐衰弱、直至死亡。因此，应该注意避免可能破坏树皮和伤害根部的耕作和园艺措施。

在果园发展时种植无病苗木,当挖出带有根瘤的苗木时,就应当立即焚毁。通常的措施是,小心地把根挖出来,在原处把病干和病根烧毁。同时,将与根瘤接触过的土壤除去,换上干净新土。

6. 白粉病

白粉病（walnut powdery mildew）是由 *Phyllactinia corylea* 和 *Microsphaera alni* 引起的。两种白粉菌均以闭囊壳在病落叶上越冬。翌春遇雨放射出子囊孢子,侵染发病后病斑产生大量分生孢子,借气流传播,进行多次再侵染,5~6月进入发病盛期,7月以后该病逐渐停滞下来。这两种真菌在全美都有发现,在所有落叶树上都有叶片和坚果表面的白粉污斑（或毡状物）,这是这种病害的主要症状。在仔细观察后,可看到一个网状纤细的菌丝束,当真菌生长布满了叶片时,就出现落叶。如在生长前期布满坚果,则会使果仁不饱满,造成损失。这种病也传播于栗树、核桃、榛等树上,只是在生长季节后期发生,因而不会影响产量。白粉病的侵染通常在为防治疮痂病而喷过药的树上比较轻。

防治方法:秋末清除病落叶、病枝,集中销毁。加强管理,合理灌水施肥,控制氮肥用量,增强树体抗性。发芽前喷洒波美1度的石硫合剂,减少菌源。发病初期喷洒50%可灭丹（苯菌灵）可湿性粉剂800倍液或20%三唑酮乳油1000倍液、20%三唑酮硫黄悬浮剂1000倍液、12.5%腈菌唑乳油或30%特富灵可湿必粉剂3000倍液。

7. 褐叶斑点病

褐叶斑点病是由 *Cercospora fusaa* 引起的,主要局限在美国东南部和海湾各州。症状是在叶片的背面有浅灰色同心圆边的浅红褐色圆斑。它会造成落叶。用杀菌剂进行防治,喷药应当在小坚果的尖变成褐色时,重复进行喷洒。

8. 缺素症

核桃在生长季节中,由于缺乏某种微量元素,或者土壤中某些元素处于不能被植物吸收时,植物就会表现出各种生长发育不正常的现象。核桃常见的缺素症有下列几种。

核桃缺锌症（又叫小叶病）,叶小且黄,卷曲;严重时,全树叶子小而卷曲,枝条顶端枯死。有的早春表现正常,夏季则部分叶子开始出现缺锌症状。防治方法:①在叶片长到最终大小的3/4时,喷施浓度为0.3%~0.5硫酸锌,隔15~20d再喷1次,共喷2次,其效果可维持几年;②于深秋,依树体大小,将定量硫酸钾施于距树干 70～100cm，深 15～20cm 的沟内。

核桃缺锰症，叶片失绿，叶脉之间浅绿色，叶肉和叶缘发生焦枯斑点，易早落。防治方法：用 0.5kg 硫酸锰加水 25L，于叶片接近停止生长时喷施。

核桃缺硼症，枝梢发枯，小叶叶脉间出现棕色小点，小叶易变形，幼果易脱落。防治方法：于冬季结冻前，土壤施用硼砂 1.5～3kg，或喷 0.1%～0.2% 硼酸溶液。应注意：硼过量也会出现中毒现象，其树体表现与缺硼相似，要注意区分。

核桃缺铁症，叶片黄化或白化，叶脉间出现部分黄褐色枯斑，并由叶缘变黄褐色枯死。首先表现在幼嫩部分，老叶仍保持绿色。通常碱性土壤上易发病。防治方法：增施有机肥料，改良土壤性质，使土壤铁素变为可溶性的。对黄化树木可用铁盐溶液进行树冠喷洒、树干注射或土壤浇灌。可用含硫酸亚铁 1.5%、硫酸镁 0.5%、尿素 5% 的溶液作树干注射或用 1∶30 的硫酸亚铁浇灌均可有效。

核桃缺铜症，常与缺锰病同时发生，主要表现为核仁萎缩，叶片黄化早衰，小枝表皮出现黑色斑点，严重时枝条枯死。防治方法：在春季展叶后喷波尔多液，或距树干约 70cm 处开 20cm 深的沟，施入硫酸铜，或直接喷施 0.3%～0.5% 硫酸铜溶液。

9. 核桃细菌性黑斑病

核桃细菌性黑斑病又称黑斑病，主要为害核桃果实、叶片、嫩梢、芽和雌花序。果实受害后，果面上开始出现小而微隆起的黑褐色小斑点，后扩大成圆形或不规则形黑斑并下陷，无明显边缘，周围呈水渍状，果实由外向内腐烂。叶片感病后，最先沿叶脉出现小黑点，后扩大呈近圆形或多角形黑斑，严重时病斑连片，造成穿孔。一般在 5～8 月发病，可反复多次侵染，病菌从皮孔或伤孔侵入，一般在高温高湿的多雨季节发病严重。

防治方法：选用抗病品种，加强栽培管理，结合修剪，及时清除病果、病枝、病叶，加强通风透光，改善树体结构；发芽前喷 1 次 3～5 度石硫合剂，消灭越冬病菌，生长期喷 1～3 次 1∶0.5∶200 的波尔多液，或甲基托布津或退菌特可湿性粉剂 500～800 倍液（雌花前、花后及幼果期各 1 次），也可用 50mg/L 链霉素加 2% 硫酸铜，15d 喷洒 1 次，效果良好。

10. 叶脉斑病

叶脉斑病主要发生在美国南部密西西比河流域一带。叶脉斑病在叶脉或茎上形成病痕。中脉的叶斑有时从小叶的基部蔓延到叶尖，到晚期变成黑色，侵染严重会导致落叶。在秋季把落叶烧毁，使用杀菌剂喷洒时间与防治霜斑病相同。

11. 溃疡

溃疡一般在死枝节周围形成。这种情况在美国阿巴拉契山脉地区和东北部经常发生。从残株看起来好像近乎愈合,但在死枝节上常常会发现褐色真菌丝体,使枝体腐烂。目前,尚无防治方法。

12. 褐斑病

褐斑病(brown leaf spot)由真菌 *Marssonina juglandis* 侵染引起,为害叶片、嫩梢和果实。病原菌以分生孢子在被害叶片和枝梢上越冬。越冬后的病叶和枝梢,在适宜温湿度条件下仍能产生孢子,随风雨传播。果实在硬核前易被病菌侵染,晚春初夏多雨时发病重。

与疮痂病不同,褐斑病不感染果尖,在叶片上产生不一样表现的症状。先在叶片上出现近圆形或不规则形病斑,中间灰褐色,边缘暗黄绿色至紫褐色。病斑常常融合一起,形成大片焦枯死亡区,周围常带黄色至金黄色。病叶容易早落。嫩梢发病,出现长椭圆形或不规则形稍凹陷黑褐色病斑,边缘淡褐色,病斑中间常有纵向裂纹。发病后期病部表面散生黑色小粒点。果实上的病斑较叶片小,凹陷,扩展后果实变成黑色而腐烂。

防治方法:加强核桃栽培的综合管理,增强树势,提高抗病力。特别要重视改良土壤,增施肥料,改善通风透光条件。春雨来临前,彻底清扫核桃园,及时清除病枝叶,深埋或烧毁。药剂防治可参考核桃黑斑病。用药种类除波尔多液、托布津外,50%退菌特800倍液对褐斑病也有良好防治效果。在发病前,奥力克靓果安按800倍液稀释喷洒,15d用药1次,搭配速净,按500倍液稀释喷施,7d用药1次。轻微发病时,奥力克靓果安按800倍液稀释喷洒,10~15d用药1次;若不能缓减,按500倍液稀释,7~10d喷施1次;如果病情严重需要速净按300倍液稀释喷施,3d用药1次。

13. 绒毛叶斑

绒毛叶斑(downy leaf spot)在表现上也和褐色叶斑有不同,绒毛叶斑出现在春末夏初,在温度高,湿度大的环境下会持续整个生长季节。它首先在叶片下部出现小的白色斑点,随着天数增加,这些小白点变成黄色最后变成褐色,受病叶片全部会脱落。与疮痂病相比,这种真菌性病害较小,在果园中感染较慢,所以,只要做好管理工作,这种病的危害还是可以控制的。

14. 真菌性叶焦病

真菌性叶焦病(fungal leaf scorch)发生的早期症状是叶尖和叶缘部位,叶片受到感染部位就会从绿色变成浅褐色。随着病情发展,叶片卷曲直到掉落。感染严重时将会使整个复叶枯死。在严重发现之前,用杀菌剂防治就可控制病情。

15. 叶枯病

叶枯病(leaf blotch)的最初表现为叶表面的下半部分呈现浅暗绿色的斑点,乍看上去,会误认为绒毛叶斑病,随着病情的发展,斑点会变成浅黄色,斑点扩大,最终这些斑点连接在一起,叶片上会出现大的污点。

叶枯病是缺锌病。这种病只会侵害弱树和缺锌的树。通过土壤检测,就能测定出来,通常对结果树施2~3次锌就可以解决。

16. 褐黄斑

褐黄斑(liver spot)发生在叶表面的下部,斑点呈红褐色,似肝的颜色,褐黄斑可以发生在叶片的任何部分,但主要在中脉附近较多,起初斑点很小,以后逐渐扩大。一般健康的植株不会发生这种病。

大多数防治疮痂病的杀菌剂都可以防治褐黄斑。另外,还可以在冬季落叶以后把病叶摘除烧毁,防止它的再次侵染。在一般果园情况下,没有必要花精力来关注这种病。

17. 串束病

串束病(bunch disease)是一种比较严重的病害,薄壳山核桃和山核桃如果感染这种病,只有将树砍掉烧毁,防止其病发展。

串束病是一种病毒病,当树感染这种病后,就无计可施,只有砍除。诊断串束病的最好方法是,在早春观察新芽和新叶,树上受感染部位的叶子要比正常部位的叶子生长快,复叶会聚集成团,在发病早期串束病发生在枝的外部,随着病情发展会扩大到内部,到了夏末期串束病的叶子就会掉落,甚至新芽都要脱落。从一棵树感染到另一棵树,速度也快。

目前,虽然没有化学药品可以防治串束病,但在树体感染早期进行诊断还是非常重要的。当感染部位仍在树枝的外部时,就要从受感染部位以下几十厘米的地方砍掉,以防破坏整株的生产力,这是最好的方法。同时,要重视清除园内及其周围的树。

18. 冠瘿病

冠瘿病(crown gall)由细菌癌肿野杆菌(*Agrobacterium tumefaciens*)引起。冠瘿病通常是侵害大的薄壳山核桃树的树根和树干基部。受害部位长有大小不等的瘤，初光滑，以后表面渐开裂粗糙，受感染的树根或树干就像圆球，直径在几公分至十几公分，也常会出现在嫁接部位，有时，也会在某些花蕾的枝条下部出现。随着病情的发展，这种病渐渐地会使整株树生长不良，甚至死亡。冠瘿病是一种细菌病害，致病病原在癌瘤组织的皮层内或依附病残根在土壤中越冬，在土壤中存活2年以下，借灌溉水、雨水等传播，传播的主要途径为苗木的远距离调运。从伤口侵入，潜育期几周至1年以上。排水不良、碱性、黏重土壤常发病重。

防治方法：加强苗木检疫，严禁病苗进入造林地。选用未感染该病、土壤疏松、排水良好的砂壤土育苗。如圃地已被病原污染，可用硫酸亚铁、硫黄粉 75~225kg/hm² 进行土壤消毒。有培育前途的大树发现癌瘤后，可用利刀将其切除，再用1%硫酸铜溶液或2%石灰水消毒伤口，再用波尔多液保护。切下的病组织集中烧毁。

19. 胚胎腐烂病

当秋天来临，薄壳山核桃和核桃外壳产生一种胚胎腐烂病（embryo rot）。如果胚胎腐烂病大量发生时，在高温高湿的情况下会引起果仁腐烂，就会造成减产。

20. 根腐病

根腐病主要发生在苗期，受害苗木根茎外皮层腐烂，继而上部焦枝，后期根部腐烂，枝叶脱落，有时植株会死亡。防治用1%硫酸铜溶液浇根部或50%甲基托布津溶液800倍浇灌根部。

21. 枝枯病

枝枯病主要发生在结果期，病菌侵害幼嫩枝梢，先从顶端开始，逐渐向下蔓延，直至主干，受害叶片变黄脱落，枝干枯死，在枝上产生黑褐色斑点，以致全株死亡。当管理不当，缺水缺肥，有冻害时发病更严重。防治方法：一是合理施肥，适当灌水，加强树体营养，增强抗病抗寒能力；二是冬季剪除病枯枝，集中烧毁。

以上是美国薄壳山核桃产区发生的一些主要病害。病害预测和早期诊断对防治病害是关键，这点，人们在任何时候都不能放松警惕。目前，我国发现的病害还不多，主要有根腐病、枝枯病、白粉病等几种。

第六章 薄壳山核桃材用林栽培及"四旁"栽植

前五章全面论述了薄壳山核桃果园经营的发展历史、品种来源、主要栽培品种、良种繁育和丰产栽培技术等方面的成果和经验。薄壳山核桃除作果园经营外,还可作为材用林、营造速生丰产林、沿海绿化及"四旁"栽植。因其经营目的不同,其经营方式也不同。

薄壳山核桃因其木材材质坚韧,是军工、建筑、家具、运动器材及雕刻很好的用材。又因生长快,枝叶茂密,树形优美,既是很好的生态防护树种,又可作行道树、园林、庭院绿化、农田防护林和沿海绿化等。

第一节 薄壳山核桃材用速生丰产林栽培

目前,由于薄壳山核桃树干通直,木材材质优良(图6-1),易加工,用途广,其干材生产引起越来越多人的关注和重视。因此,根据适地适树的原则,应因地制宜地发展薄壳山核桃速生丰产栽培,就像杉木用材林、银杏生产林一样,材用用材林集约经营措施,争取在短期内生产出大量优质的木材,以扭转国内外市场木材紧缺的现状,是开发利用薄壳山核桃的一条新途径。

图 6-1 薄壳山核桃成年大树干材

Fig. 6-1 Timbering of big pecan trees

一、营造薄壳山核桃速生丰产林要求

在林木速生丰产栽培中,要实现优质高产速生的目标,首要的问题是立地条件、遗传品质和造林密度三大因素;同时,也还必须促使形成和维护良好的林木生长的生态环境系统,这是当今营林工作者的常识,是林木速生丰产林培育的基本原则。

1. 立地选择

立地对于造林的含义,就是用于栽树的土地,它要适宜于某一树种的生长。造林立地的选择,必须适地适树,立地的差异很大,不同的立地,就有不同的立地质量。立地质量是指植被或森林的生产能力。立地质量高的造林地,它一定能实现该树种的速生丰产。因此,薄壳山核桃速生丰产林的培育,必须选择质量高的立地,土层深厚肥沃,土层需在1m以上,并进行造林并加强抚育管理,才能获得成功。

2. 遗传质量高

林木良种的遗传增益是十分重要的。林木生长的优劣,主要取决于种质的遗传效益和生态系统的环境效益。在相同的立地条件下,应选用良种比普通种苗获得更大的效益。选用良种对于培育速生丰产林是一项投入少,产出高的增产措施。例如,在营造银杏速生丰产林时,要求所用的品种或单株干高不低于1m,形率不小于0.65。这样,在同样的条件下,雄株的生长速度比雌株快。我国山东郯城县镇里村树龄同为30年的银杏树,雌株高为10m,而雄株高为17m,雌雄株生长速度不同。因此,银杏在作为速生丰产林培育的品种最好选雄株。在银杏上,美国已选出了大量适合速生的银杏雄株品种,如塔银(窄树银杏)、金云银杏等雄株,并在生产上推广应用。目前,薄壳山核桃虽然还没有发现这方面的品种或单株,但是,选用遗传品质优良,生长快的品种,仍是首要的问题。如11年生洪宅薄壳山核桃无性系试验林进行生长性状评价,亚林35号无性系在胸径生长和高生长超过对照无性系达到20%以上,且呈通直树干形。

3. 提高造林密度

造林密度虽然不像立地和良种那样一定终身,但在整个营林周期自始至终是不变的,这就必须对造林密度进行控制。所不同的是造林密度从初植到主伐是一个动态的过程,应把密度调整贯穿于薄壳山核桃整个营林生产过程中,由初植密度高,经过疏伐,间伐,达到一定密度,实现它的速生丰产的目的。

立地、良种和密度三大因素，对提高林木产量都是很重要的，其中密度之所以重要，就在林分密度是在森林培育中能够调控的主要因素，不同造林密度，涉及林分生长发育与林木数量、产量、质量的变化。人们要使林分始终处于合理的密度条件下，这样才能提高单株面积的产量和质量。经过多年的密度试验与生产实践，如马尾松造林应以中密度为好。同时，根据不同培育目标采用不同的密度，并在营林过程中，通过疏伐、间伐调控，使林分处于合理的密度条件下，达到速生丰产的目的。薄壳山核桃速生丰产林密度也应遵循这一原则进行。从作者所查询到的资料来看，薄壳山核桃初植密度以中密度为宜。

二、薄壳山核桃速生丰产林的主要措施

1. 选择适宜的造林地

薄壳山核桃虽然对土壤要求不严，但是营造有一定培育目标的速生丰产林，就必须选择适宜的造林地、山麓及缓坡处，土层深厚，也可在山坡上部营造薄壳山核桃速生丰产林。作者不提倡大面积速生丰产林，应因地制宜，以达到培育速生丰产林的目的。

2. 选用良种壮苗造林

通过过去的调查和试验，从亚热带地区大范围来看，南部的广东、广西、福建等地的种源生产潜力大，可选用当地种源造林。中部各省各地可选用当地优良种源或品种为好。从实践来看，北部地区引进南方种源到北纬30°以上地区造林，在苗期和幼林生长初期有一定的影响。造林要选用大苗，生长健壮，一般标准，根径达0.35cm以上，高径比为30以上，容器苗要2年生以上的大苗。

3. 整地及栽穴要求

山地整地造林的原则是坡度在15°以下为全面整地；15°~25°为带状整地；25°以上为块状整地。我国南方多为山地、坡度也大，为防止水土流失，即省整地费用，一般提倡穴状整地。植穴规格为0.8m×0.8m×0.8m，分别将表土与心土置于两侧。栽植时先填表土，然后再填心土。栽植要求苗根舒展，填土分层打实，确保栽苗成活率高。

4. 造林密度与管理

初植株行距可采用4m×4m，造林以后8~10年进行抚育间伐，疏伐视生长情况而定。根据培育目标，决定最终每公顷的保留株数。

5. 幼林抚育管理

造林之后要对幼林进行 3~4 年的抚育管理。立地好的幼林郁闭早，抚育 3 年即可，反之则要延长幼林抚育时间。幼林抚育主要是抓好两件事。①松土除草：一般造林后 1~2 年，每年松土，锄草 1~2 次；造林 3~4 年，每年抚育 1 次，以锄草为主。在幼树基穴垦培土或挖扩穴即可。②适当施肥：一般在郁闭前幼林期与郁闭后成林期两个阶段施肥。幼林期施肥主要在栽植前结合植穴回填土进行，即施足基肥。成林期主要是结合抚育间伐进行。薄壳山核桃生长在我国南方，磷是反应最敏感的元素，在红、黄壤是缺磷，少钾、氮的元素状况下，既要施磷，再结合施氮、钾，有非常显著的效果。这样才能达到速生丰产的目的，在幼林抚育中，要做到扩大局部抚育范围，树莞内松土锄草，垦穴培土，以促进幼树生长。郁闭之后自然整枝的林木分化迅速，需要及时进行疏伐和抚育间伐。

6. 间伐

间伐是培育速生丰产林的一项重要措施。在造林以后的 8~10 年进行 1 次间伐。在间伐前 6~8 年里如枝条过密也可进行 1 次疏枝，以促进生长。密度大，虽然单位面积蓄积量高，但小径级木材比重大。因此，培育速生丰产林优质良材必须及时进行抚育间伐，这是非常重要的一环。

间伐第一步，先砍除地表不是薄壳山核桃苗木的灌木，除草。再移除受损和衰变的薄壳山核桃植株。有以下特征的植株应该被砍掉：①低产；②结果小（每磅果实数超过 100 个）；③易受根瘤蚜侵害；④易受赤霉病侵害；⑤在平均气温零度以下后才成熟。同时，应移除空心树（松鼠做窝的地方）、太高的大树（采摘机械不能工作的植株）、丛枝病植株。

在确定抚育间伐强度时，一般要"陡坡小于缓坡，阳坡小于阴坡，山地小于平地"。因为陡坡斜距大，树木株树容纳可以多一些，自然强度要小一些。同理山地强度要小于平地。阳坡着光好，强度要小些。

在确定间伐时间时，应首先考虑间伐目的，如果是为了增强树势，一般在生长季节进行间伐；如果为了促进更新，间伐就应选择在树木休眠季节进行。同时还要考虑被间伐林分的林龄，树龄过大，林分郁闭度高，林下见光条件差，不宜天然更新，需要进行人工间伐。间伐作业时间还要考虑作业成本，实践中一般也选择在林木的休眠季节进行。

详细记录果园里每一株树的工作太繁琐，可以在每个秋天，在果园里走一圈，在需要移走的树木树干上涂上点状涂料作标志。这样以后要间伐时直接找涂料点就好，根据涂料点，就可以清楚该株树的产量、坚果质量或其他特征。连续观察几年后，在树干上寻找点数，如果有很多点，那就移除它，没有点的树木就是应保留的单株。

间伐会带来临时性的减产，剩下的单株会生长迅速，在2～3年内提高产量，弥补因间伐带来的损失。

第二节 "四旁"栽植、城乡绿化

一、"四旁"栽植

宅旁（图6-2）、村旁（图6-3）、路旁和水旁（称为四旁），土壤肥沃，水分充足，管理方便，生产潜力很大，是发展薄壳山核桃的良好场地，这既充分利用了闲散的土地，又可使农民增收致富。早期最开始引种薄壳山核桃的地方，如浙江金华、余杭、建德、江苏南京等一些地方，都是如此，人们应大力提倡这种"四旁"栽植。

图6-2 宅旁种植
Fig. 6-2 Pecan planting besides house

图6-3 村旁种植
Fig. 6-3 Pecan planting besides village

1. 立地选择

"四旁"栽植薄壳山核桃，应本着因地制宜的原则，不可一刀切。在土壤酸性很高，环境污染严重，积水严重的地方，一般不栽植。栽植苗要重视清理杂树杂物，特别是要砍除高大的劣质树种，以保证薄壳山核桃生长。

2. 良种选择

"四旁"栽植也要选用良种，如果以生产种子为经营目的，须采取分层嫁接，以形成自然开心型树冠。为解决授粉问题，要就地搭配一些授粉树或高接雄枝于一些树体上。

3. 栽培技术

"四旁"栽植薄壳山核桃，一定要选用优质大苗，地径在3cm以上，枝下高2.5m以上。栽前挖1m×1m×1m的大穴，施足基肥。在村庄道路化时，可在路两侧单行栽植，株距6～8m。按薄壳山核桃生产园进行管理。

二、城乡绿化

1. 立地选择

与"四旁"栽植一样，作为机关、工矿、学校和居民点的庭院绿化苗木，要因地制宜地进行栽植。在重盐碱、废气废水污染严重的地方，不能栽植。城乡绿化栽植时要与整个建筑物的格局相协调。在高大楼房后栽植往往生长缓慢，发育不良，故要栽植于庭院阳光充足的地方。

可作为行道树（图6-4），公园稀植或是村庄周边绿化等。行道树以实生苗种植为宜，要求定植高度高，不影响道路行车和景观视野，定植高度在4.5m以上。公园稀植在目前没有专门的园林绿化品种的前提下，宜以实生苗种植为妥。以稀植为主，周边适当搭配常绿乔木或草被景观。村庄绿化要考虑不宜离房屋太近，要离高大建筑物在15m以外。可以采取三五成群进行群植，也可以用实生苗定杆高接方法建成景、材、果相结合的模式。

图6-4 薄壳山核桃作为行道树一景

Fig. 6-4 Pecan planting as street trees

2. 良种选择

城乡绿化以生产快的优良种源为好。并用2～3年生大苗栽植。当前尚无优良材用良种通过审定,生产实践中可选用生长快、通直、无病虫害优株中采种育苗。

3. 配置方式

作为城乡绿化或风景林栽植,为供游人观瞻景色,要和谐自然,不要千篇一律,并根据地形、地势和地段进行规划。可采用公园、三角地、风景点、名胜古迹、广场、宾馆等场所的外貌,综合进行布局,这样可大大提高绿化和美化的效果。薄壳山核桃作为庭院绿化,其配置方式有自然式配置方式和规划式配置方式。如自然式配置,可以孤植、丛植和群植等,规划式配置方式有中心植、对植和环植等方式,人们可以选择性采用。

1) 自然式配置

(1) 孤植

在空旷的平地、草坪或花坛上,孤立地栽植一株薄壳山核桃,充分表现其气势磅礴、葱茏庄重(图6-5)。

图6-5 孤植
Fig. 6-5 Isolated planting

(2) 丛植

丛植不仅要考虑个体美,而且还要构成群体美。一个树丛是由2~3株至5~6株实生的、劈头嫁接的薄壳山核桃树与其他树混交自然组合在一起。丛植时以薄壳山核桃形成主体,配以若干陪树树种,观赏面前植灌木或花丛。要显示出错落有致、层次深的自然美(图6-6)。

图 6-6　丛植

Fig. 6-6　Clump planting

(3) 群植

群植又可以称为是树群，从数量上看它比丛植要多，丛植一般在 15 株以内，群植可以达到 20～30 株，如果连灌木一起算可以更多（图 6-7）。

图 6-7　群植

Fig. 6-7　Group planting

群植与丛植的区别，丛植往往能够显现出各个植物的个体美，丛植中各个单株可以拆散开单独观赏，其树姿、色彩、花、果等观赏价值很高；群植则不必一一挑选各树木的单株，而是力图使它们恰到好处地组合成整体，表现出群体的美。此外，树群由于树木株数较多，整体的组织结构较密实，各植物体间有明显的相互作用，可以形成小气候小环境。丛植不仅要考虑个体美，而且还要构成群体美。

2）规格式配置

(1) 中心植

中心植多作为强调用栽植，如广场、花坛等中心地点栽植薄壳山核桃，四周搭配其他灌木和花草，以体现薄壳山核桃树形壮健、树大荫浓的个体美。

（2）对植

用2株或2丛薄壳山核桃分别按一定的轴线对称栽植。主要用于大型建筑物的附近或出入口，石阶旁等，起烘托主景的作用，使建筑物更显得雄健庄严。

（3）环植

环植是按一定的株距把薄壳山核桃栽成圆环。薄壳山核桃多用于陪衬主景、花坛或开阔平地。

（4）列植

列植多作为绿荫或防护作用栽植。按一定的株行距进行栽植薄壳山核桃，这样在景观上显得整齐和富有气魄，一般多用于道路两旁栽植。再点缀些月季、迎春、木槿、樱花等花卉，使之雅致得体，令人欢快。另外，在交通主干线（公路、铁路、运河、江边）、沿海林带、河网中的河堤等，也可采用沿主干线列植。

第三节　薄粮间作及农田防护林

一、薄壳山核桃间作要求

薄壳山核桃与粮食、蔬菜等作物间作，既能充分利用土地、光能，提高土地肥力，又能起到保持水土，防除杂草，防风固沙的良好作用，只有采取正确的农林措施，便可获得薄粮双丰收。

1. 良种选择

用于间作的薄壳山核桃要求分枝角度小，树干圆满通直，树体高大。可用优良品种分层嫁接，并形成纺锤形树冠。劈头嫁接树干高度应在2.5m以上，以利于作物的生长发育。

2. 间作物的选择

选择适当的间作物是夺取种、粮（蔬菜）双丰收的重要措施。薄壳山核桃树冠小，不宜秆高、耗水大的作物，比较理想的是豆类和花生等具有固氮能力的矮秆作物。其次，所选间作物要比较耐荫、生育期短、尽量在薄壳山核桃成熟前收获，以利于采收。如早熟绿豆、珍珠型花生等，除粮油作物外，其他经济作物，如金针（黄花）、黄草和其他中药材（如黄连、砂仁、天麻等），都比较耐荫、耐瘠薄，用工少，易管理，经济效益大，可以推广试种。薄壳山核桃春季枝叶稀疏，透光率在50%左右，种植越冬蔬菜中的菠菜、韭菜、大葱等均不受光照的影响。为改良土壤，也可以间作田菁、毛叶苕子等绿肥，于生长季翻耕压青，对盐碱地区是一项十分重要的增产措施。间作物种的选用要考虑到当地适应性、经济价值及与当地其他产业配套性等因素。

在美国的密苏里州，在薄壳山核桃成林林地上种植特定的牧草，饲养牛或牲口（图6-8），获得了很好的经济和生态效益。

图6-8 薄壳山核桃+牧草

Fig. 6-8 Intercropping of pecan and pasture

3. 间作密度与栽植方式

薄壳山核桃如栽植过多，遮荫强度大，不利于作物生长，难以实施机械化作业，反之密度过小，不仅薄壳山核桃产量低，而且不能发挥改善农田小气候的作用。薄壳山核桃与粮食间作，应与农田林网结合进行，在统一规划的基础上，一次栽植，长期受益。薄壳山核桃间作密度以4~6株/亩为宜，冠下主干高度应在4m以上。

间作植物应与薄壳山核桃植株保持60cm距离，留足树盘，保证树体生长（图6-9）。

图6-9 薄壳山核桃与间作物间距

Fig. 6-9 Spacing of intercrop

二、我国主要间作模式

1. 薄壳山核桃+粮食作物

在坡耕地或采用全垦、带状整地造林的薄壳山核桃林地,可视薄壳山核桃幼树大小和生长情况适度间作套种玉米(图6-10)、油菜等作物,既可为薄壳山核桃幼树提供侧方遮荫,又可通过对作物的中耕、除草、施肥代替幼林抚育,作物收获后,将秸秆铺于林地或埋入土中又可以增加林地土壤肥力。对于水土流失较为严重的地区或者坡度较大的丘陵山地不宜套种。

图6-10　薄壳山核桃+玉米

Fig. 6-10　Intercropping of pecan and corn

2. 薄壳山核桃+茶叶

在土壤深厚、肥沃、排水良好的薄壳山核桃新造林地及幼林地套种灌木型常绿树种茶树,一方面可以四季为薄壳山核桃林地增加绿色;另一方面也有一定的经济效益(图6-11)。当前,在一些茶叶主产区,为改变单一经营模式现状,也可在茶叶地中零星种植薄壳山核桃,可在2.0～2.5m的高度进行定干,既不影响茶叶采收,又可培育薄壳山核桃果材兼用林(图6-12)。

3. 薄壳山核桃+药用植物

在薄壳山核桃幼林中也可间作套种金银花等中药材(图6-13),也可在郁闭的林分下搭建大棚种植铁皮石斛等(图6-14)。既增加早期经济收入,克服了薄壳山核桃前期有投入无产出及初期投入多产出少的不足,又能通过中耕、施肥及植物残体降解转化起到改良林地土壤的作用。

图 6-11　薄壳山核桃+茶叶

Fig. 6-11　Intercropping of pecan and tea

图 6-12　茶园中零星种植薄壳山核桃

Fig. 6-12　Intercropping pecan in tea plantation

图 6-13　薄壳山核桃+金银花

Fig. 6-13　Intercropping of pecan and honeysuckle

图6-14 薄壳山核桃+铁皮石斛

Fig. 6-14 Intercropping of pecan and dendrobium officinale

4. 薄壳山核桃+蔬菜（庭院模式）

薄壳山核桃树干通直，树形高大，树势挺拔，是深受欢迎的观赏、遮荫和行道树种，可用于村庄周边及房前屋后绿化等（图6-15）。在房前屋后空地种植3~5株薄壳山核桃，不仅可起到绿化、观赏的作用，夏日还能遮荫，林下空地还可以种植蔬菜（图6-16）。

图6-15 薄壳山核桃庭院种植

Fig. 6-15 Pecan planting in courtyard

5. 薄壳山核桃+林下养殖

薄壳山核桃可在林地里播种白三叶、黑麦草等牧草，然后在薄壳山核桃林里养鸡（图6-17）。牧草不仅可以缓解水土流失，又是养鸡的最佳"饲料"，鸡粪又可以作为有机肥，提高薄壳山核桃产量与品质。

图 6-16 薄壳山核桃+蔬菜
Fig. 6-16 Intercropping of pecan and vegetables

图 6-17 薄壳山核桃林下养殖
Fig. 6-17 Farming in pecan forestry

第四节 薄壳山核桃在沿海绿化中的应用

盐渍土广泛分布于地球陆地，约占陆地总面积的25%，并且面积在不断增加，程度不断加重，已经成为影响农林生产及生态环境的全球性问题。我国盐渍土总面积20多万hm^2，约占世界盐渍土的10%。盐胁迫是我国滨海地区植物生长的主要限制因子，对植物生长、生存危害很大。因此，了解盐胁迫对植物生长的影响，筛选耐盐树种，对提高我国沿海土地利用率，改善滩涂立地条件，提高生态稳定性具有重要意义。薄壳山核桃具有一定的抗盐性，本节内容从生长量和光合生理特性方面来揭示其对NaCl的适应性，为我国东部沿海地区筛选耐盐树种提供理论依据。

2011年8月初，在浙江省杭州市萧山田丰花木场选取生长健壮且一致的薄壳山核桃1年生实生苗移栽至浙江省金华市东方红林场（北纬29°01′，东经119°29′）温室大棚内，进行适应性种植1个月。单株单盆栽植，栽植于黑色硬质塑料盆中，盆高35cm，上口径22cm，下口径18cm，盆底带孔，盆下垫有托盘。每盆基质相同且重1.4kg，始终保持盆内土壤基质田间持水率在70%左右。9月5日，进行NaCl胁迫处理，共设9个处理对照（CK，不加NaCl）0.1%（占干土总质量的百分数，以下同），0.2%、0.3%、0.4%、0.5%、0.6%、0.7%、0.8%，每个处理重复3次，每个重复15株苗。各处理除NaCl量不同外，其余加水量及管理措施均保持一致。为防止盐分流失，每次浇水后将托盘中的水倒回花盆中去。处理第一天用0.1%的NaCl溶液浇灌除CK外的所有处理，以后每天都用0.1%的NaCl溶液浇灌未达到设定浓度的植株，直到各胁迫处理的最终浓度。

试验结束时（10月15日）统计薄壳山核桃存活棵数。用游标卡尺，卷尺分别在试验开始时和结束时测定地径和苗高。在试验开始前和结束后，取整株实生苗测鲜质量和干质量（105℃杀青30min，85℃烘干至恒重）。计算每个处理下的存活率，相对地茎（相对地茎=试验结束时地茎-试验开始时地茎，以下同），相对苗高，相对鲜质量和相对干质量。每项测定重复5次。

光合作用指标在处理完后的第5天上午9时（天气晴朗），用美国Li-Cor公司生产的Li-6400XT便携式光合测定仪测定植株叶片净光合速率（net photosynthetic rate，Pn）、气孔导度（stomatal conductance，Cond）、胞间CO_2浓度（intercellular CO_2 concentrations，Ci）、蒸腾速率（transpiration rate，Tr）。每项测定重复5次。测定时温度为26~28℃，光合有效辐射（PAR）为1126.67~1138.23μmol/（m^2·s），CO_2浓度（Ca）为386.21~393.59μmol/mol，相对湿度为35%，设定流速为500μmol/s。并计算气孔限制值（stomatal limits，Ls）、水分利用效率（water use efficiency，WUE）、瞬时羧化速率（instant carboxyl use efficiency，CUE）和瞬时光能利用率（instant solar energy use efficiency，SUE），换算公式分别为Ls=1-Ci/Ca，WUE=Pn/Tr，CUE=Pn/Ci，SUE=Pn/PAR。

一、盐胁迫对薄壳山核桃生长量的影响

1. 盐胁迫对薄壳山核桃存活率的影响

对于以生产为目的的薄壳山核桃，成活率直接影响到经济效益，也在一定程度上反映了盐胁迫后薄壳山核桃抗盐性的强弱。从表6-1中看出，0.1% NaCl、0.2% NaCl的存活率与CK相同；当浓度增加到0.3%时，开始有植株死亡，存活率为91.1%；当浓度增加到0.6%时，植株死亡明显增加，存活率为60%；当浓度增大到0.7%时，大部分植株死亡，植株的存活率仅有22.2%。

表6-1 不同浓度NaCl对薄壳山核桃幼苗存活率、相对苗高生长、相对地茎生长、相对鲜质量、相对干质量影响的比较（姚小华等，2011）

Table 6-1 Effect of different NaCl concentration on survival rate, height, ground diameter, fresh weight, dry weight of pecan seedlings

NaCl 浓度/(g/kg)	存活率/%	相对苗高生长/(cm/株)	相对地茎生长/(cm/株)	相对鲜质量/(g/株)	相对干质量/(g/株)
0	100	3.57±0.18aA	1.29±0.04aA	6.69±0.23aA	2.21±0.07aA
0.1%	100	3.43±0.15aAB	1.22±0.02aA	6.63±0.04aA	2.33±0.04aAB
0.2%	100	3.13±0.88abAB	1.02±0.02bB	6.12±0.12aAB	2.02±0.05bB
0.3%	91.1	2.80±0.16bB	0.85±0.03cC	5.42±0.14bB	1.75±0.05cC
0.4%	84.4	1.93±0.14cC	0.62±0.02dD	4.57±0.24cC	1.42±0.07dD
0.5%	68.9	1.60±0.15cC	0.45±0.03eE	3.46±0.26dD	1.21±0.05eE
0.6%	60	1.00±0.23dD	0.15±0.02fF	1.90±0.20eE	0.67±0.03fF
0.7%	22.2	0.20±0.06eE	0.02±0.01gG	0.47±0.13fF	0.04±0.02gG
0.8%	17.8	0.00±0.06eE	-0.01±0.01gG	0.12±0.07fF	0.02±0.01gG

注：表中数据为平均值±标准误。同列数据后不同大、小写字母分别表示0.01和0.05水平上的显著性差异。下表同。

2. 盐胁迫对薄壳山核桃相对生长量的影响

由表6-1知，在0.1% NaCl浓度时，相对苗高生长、相对地茎生长、相对鲜质量、相对干质量与CK没有显著差异，相对干质量略大于对照。当盐浓度达到0.3%时，相对苗高生长、相对地茎生长、相对鲜质量、相对干质量与对照组有极显著差异（$P<0.01$），分别为对照的78.43%、65.89%、81.01%、79.18%。浓度为0.7%时，植株几乎停止生长，相对苗高、相对地茎几乎不变。当浓度进一步加大为0.8%时，各项数值几乎为零，相对地茎生长为负增长。

二、盐胁迫对薄壳山核桃光合特性的影响

由图6-18和图6-19可以看出，随着NaCl浓度的上升，Pn、Cond、Tr先上升，后下降。与对照相比，除0.1%浓度外，薄壳山核桃Pn、Cond、Tr均小于对照组，为极显著差异（$P<0.01$）。0.1% NaCl时，Pn、Cond、Tr比对照大，分别为CK的101.28%、107.69%、128.32%；NaCl浓度为0.2%时，Pn、Cond、Tr与CK相比有极显著差异，分别为对照的82.55%、65.38%、72.23%；NaCl浓度为0.6%时，Cond仅为0.06μmol/(m²·s)，是对照的23.08%；当浓度增大到0.8%时，净光合速率极低，Pn仅有0.76μmol/(m²·s)，为对照组的6.98%（表6-2）。

Ci的变化随着NaCl浓度的增大而增大，与Pn、Cond、Tr的变化规律相反。在NaCl浓度为0.1%、0.2%、0.3%、0.4%时，Cond在307.66~317.71μmol/mol波

动；浓度增大到0.5%时，与对照相比才有显著差异（$P<0.05$）；当NaCl浓度为0.8%时，为对照的120.55%（图6-2）。

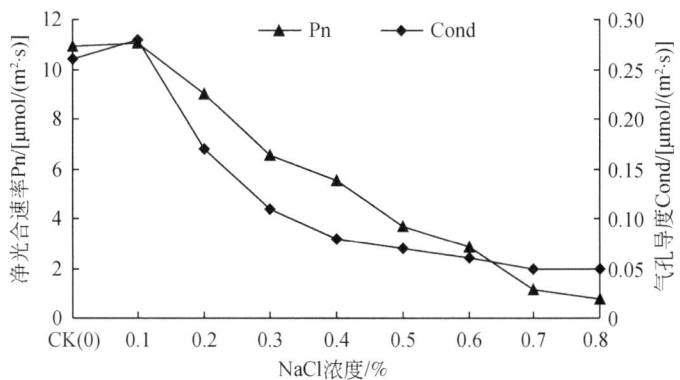

图6-18　NaCl胁迫对薄壳山核桃幼苗叶片Pn、Cond的影响（姚小华等，2011）

Fig. 6-18　Effect of NaCl stress on Pn and Cond in leaves of pecan seedlings

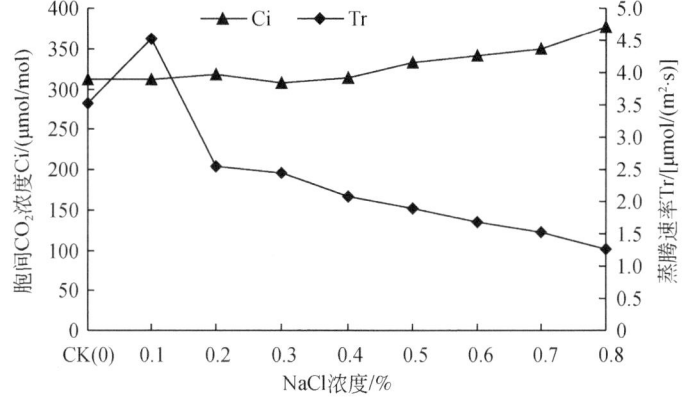

图6-19　NaCl胁迫对薄壳山核桃幼苗叶片Ci、Tr的影响（姚小华等，2011）

Fig. 6-19　Effect of NaCl stress on Ci and Tr in leaves of pecan seedlings

表6-2　不同浓度NaCl对薄壳山核桃幼苗叶片Pn、Cond、Ci、Tr的影响比较（姚小华等，2011）

Table 6-2　Effect of different NaCl concentration on Pn, Cond, Ci, Tr in leaves of pecan seedlings

NaCl浓度/(g/kg)	Pn/[$\mu mol/(m^2 \cdot s)$]	Cond/[$\mu mol/(m^2 \cdot s)$]	Ci/($\mu mol/mol$)	Tr/[$\mu mol/(m^2 \cdot s)$]
0	10.89±0.45aA	0.26±0.00aA	312.39±6.44cC	3.53±0.04aA
0.1%	11.03±0.43aA	0.28±0.00bA	310.65±4.41cC	4.53±0.03bB
0.2%	8.99±0.35bB	0.17±0.00cB	317.71±1.99cC	2.55±0.04cC
0.3%	6.55±0.18cC	0.11±0.00dC	307.66±13.39cC	2.45±0.02cC
0.4%	5.54±0.22dC	0.08±0.00eD	313.28±7.07cC	2.08±0.04dD

续表

NaCl 浓度/(g/kg)	Pn/[μmol/(m²·s)]	Cond/[μmol/(m²·s)]	Ci/(μmol/mol)	Tr/[μmol/(m²·s)]
0.5%	3.69±0.13eD	0.07±0.00eDE	332.28±4.46bcBC	1.89±0.07eE
0.6%	2.85±0.10fD	0.06±0.00fEF	340.12±1.16bB	1.69±0.08fF
0.7%	1.13±0.03gE	0.05±0.00fF	349.89±3.30bB	1.53±0.03gF
0.8%	0.76±0.09gE	0.05±0.00fF	376.60±3.42aA	1.26±0.03hG

三、NaCl 胁迫对水分利用效率（WUE）、瞬时羧化效率（CUE）、气孔限制值（Ls）、瞬时光能利用率（SUE）的影响

由图 6-20 和图 6-21 可知，CUE、SUE 随着 NaCl 浓度的增大呈现出的图形和 Pn、Cond 的图形相似，为先小幅上升，再下降。NaCl 浓度为 0.1% 时，与 CK 没有显著差异；当 NaCl 浓度大于 0.1% 时，随着 NaCl 胁迫程度加强，CUE、SUE 呈快速下降趋势。盐胁迫增大引起的净光合速率下降，导致了 CUE、SUE 的快速下降。

图 6-20 可看出，WUE 随着 NaCl 浓度的增大，先下降，后上升，再下降。NaCl 浓度为 0.1% 时，WUE 下降为 CK 的 78.90%；NaCl 浓度增大到 0.2% 时，WUE 为 CK 的 114.29%；随着 NaCl 进一步增大，WUE 呈下降趋势。盐胁迫下，净光合速率下降幅度大于蒸腾速率的，导致 WUE 总体呈下降趋势。

由图 6-21 还可看出，Ls 在 NaCl 浓度为 0.1%、0.2%、0.3%、0.4% 时，与 CK 没有显著差异；当 NaCl 浓度大于 0.4%，随着 NaCl 的增加，Ls 呈下降趋势。

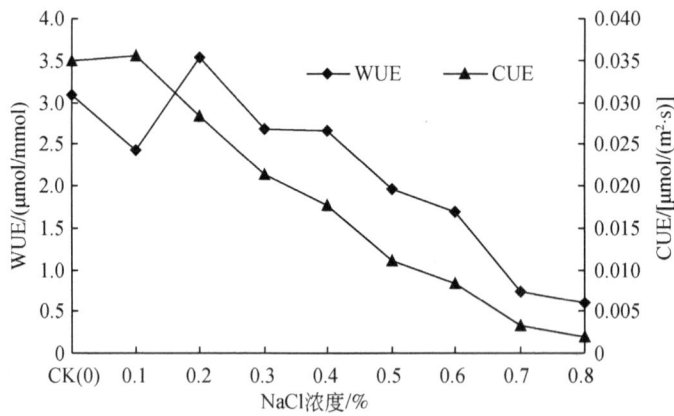

图 6-20　NaCl 胁迫对薄壳山核桃幼苗 WUE、CUE 的影响（姚小华等，2011）
Fig. 6-20　Effect of NaCl stress on WUE and CUE of pecan seedlings

盐胁迫对植物的危害是严重的。生物量的改变是植物对盐胁迫的综合反映，

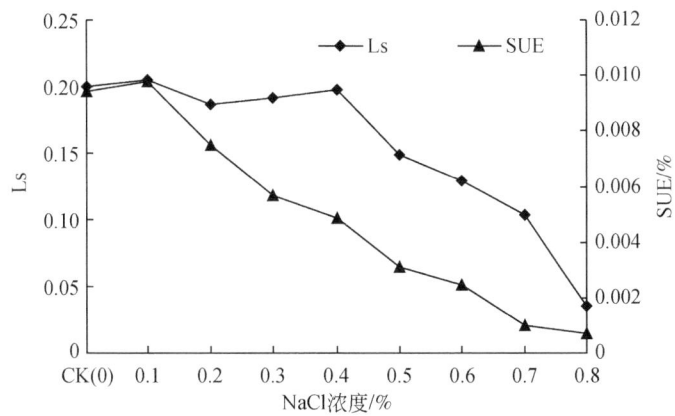

图 6-21 NaCl 胁迫对薄壳山核桃幼苗 Ls、SUE 的影响（姚小华等，2011）
Fig. 6-21 Effect of NaCl stress on Ls and SUE of pecan seedlings

也是评估植物盐胁迫程度和植物抗盐能力的比较可靠的标准。本试验研究结果表明，NaCl 浓度为 0.3% 时，相对鲜质量和相对干质量与对照相比就达到极显著水平，且 NaCl 浓度越大，相对生物量变化越大。NaCl 浓度达到 0.7% 时，相对苗高生长、相对地茎生长、相对鲜质量、相对干质量只有 CK 的 5.60%、1.55%、7.02%、1.81%，植株几乎停止生长，且大部分死亡，成活率仅有 22.2%。当植物受到盐胁迫时，植物往往通过改变自身的细胞膜透性、气孔大小、叶片中色素含量等，来减轻或避免对自身的伤害。植物为了生存，不得不将部分用于生长、生产的能量用来运输体内产生的负面效果的离子，以保持体内各种离子的平衡。本试验结果显示出，0.7% 的 NaCl 浓度是薄壳山核桃抗 NaCl 胁迫的临界点，高于 0.7% 的 NaCl 的土壤薄壳山核桃很难生存，即使可以生存，其生长也极缓慢。不同的立地条件，气候条件这一零界点值可能发生改变。

  光合作用是一个很复杂的生理过程。净光合速率直接反映了植物单位叶面积的同化能力。目前，盐胁迫对光合作用的影响主要有两种观点：一是认为盐浓度较低时，不会抑制植物的光合作用，反而促进植物的光合作用；二是认为低浓度也会抑制植物的光合作用。本试验研究结果更符合第一种观点，即盐浓度在 0.1% 时，没有对薄壳山核桃光合作用产生抑制效果，净光合速率反而是 CK 的 101.28%；当 NaCl 浓度大于 0.1% 时，会对其光合作用产生明显抑制；NaCl 浓度增大到 0.7% 时，净光合速率仅有 $1.13\mu mol/(m^2 \cdot s)$，同化作用极小，与之前的生长数据相对应。低盐浓度时的 Pn 增大可能是薄壳山核桃为了适应盐胁迫的一种表现；当盐浓度增大后，大量的盐离子进入细胞，薄壳山核桃无法将其完全平衡，所以浓度越高，光合作用越弱。

净光合速率也与蒸腾速率、气孔导度、胞间 CO_2 有着密切的关系。一般认为，导致光合速率降低的因素有气孔限制和非气孔限制。Farquhar 认为，胁迫下，气孔限制引起的光合速率下降表现为植株 Cond 下降，Ci 下降，Ls 明显升高；非气孔限制引起的光合速率下降表现为 Ci 升高，Cond、Ls 降低。本试验中，NaCl 浓度小于 0.4% 时，Ls 略微升高；NaCl 浓度大于 0.4% 时，Ls 随 NaCl 浓度增大而下降。表明 NaCl 浓度小于 0.4% 时，限制光合速率主要是气孔限制，NaCl 浓度大于 0.4% 时，限制光合速率主要是非气孔限制。

综上所述，NaCl 胁迫对薄壳山核桃的生长及光合生理生态特征具有明显影响。在 NaCl 浓度小于等于 0.1% 时，薄壳山核桃可以正常生长；当 NaCl 浓度超过 0.1% 时，就体现出了 NaCl 对薄壳山核桃的生长及光和生理的抑制作用，且随着 NaCl 的浓度的增大，抑制越明显。盐胁迫对植物的危害是多方面的，相关盐浓度对薄壳山核桃叶片生理生化等方面的影响，还有待于进一步研究。

第七章　薄壳山核桃加工与利用

第一节　主要营养成分及经济效益

薄壳山核桃坚果壳薄易剥，出仁率高（50%～70%），种仁可食率高，味香甜可口，无涩味，营养丰富。果仁中含脂肪72%、蛋白质11%、碳水化合物13%，富含VB_1、VB_2、VA、VE，还含有多种微量元素，如锌、锰、铜等。油脂不饱和脂肪酸含量高，以十八碳酸为主的不饱和脂肪占73%，比茶油（89.9%）和橄榄油（88.6%）略低，但比普通的核桃高。而且其油脂中不含胆固醇，单不饱和脂肪酸（40.801%）和多不饱和脂肪酸（21.614%）与人体内的相似。常食用有利于降低血脂中的胆固醇，减少胆固醇在血管壁上的沉积，防止血管硬化、血压增高，大大降低冠心病的发病率和人体血液中低密度脂蛋白（LDL）的水平而不改变高密度脂蛋白（HDL）的水平，有利于人体健康，可防衰老，并具有健脾胃、预防前列腺癌的作用。

薄壳山核桃也有很好的贮藏性，是上等的烹调用油和色拉油（冷餐油）。每千克果仁约有32kJ热量，是理想的保健食品或面包、糖果、冰激凌等食品的添加材料。此外，薄壳山核桃还常用于制药和化妆品的生产。在药用功能上，薄壳山核桃果仁具有收敛和止血功效。

一、薄壳山核桃油的主要成分

1. 脂肪

薄壳山核桃果仁中含68%～82%的油脂，包括6类脂质，分别为复合磷脂，单甘酯，α、β-双甘酯，α、α′-双甘酯，固醇类和甘油三酯，薄壳山核桃油脂中含较多的不饱和脂肪酸，含量可达97%，优于茶油（91%）、核桃油（89%）、花生油（82%）、棉籽油（70%）、豆油（86%）和玉米油（86%），不饱和脂肪酸组分中含量最高的是油酸（C18∶1），其次是亚油酸（C18∶2），可以减少血液中的低密度胆固醇水平。据云南省昆明农产品质量监督检验检测中心测试数据表明，薄壳山核桃每100g种仁含粗脂肪76g（其中棕榈酸5.57%、硬脂酸2.43%、油酸67.29%、亚油酸23.05%、亚麻酸1.10%、二十碳烯酸0.36%）。

2. 蛋白质

薄壳山核桃果仁中含有 10% 的蛋白质（干基）。其中可溶性蛋白约占 60.1%，球蛋白 31.5%，醇溶蛋白 3.4%，清蛋白 1.5%。对人体有益的各种氨基酸含量比油橄榄高，在天冬氨酸、苏氨酸、丝氨酸、谷氨酸、赖氨酸、组氨酸、精氨酸、脯氨酸、半胱氨酸等 18 种氨基酸中，谷氨酸的含量最高，半胱氨酸含量最低，赖氨酸是第一关键性的必需氨基酸。

3. 碳水化合物

薄壳山核桃坚果果仁中的碳水化合物占 13%。

4. 维生素

薄壳山核桃坚果果仁富含维生素 B_1、B_2、A、E 等。

维生素 E 是一组化合物的总称，由生育酚和三烯生育酚两大类组成。薄壳山核桃中含有 α-生育酚、β-生育酚、γ-生育酚、δ-生育酚，不存在三烯生育酚。在所有薄壳山核桃品种中，γ-生育酚是主要的生育酚，其含量在 20.1~29.3mg/100g，α-、β-、γ-生育酚含量较低，其中 α-生育酚含量在 3.3~4.2mg/100g。

维生素 E 能增强细胞的抗氧化作用，有利于维持各种细胞膜的完整性；参加整体的某些细胞组织多方面的代谢过程；保持膜结合酶的活力和受体等作用。有人认为，维生素 E 具有许多重要的生化功能。譬如，抗衰老作用，抗凝血作用，增强免疫力，改善末梢血液循环，防止动脉硬化，维持红细胞、白细胞、脑细胞、上皮细胞的完整性，从而保持肌肉、神经血管和造血系统的正常功能等。

5. 矿物质

薄壳山核桃仁中的矿物质含量非常丰富。据测定，含有 Cu、Fe、Cr、Mn、B、Zn、Ba、P、K、Ca、Co、Mo、Sr、Na、Al 和 Mg 等。

6. 活性成分

薄壳山核桃中含有植物甾醇、角鲨烯、生育酚等生物活性物质，这些物质有保护血管的作用。长期食用薄壳山核桃能改善体内的脂质结构，降低冠心病发病率。这是由于薄壳山核桃油脂中的不饱和脂肪酸能保护其中高浓度 γ-生育酚和聚合类黄酮等活性物质不被氧化。有试验研究表明，食用薄壳山核桃人群血浆中的 γ-生育酚浓度增加了 10.1%，α-生育酚降低 4.6%，丙二醛浓度降低 7.4%，血浆中的 Fe^{3+} 或与水溶性 VE 等效的抗氧化剂的氧化能力没有发生变化。

7. 其他

薄壳山核桃果仁中还含有少量的灰分和单宁等物质。其中含灰分 1.2% ~ 1.8%、单宁 0.7% ~2.7%。

二、薄壳山核桃营养价值和经济效益

在胡桃科和薄壳山核桃、核桃和山核桃的"三兄弟"中，薄壳山核桃也是有较高营养价值和经济效益的树种。

从表 7-1 可知，薄壳山核桃种仁含有的热量分别比核桃、山核桃高出 5.66%、10.22%，总脂肪分别比核桃、山核桃高出 10.37%、22.40%，不饱和脂肪酸比核桃高出 11.25%，对人体健康有益的微量元素锌、硒含量也比核桃、山核桃高出很多。

表 7-1 薄壳山核桃等 3 种核桃每 100g 种仁的营养成分

Table 7-1 Nutrients in kernel of three carya species

营养成分	薄壳山核桃	核桃	山核桃
热量/kJ	2891.14	2736.34	2623.00
水分/g	3.52	4.07	5.20
蛋白质/g	9.17	15.23	14.90
纤维素/g	9.60	6.70	9.00
总糖/g	3.97	2.61	—
淀粉/g	0.46	0.06	—
总脂肪/g	71.97	65.21	58.80
总饱和脂肪酸/g	6.18	6.13	—
单不饱和脂肪酸/g	40.80	8.93	—
多不饱和脂肪酸/g	21.61	47.17	—
胆固醇/mg	0.00	0.00	0.00
维生素 A/国际单位	77.00	41.00	5.00
维生素 B_1/mg	0.66	0.34	0.15
维生素 B_6/mg	0.21	0.54	—
维生素 C/mg	1.10	1.30	1.00
核黄素/mg	0.13	0.15	0.14
烟酸/mg	1.17	1.99	0.90
泛酸/mg	0.86	0.57	—
总叶酸/ug	22.00	98.00	—

续表

营养成分	薄壳山核桃	核桃	山核桃
维生素 E/mg	4.05	2.92	43.21
α-生育酚/mg	1.40	0.70	0.82
β-生育酚/mg	0.39	0.15	—
γ-生育酚/mg	24.44	20.83	—
δ-生育酚/mg	0.47	1.89	2.95
钙/mg	70.00	98.00	56.00
铁/mg	2.53	2.91	2.70
镁/mg	121.00	158.00	131.00
磷/mg	277.00	346.00	294.00
钾/mg	410.00	441.00	3.85
钠/mg	0.00	2.00	6.40
锌/mg	4.53	3.09	2.17
铜/mg	1.20	1.59	1.17
锰/mg	4.50	3.41	3.44
硒/mg	6.00	4.60	4.62

注："—"代表未检出。

薄壳山核桃相对于核桃和山核桃，表现为果大，壳薄，出仁率高，取仁容易，产量高，果仁色美味香，无涩味，营养丰富，是理想的保健食品和优良的食品添加剂。薄壳山核桃油中含有73%的单不饱和脂肪酸（主要是十八烯酸），类似于橄榄油，具有降低冠心病发病的作用。美国埃拉·哈达特博士研究发现，食用占食物总能量20%的薄壳山核桃果仁，4周后与对照比较，可以明显提高血液中的γ-生育酚。γ-生育酚具有公认的防衰老、抗氧化、健脾胃、预防前列腺癌的作用。得克萨斯农工技术学院的吉西卡·巴龙发现，食用薄壳山核桃具有防治心脏病的功效，同时，还发现某些重要的营养成分在心脏保健食品橄榄油中没有，而在薄壳山核桃中却存在。薄壳山核桃果仁中富含锌元素，锌与性激素的合成有关，它可以改善人体性功能，并含有丰富的锰与铜，是人体生化反应中酶系统的重要元素。

在药用功能上，薄壳山核桃果仁具有收敛和止血功效，薄壳山核桃油常用于制药和化妆品的生产。在美国，薄壳山核桃果仁已用于治疗消化不良、肝炎、流感发烧、妇女白带增多、疟疾和胃病等方面。薄壳山核桃果实除了重要的食用价值外，树干可生产十分高档的木材，是军工、高档家具、工具、体育器材、钢琴、工艺品等制作的优质材料，枝杈材还是制作风味熏肉、奶酪、烤制食品的燃料。薄壳山核桃树体高大直立，树形优美，生命周期长，适合于城乡的庭院绿化与行道树，更是新农村建设中庭院生态经济、景观绿化的首选树种之一。

在经济效益上，按照目前的产量与市场销售价格分析，在丰产期，核桃平均 780kg/hm^2，收益为 2.25 万元/hm^2；山核桃平均 345kg/hm^2，收益为 2.70 万元/hm^2，而薄壳山核桃 8 年生果园平均产量可达到 1200 kg/hm^2，收益为 7.20 万元/hm^2。由此可知，种植薄壳山核桃经济效益显著。目前，在我国大力发展薄壳山核桃产业是非常必要的，并且时机已成熟，也与我国农村产业结构调整相吻合，薄壳山核桃种质资源的发掘利用，是社会主义新农村建设的好项目，对促进我国"三农"发展具有重要的实践意义。

第二节 坚果加工技术

一、我国薄壳山核桃的采后加工情况

近几年，我国科研、生产单位也陆续研制出一些小型采后商品化处理机械，如新疆农科院、河北兴隆县林业局研制的脱核桃青皮及清洗机（图 7-1）；云南大理研制的小型烘干机，在生产中得到了初步推广。

图 7-1 脱核桃青皮机

Fig. 7-1 Stripping machine

核桃去壳取仁采用冷水浸泡，人工砸取的方式（图 7-2），虽然能提高核桃整仁的出仁率，但也提高了仁的含水量，对核桃仁品质带来了负面影响。

二、美国核桃的商品化处理情况

相对于其他食品加工机械，薄壳山核桃采收和加工机械包括分类、分离、破碎、干燥、包装等设备，始于 20 世纪 20 年代。在美国，薄壳山核桃的采收、脱青皮、清洗、烘干等工序已完全实现了机械化。

图 7-2 去除果壳

Fig. 7-2 Shell removal

1. 采收

1）采收时间和采收成熟度

薄壳山核桃坚果的采收是通过摇振树体，收集落地的坚果。每种坚果都有适宜采收期。一般不同地区的采收时间不一样。因品种的不同，如薄壳山核桃一般9月底到11月成熟。随着采收时间的推迟，外壳形态发生变化，颜色和质地也发生变化，果仁的苦涩味和异味减轻，质地更酥脆，更具山核桃特有的风味，含糖较高。过早采收会降低产量和质量，缩短贮藏期。薄壳山核桃品种的坚果4个1簇生长在树上，可食用的坚果被坚硬的果壳包围。坚果成熟时，外果皮裂开，坚果壳完成变褐则表明果仁成熟，当外壳能从坚果上取下来即可以开始采收。秋季当气温反常变暖时，坚果壳未完全变褐之前外果皮就能轻易剥下，这时就要延迟采收直到果壳完全变成褐色。

2）采收方式

我国的薄壳山核桃产区分布在山区或丘陵地带如云南、浙江等地，同其他树种一样，薄壳山核桃也是分散栽植，给其采后处理的标准化增加了难度。受自然立地条件的限制，我国薄壳山核桃的采收一般用长的竹竿、橡胶棒或塑料棒，一端系上钩子，敲或震动树枝使果实落下来，采收效率低，劳动强度大；目前普遍存在的问题是采收时间过早且做不到按品种采收。因我国栽培区多为山地丘陵，给机械化管理与采收带来很大困难。近年研究团队加强了我国可适用机械化区域的良种和示范工作，期望今后在这些平原产区实现高产高效栽培管理。

在美国，薄壳山核桃的采收用专用的摇振机、吹风机、传输带等机械设备（图7-3~图7-7）。由于品种化的薄壳山核桃都是采用嫁接方法繁育，在嫁接部位很容易由于震荡而开裂，特别是4~6年生的幼树很容易发生这种问题，因此对采收工人需要进行技能培训，包括震荡的部位、力度等。

图 7-3　摇振机械

Fig. 7-3　Shaking machine

图 7-4　坚果收集　　　　　　　图 7-5　人工地面捡果设备

Fig. 7-4　Nut collection machine　　　Fig. 7-5　Nut collection by hand

图 7-6　小型采收设备　　　　　　图 7-7　传输设备

Fig. 7-6　Small-scale harvest machine　　Fig. 7-7　Transport machine

2. 去壳和干燥

薄壳山核桃刚从树上采下时，仁中的水分含量高达20%~25%，采收后外壳在坚果外保留的时间越长，坚果越容易腐败变坏。因此，除留作种子用外，其他的坚果必须尽快正确干燥以降低果核的水分含量，以保证坚果的风味、颜色和品质，防止发霉或酸败变质造成损失。

美国用机械风干方法进行薄壳山核桃坚果的脱水，我国用晾晒法脱水。Perry等研究认为，为防止薄壳山核桃坚果壳破裂，应该在75~85°F（23.9~29.4℃）缓慢干燥。坚果若在烈日下暴晒脱水，种壳容易炸裂，而种仁容易变质，因此其坚果晾晒脱水时要罩上稀疏的遮荫网，其经晾晒的坚果，种仁颜色为浅黄白色，美观质好。在阴凉通风处，薄壳山核桃置于塑料帐上摊薄晾开，每天翻搅一次。若遇阴雨天，可以鼓风干燥，防止核桃仁发霉、长毛。依气温和采收时间，一般晾2~10d，晾晒程度为核桃仁易碎、填充组织（两瓣果肉之间的隔膜）容易分开。一般要保持含水量在3%~4%。含水量2%以下容易引起表面破裂而使得核桃仁氧化酸败，影响货架寿命。阴干的坚果种仁若为深黄色则质稍差。晾晒过程中防止鸟类等的危害。

3. 贮藏

薄壳山核桃油脂中的不饱和脂肪酸含量高，在采后贮藏中极易发生酸败，严重时会出现哈败气味，产生有害的物质，降低了核桃的营养价值及商品价值。因此，有必要进行冷藏与一些贮藏辅助措施。

1）室温贮藏

贮藏环境的霉菌、昆虫、气味、果仁变色等均易引起薄壳山核桃更快发生腐败。贮藏环境的温度和湿度决定了贮藏时间的长短。果仁暴露在空气中的表面积越小（即果仁的碎颗粒越少），贮藏时间越长，反之亦然。在常温下，美国薄壳山核桃的坚果放置在阴冷干燥的室内半年不会变坏。但美国薄壳山核桃的坚果含不饱和脂肪酸90%以上，容易被氧化，贮藏期温度过高则坚果的呼吸作用增强，养分消耗增加，所含脂肪酸的氧化过程加快，降低坚果品质。因此，无论贮藏还是加工，薄壳山核桃一般都要从11月贮存至次年的3月，在运输之前，应存放在冷库。

2）冷藏

冷藏是果蔬保鲜的一个重要方面，冷藏处理可以延缓果蔬的膜脂氧化程度和衰老进程。冷藏处理可以减缓山核桃脂肪氧化过程，使其内部抗氧化酶处在较高的活性范围内。在0~5℃条件，薄壳山核桃仁的品质可保持2年。Lopez等对核桃在低温贮藏环境下的品质变化进行了研究,结果表明,在10℃、相对湿度60%的条件下贮藏,品质最少可以保持1年,其物理、化学、感官等品质指标均在规定范围内。

3) 冷冻贮藏

Wells研究认为,在室温(21~24℃)下,薄壳山核桃的货架期为10周;Woodroof研究表明,在室温条件(23℃),去掉硬壳的薄壳山核桃仁在几个月内品质就会明显下降,6~8个月以后就会失去市场价值。而在-15℃贮藏2年甚至更长时间,其风味不会发生明显变化。因此,薄壳山核桃可以去壳或带壳冷冻保存(表7-2)。

表7-2 不同温度下薄壳山核桃的贮藏寿命
Table 7-2 Storage life of pecan under different temperature

温度/℃	带壳坚果/月	去壳坚果/月
21	4	3
8~10	9	6
0~2	18	12
-7~-4	20~40	18~24
-18	24~60	24~60

4) 气调贮藏

高度木质化的核桃外壳可以阻碍底物的气体交换,阻遏核桃仁脂肪的自然氧化过程。然而去壳后的核桃仁暴露在空气中,与空气中的氧气直接接触而很容易氧化变质。高浓度的氧气会引起核桃果的腐败,促进霉菌生长和害虫滋生。当氧浓度低于1%时有利于延缓干果的腐败变质,氧气浓度低于0.5%或二氧化碳浓度高于80%有利于控制害虫的活动。去壳的核桃仁若没有特殊的隔氧包装,很容易酸败变质。因此薄壳山核桃可以采用气调贮藏或薄膜大帐贮藏,以抑制呼吸,遏制霉菌活动,降低脂肪氧化速度,保持核桃仁的风味和营养成分。Wells研究发现,在7℃,相对湿度65%的条件下,较高浓度的CO_2能减少薄壳山核桃中的真菌群和象鼻虫;在O_2浓度21%、CO_2浓度30%的条件下,贮藏5个月后,薄壳山核桃中的象鼻虫死亡率为100%,总的真菌群也明显减少,且核桃仁没有异味产生。其研究也发现臭氧处理可以降低薄壳山核桃仁中的黄曲霉素、真菌和酵母的水平,保护脂肪酸不被氧化。

5) 高压电流

1982年,Nelson和Payne研究发现,相比于2450MHz的微波处理,40MHz的无线电流热处理可以更有效地抑制带壳和去壳薄壳山核桃中的象鼻虫的活性。山核桃碎仁中水分含量为2.6%时,在53℃就能完全杀死其中的象鼻虫,碎仁中水分含量为6.1%时，80℃就能完全杀死其中的象鼻虫。

6）涂膜

可食性涂被剂可以为坚果提供表面的保护层，阻碍氧气和水分的进入，常被用于减少果仁酸败，涂膜保鲜效果主要取决于涂膜剂的特性及隔氧效力。1979年，Senter和Forbus用乳清蛋白和乙酰甘油酯双重膜涂被薄壳山核桃，在一定程度抑制了山核桃的氧化酸败。2006年，Baldwin在室温用羧丙基纤维素和羧甲基纤维素涂膜薄壳山核桃，有效地保护了薄壳山核桃不被氧化酸败。国内也有研究者采用醇溶蛋白对核桃仁进行涂膜处理来达到隔绝氧气、保持水分的效果，以延长核桃仁的贮藏期。

4. 包装

由于薄壳山核桃暴露在空气中极易发生氧化酸败，因此，无论是在货架期还是在贮运过程中，对包装方式和包装材料的选择都非常重要。

贮藏时间较长，数量不大的，可封入聚乙烯袋内，在0~5℃条件下贮藏。大量的薄壳山核桃运输的包装以麻袋和木箱为主，于0~5℃恒温冷库中贮藏，薄壳山核桃仁的品质可保持2年。在美国，薄壳山核桃大量运输主要是以30磅的箱子为包装，作为冰激凌行业烘焙薄壳山核桃也是以30磅的箱子包装，也有用60磅的纸箱，这被称之为纸箱散装，主要是用作市场贸易或需要小包装的消费群体。

另外，近年来，市场上用玻璃纸包装、充氮包装和真空包装薄壳山核桃仁也出现较多，最常见的包装规格是1磅和0.5磅。然而，由于一些超市设定价格，12盎司的包装也受到欢迎。陶菲等研究了用聚乙烯塑料膜（polyethylene，PE）和聚乙烯塑料铝箔膜（polyethylene/Al，PE/Al）的普通包装与PE、PE/Al的真空包装对山核桃贮藏过程中油脂氧化的影响，试验结果表明PE/Al真空包装能有效减缓山核桃油脂的氧化进程，从而延缓山核桃品质的下降，延长其货架期。

三、薄壳山核桃的加工

采后处理的薄壳山核桃要尽快进行短期或长期贮藏，进入加工环节。相对于其他食品加工机械，薄壳山核桃加工机械包括分级、壳仁分离、破碎、干燥、包装等设备，始于20世纪20年代。

1. 破壳

带壳的山核桃贮藏期较长，但作为美味的甜点或烹饪辅料，在加工前仍需去壳。尽管薄壳山核桃的壳不如核桃壳硬，也必须借助一些外力破碎，通常用坚果夹子。徒手的力量一般是不够的。最早薄壳山核桃破壳是用锤敲击，现在普通家庭用的薄壳山核桃破壳一般是核桃钳子（图7-8）。

　　美国的薄壳山核桃每年有几百万吨的产量，绝大部分是以仁用为主，有丰富的核桃仁产品。1920年以前，美国山核桃是消费者自己手工剥壳。随着商业剥壳设备的发展，美国山核桃产业开始增长。20世纪80年代初，美国的Liang研制了一种脱壳机，它能够在对坚果尺寸分级的同时对其进行破壳，并能够通过精确的变形控制来引导坚果向一定的方向运动。相对于当时的工业水平，该脱壳机极大地提高了坚果的脱壳质量及其效率。从1948年起，薄壳山核桃80%以上都为去壳销售，一些大型山核桃去壳工厂全年加工，其他小型工厂或农场为季节性加工，一般主要在秋季。大型的山核桃加工厂有储存几百万磅加工和未加工的山核桃，山核桃从进厂到出厂基本为自动化流水线或半自动化流水线生产。

　　薄壳山核桃在破碎前要对其进行一定的处理以便于更容易破壳。为了防止碎仁过多，坚果在破壳前先是先通过加湿处理。通常有两种方法：一是用加氯的冷水浸泡8h，之后把美国山核桃放在袋子，大桶或盆中排干16~24h，准备破壳（在接下来的24h内）；第二个是采用蒸气压力的方法，先把美国山核桃置于热水或蒸气中6~8min，然后冷却30~60min后破壳。蒸气压力的方法要快得多，但容易引起果仁变色。破壳后的美国山核桃的质量减少50%~65%，体积减少大约一半。为减少破壳后的碎仁率，美国使用较多的机械破壳方法是定间隙多点挤压方法。这一方法的有效性取决于两个重要因素。一是核桃尺寸大小与挤压间隙要相适应。核桃尺寸大于挤压间隙过多则会造成过高的碎仁率；反之，则会漏破或破壳不完全。二是核桃进入挤压空间的姿态，当呈椭圆形核桃的长轴与挤压滚筒轴线平行时，核桃可随挤压滚筒一起转动，核桃破壳完全，取仁容易，破碎少；反之，核桃不能随滚筒转动而造成沿核桃长轴方向的剪切破裂，出现两半破裂，造成仁壳分离困难。通过与美国薄壳山核桃加工方面的专家交流作者了解到，目前薄壳山核桃的破壳机器主要有3种：①champion cracker or meyer cracker；②savage cracker（图7-9）；③navarro pecan company cracker。在使用机械破壳时，通常在破碎前先按大小分拣，这样可以调整meyer cracker活塞的冲程长度，使得每种尺寸的破碎能达到最佳效率。

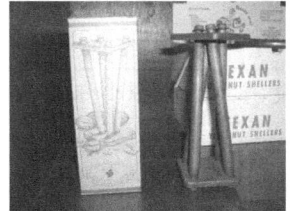

图7-8　取果仁的手动工具

Fig. 7-8　Tools for picking kernel out

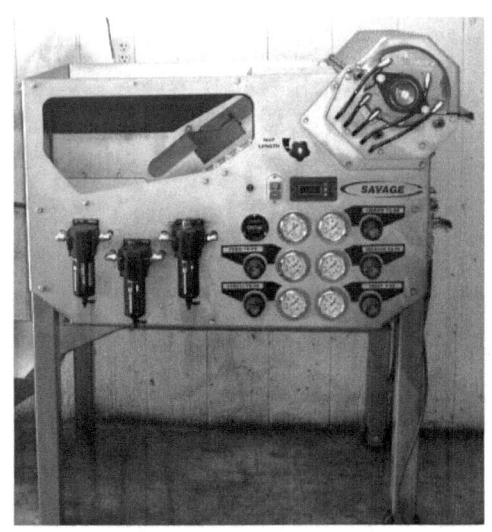

图 7-9 取果仁的机械

Fig. 7-9 Tools for picking kernel out

2. 分级

(1) 薄壳山核桃带壳坚果分级

在美国，为了规范产品品质，也为了方便机械破壳加工，薄壳山核桃在加工前要进行严格的分级，分级标准见表 7-3。

表 7-3 山核桃坚果大小分级

Table 7-3 Grading of pecan nut

大小分级	1 磅中坚果的个数	1kg 中坚果的个数	100 个样本中 10 个最小坚果的最小质量
超大果	≤55	<121	
特大果	56~63	123~139	在每个等级中，100 个样本中，10 个最小坚果的总质量不少于 100 个坚果总重的 7%
大果	64~77	141~169	
中等果	78~95	172~209	
小果	96~120	211~264	

注：引自 United States Standards for Grades of Pecans in the Shell effective October 15, 1976。

(2) 薄壳山核桃果仁大小分级

薄壳山核桃按果仁大小分级情况见表 7-4。

表 7-4 薄壳山核桃按果仁大小分级的级别 (Erickson, 1994)
Table 7-4 Grading of kernel

分级	1 磅中瓣仁的个数
Mammoth 极大	200~250
Jr. Mammoth 巨大	251~300
Jumbo 超大	301~350
Extra Large 特大	251~450
Large 大	451~550
Medium 中等	551~650
Topper 小	651~750
Small Topper 极小	≥751

（3）薄壳山核桃按质量分级

根据薄壳山核桃的坚果大小、果肉大小、果肉颜色和出仁率，通常将其分为以下 3 个等级：特级、精品、合格品。

特级：特级是最好的等级，果仁颜色金黄，无残次果。

精品：精品是仅次于特级的产品。在色泽上比特级较深，无残次果。这类产品常用作多数焙烘食品和冰激凌制造厂家。通常精品山核桃价格每磅约 25 美分，比特级的价格低。

合格品：合格品是第三级。这个等级的果实一般采收过早，果仁颜色深棕，有斑点，上有细绒毛，两端有皱缩，是最次的等级。有些烘焙食品、糖果生产厂家和冰激凌生产厂也用这一等级的产品，因为这样他们每磅可以节省 50 美分。作者不推荐在任何地方使用合格品以外的产品。

美国农业部对山核桃产品通常按以下进行等级（表 7-5）。

表 7-5 美国农业部带壳山核桃的分级 (Erickson, 1994)
Table 7-5 Grading of pecan nut by USDA

特征	一级	二级
外界杂质	<0.5%	<0.5%
外壳颜色均匀一致	是	否
外壳破损率	≤5%	≤10%
外壳严重受损	≤2%	≤3%
果仁严重受损	≤7%	≤10%
果仁酸败，发霉，腐烂或虫蛀	≤6%	≤7%
果壳内有活昆虫	≤0.5%	≤0.5%

（4）薄壳山核桃按颜色分级

美国农业部将美国薄壳山核桃的种仁分为 5 级，分别为一类半仁级、商业半仁级、一类碎仁级、商业碎仁级和次类碎仁级。但实际应用困难，收购商常依据坚果大小、种仁大小、饱满度、出仁率、食味等将其种仁分为特级（最高级）、优级（选择级）、琥珀级（最低级）3个级。与云南省的核桃仁分头路1/2仁、二路1/4仁、碎仁3个等级相同。

薄壳山核桃按照果仁颜色分为以下4个等级（图7-10）。

特级：金黄色。这个等级是最优级别。果仁外表皮颜色呈金黄色或更浅，深于金黄色的面积不得超过总表面积的1/4，不能有比浅琥珀色更深的颜色。

精品：浅琥珀色。是指薄壳山核桃果仁外表皮1/4以上是浅棕色，深于浅琥珀色的面积不得超过总表面积的1/4，不能有比琥珀色更深的颜色。

合格品：琥珀色。是指薄壳山核桃果仁外表皮1/4以上是琥珀色，比琥珀色颜色更深的面积不得超过总表面积的1/4，不能有比深琥珀色更深的颜色。

次品：深琥珀色。是指薄壳山核桃果仁外表皮1/4以上是深琥珀色。这个等级一般不能食用。

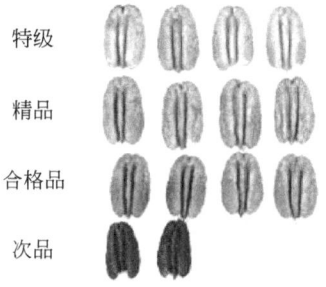

图7-10　不同品种的果仁颜色比较结果

Fig. 7-10　Color of different grades kernel

（5）薄壳山核桃按果仁的饱满程度分级

薄壳山核桃按果仁饱满程度分为以下4个等级（图7-11）

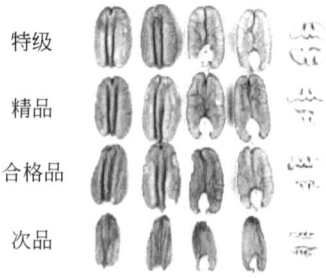

图7-11　不同品种的果仁饱满程度比较结果

Fig. 7-11　Full fill degree of different grades kernel

特级：果仁充分成熟，发育完好，饱满度好。

精品：果仁发育较完好，较为饱满。

合格品：果仁发育不好，不饱满。一般由是采摘时间过早引起。

次品：果仁不饱满，有明显干缩。果实发育不完全，这一级别的果仁不能食用。

根据以上总结出提高薄壳山核桃等级的方法，如下。

第一，从进入市场的产品中去除不饱满的坚果，因为低档次的坚果会增加带壳坚果的质量，但不会增加果肉的质量，使得出仁率下降。

第二，将本土的从优良品种中分开。果个较大的品种价格相对更高。

第三，短期存储等待装运的薄壳山核桃的质量要统一。

第四，控制水分含量，水分含量果高容易发生霉变，降低薄壳山核桃品质。

第五，分级之前选出畸形果、破碎果和杂质。

第六，缩短采收到进入市场的时间。

(6) 薄壳山核桃仁的分级设备

完整的果仁用手和色泽分选机分级。色泽分选机通常把薄壳山核桃仁分为8个颜色等级，浅色、浅琥珀色、琥珀色、深琥珀色、金黄色、浅棕色、棕色、深棕色（light, light amber, amber, dark amber, golden, light brown, medium brown, and dark brown）。仁的碎片也按大小分类，然后用电子色泽分选机或者人工手选台清理，有时候也用振动台或者乙醇/水浴浮选。

电子色泽分选机每小时能分拣出27kg，每天能工作24h，然而，由于有些碎仁和象鼻虫的大小差不多，这时钨丝灯电子色泽分拣不适用，常需要在紫外灯下手工分拣。在紫外灯下象鼻虫色泽较核桃仁浅。手工分类比较慢，人工费也较昂贵，每小时能分出约9kg的薄壳山核桃碎仁，因此还需要做进一步的设备研发。

3. 薄壳山核桃的加工

10%~20%的薄壳山核桃是带壳食用或销售，80%以上的果经机械脱壳后出仁销售。美国等国家的科学家一直在对薄壳山核桃的营养成分、功能活性进行研究，据报道，常吃薄壳山核桃，有利尿、通便、镇咳、化痰、温肺、润肠、补气和养血等作用，如果一个人一天吃3~5个薄壳山核桃（约30g），胆固醇可以降低5%，心脏病的患病率可降低10%。因此薄壳山核桃被称为"长寿果"，在美国被列为宇航员食品，并获得美国食品药品监督管理局（FDA）批准成为首个可以公开宣传其（完整的核桃仁）具有营养保健作用的产品。薄壳山核桃油类产品——薄壳山核桃油中的不饱和脂肪酸较高，其中的亚油酸和亚麻酸含量明显高于其他植物油，此外还含有人体必需的矿质元素和多种维生素。薄壳山核桃油是一种高级珍贵的营养油,除了食用外,在化工、医药等领域也有很大的发展潜力。薄壳山核桃油的制取方法主要有压榨法、水代法和浸出法。压榨法又分为螺旋榨法和液压法。近年超临界二氧化碳萃取技术也在薄壳山核桃油中有较多的研究,此法得到的油色泽浅,可以省去精炼步骤并可达到国标要求,克服了压榨法的效率低,精制工艺繁琐,油品色泽不理想等缺点,也克服了溶剂浸提法在分离过程中需蒸馏加热,易使油脂氧化酸败,有溶剂残留等缺陷。但目前用此法提取薄壳山核桃油多数还停留在实验室研究阶段,由于设备昂贵等原因,还未在生产中得以推广应用。

经过压榨法或有机溶剂浸提法得到的山核桃毛油需要经过脱胶、脱色、脱酸、脱臭、冬化等精炼工序才能符合食用油的质量标准。

1) 核桃蛋白类产品

薄壳山核桃仁中的蛋白质含量一般在 15% 左右,最高可达 30%。核桃蛋白大部分不溶于水,而溶于稀碱液;等电点在 pH5 左右,适当提高温度,可促进核桃蛋白质的溶解,55℃时蛋白质的溶解度最好。核桃蛋白为一种优质蛋白质,其真实消化率和净蛋白质比值比较高,在胃蛋白酶作用下其消化率可以达到 70 以上,研究发现,胰蛋白酶、胰凝乳蛋白酶和胃蛋白酶均可以在 10min 内将核桃蛋白中的谷蛋白水解为相对分子质量较小的多肽;实验表明,至少在体外,核桃谷蛋白是一种可高度消化的蛋白质。

利用核桃蛋白加工成的产品主要有核桃蛋白饮料和核桃粉(包括复合的核桃粉)(图 7-12)。有关核桃饮料的加工工艺及品种研究较多,如核桃乳、核桃果茶、核桃芝麻乳、核桃汁、核桃乳酸发酵酸奶等。

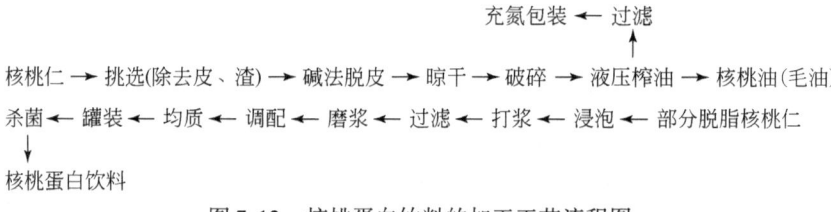

图 7-12 核桃蛋白饮料的加工工艺流程图

Fig. 7-12 Drawing of technological process of pecan protein beverage processing

2) 薄壳山核桃仁产品

薄壳山核桃果肉晒干生食、炒食、口感俱佳,其果粉用作食品添加剂,使食品价值翻番。薄壳山核桃在我国尚无加工商品生产,国外加工山核桃和食用山核桃食品的历史都比较久远,在美国经工厂进行分级、清洗、破壳后,大约有

80%产品进入烘焙业,一般用作馅饼、沙拉、蛋糕和饮料等多种食品如胡桃派,在糕点制作中也以有无薄壳山核桃仁及含量的多少作为高、中、低档的主要依据;20%在冰激凌制造、糖果制造、腌制坚果、超市贸易的玻璃纸制造等。此外,薄壳山核桃在工业上其用途也很广泛,是制作高级油漆、油墨、肥皂、制药和化妆品的特殊原料。

在美国,有3所大学里开设有专门的薄壳山核桃加工专业,对薄壳山核桃方面的研究具有较好的基础条件,它们是得克萨斯A&M大学,佐治亚大学,新墨西哥大学。

2007年,中国林业科学研究院亚热带林业研究所经济林研究组的工作人员参观考察了美国最大的薄壳山核桃加工企业——Navorro 薄壳山核桃公司。了解到美国薄壳山核桃的加工流程:从农户手中收购→→在工厂进行品质检测和分级→→冷藏直至剥壳→→带壳清洗消毒→→破壳→ 去壳→→果仁分级→→除杂→→产品分级→→包装→→贮运→→市场。

第三节 不同工艺制取山核桃油的研究

一、超临界 CO_2 流体法制取山核桃油研究及工艺优化

超临界流体萃取技术(supercritical fluid extraction,简称 SFE)是一种新型的分离技术,具有工艺简单,操作方便等传统工艺不可比拟的优点,其操作流程如图 7-13 所示,这也是被 GRAS 认定为一种可以安全用于食品领域的方法。与其他制取油脂的方法相比,超临界流体萃取所需操作温度较低,萃取时间短,容易随着降压而与所提炼的物质分开,能有针对性地萃取某些成分,在萃取油脂过程中能保存一些性质不稳定、易被氧化的脂肪酸成分,没有可能会产生不利影响的

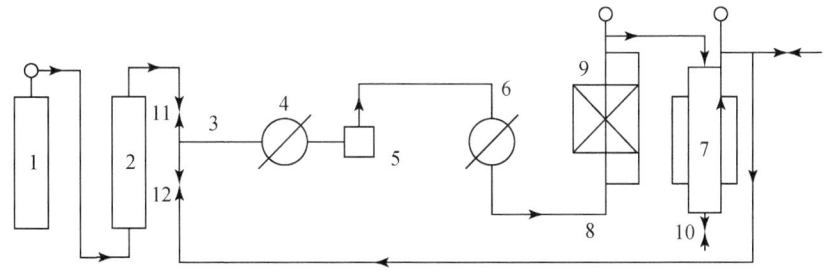

图 7-13 CO_2-SFE 工艺流程示意图

Fig. 7-13 The process of supercritical carbon dioxide extraction

1. CO_2 气瓶;2. 纯化器;3. 冷凝器;4. 高夺阀;5. 加热器;
6. 萃取器;7. 分离器;8. 放油器;9. 减压阀;10、11、12. 阀门

溶剂残留，同样适合于山核桃油的制取。

1. 粉碎粒度对山核桃油萃取效率的影响

原料粒度大小是影响萃取效率的重要因素之一。原料粉碎后，超临界流体与原料间的接触面增大，这有利于流体在原料内部的渗透和溶解，利于萃取的进行。理论上而言，原料的粉碎度越大，则萃取速度越快，萃取越完整。但粉碎度过大，原料粒度过细，则容易阻塞气路，影响萃取效率。在萃取压力20MPa，萃取温度40℃，CO_2流速2L/min，萃取时间3h的条件下，粉碎粒度为20目时，萃取效果达88.48%，粉碎粒度小于20目时，萃取率极低，仅9.74%。

2. 萃取时间对山核桃油萃取效率的影响

不同的萃取时间对萃取效果的影响结果如图7-14所示。在萃取的开始阶段，山核桃粉与CO_2流体的接触时间很短，短时间内萃取所得到的油脂含量很少，萃取率不高，有效萃取率也比较低；随着萃取时间的延长，萃取所得的油量逐渐增加，当萃取时间达到3h之后，继续延长萃取时间，萃取率的增幅并没有增大。

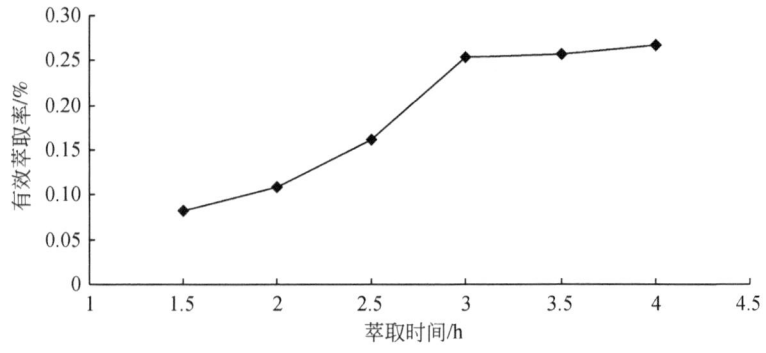

图7-14　不同萃取时间对出油率的影响（姚小华等，2012）

Fig. 7-14　Effect of different extract time on oil yield

3. 萃取温度对山核桃油萃取效率的影响

温度能加快热量回流速度，较高的温度使得超临界CO_2流体与原料之间相互碰撞的概率大大增加，CO_2溶解能力也有所增强，如图7-15所示，随着温度增加，在40℃时，萃取率增加；随着温度的不断升高，高温下的CO_2流体密度减小，使得相同时间段内通过原料的流体量相对减少，从而降低了超临界流体携带油脂的能力，有效萃取率呈现下降趋势。

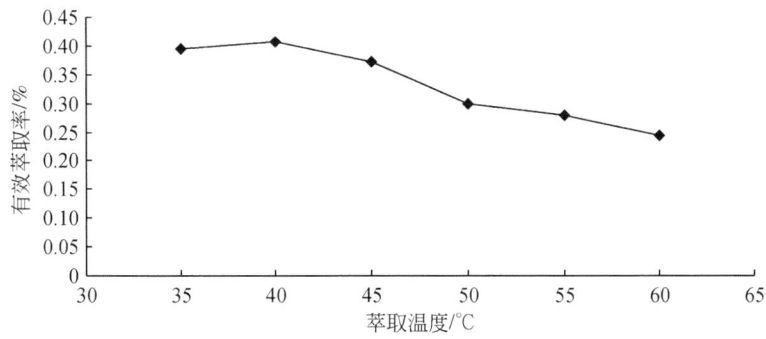

图 7-15 不同萃取温度对出油率的影响（姚小华等，2012）

Fig. 7-15 Effect of different extract temperature on oil yield

4. 萃取压力对山核桃油萃取效率的影响

由图 7-16 可知，随着压力的增加，山核桃油有效萃取率上升，因为超临界 CO_2 流体的溶解能力是随压力升高而上升的，压力增加但 CO_2 的密度不会增加，较大的压力能减少分子间的阻力和距离，有利于目标成分的萃取。

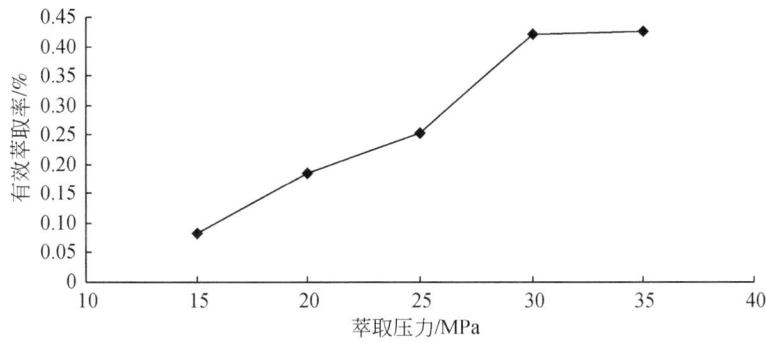

图 7-16 不同萃取压力对出油率的影响（姚小华等，2012）

Fig. 7-16 Effect of different extract pressure on oil yield

5. 萃取工艺条件的优化

在萃取时间 2.5h，萃取温度 45℃，压力 30MPa，CO_2 流速为 2L/min 的条件下，能获得最大有效萃取率。选取此条件作为最优条件，进行验证试验，所得萃取率为 56.46%（表 7-6）。

表7-6 超临界萃取山核桃油工艺正交设计方案及试验结果（姚小华等，2012）
Table 7-6　Result of supercritical fluid extraction of pecan oil by orthogonal design experiment

试验编号	A 萃取时间/h	B 萃取温度/℃	C 萃取压力	CO_2 流量	萃取率/%
1	2	40	20	1	32.92
2	2	45	25	1.5	35.63
3	2	50	30	2	51.77
4	2.5	40	20	1	48.21
5	2.5	45	25	1.5	52.44
6	2.5	50	30	2	38.24
7	3	40	20	1	46.00
8	3	45	25	1.5	42.49
9	3	50	30	2	37.59
K_1	40.12	42.04	38.05	40.98	
K_2	47.46	43.52	40.48	39.79	
K_3	41.70	42.70	49.74	47.49	
R	6.36	1.48	11.69	7.70	
Q	A_2	B_2	C_3	D_3	

二、液压榨法制取山核桃油

压榨法是油脂制取的传统工艺，我国早在14世纪中叶就有楔式榨油完整记录。现代压榨制油一般都采取螺旋压榨法，螺旋压榨法工艺简单，对配套设备要求少，能适应用不同品种的油料生产，生产灵活。山核桃仁一般含油量比较高，纤维含量较低，直接压榨的话，制油存在困难，出油率不高。与普通榨油机相比，液压榨油机具有效率高、环保节能、产品附加值高、无损耗、无噪声等特点，物理压榨无需加热，不添加任何化工原料。液压榨油机最大的优点就是设备压力是静压，油料的机械摩擦很少，压榨出的油脂很清透，不需要作任何处理就可以直接食用，方便安全。

液压条件下，不同粉碎程度的山核桃出油率各异。粉碎程度高，在液压过程中压力能迅速传递到原料内部，从而提高了出油率。在增加压榨次数的情况下，山核桃油出油率在二次压榨时出油率达到最高，之后随着压榨次数的增加，出油率未见显著性变化（表7-7）。可知在相同条件下，增加压榨次数并不能提高出油率，需进一步采用其他工艺，或者也可采用先压榨再浸提的方法，提高出油率。

表7-7 液压榨法制取山核桃油的影响因素 （姚小华等，2012）
Table 7-7　Influence factors of pecan oil extraction by hydraulic press

影响因素	制取条件	出油率/%
粉碎度	粉碎	51.68
	整仁	51.29
压榨次数	1	51.29
	2	54.86
	3	54.56
	4	54.05

三、浸提法制取山核桃油研究及工艺优化

1. 不同浸提溶剂对出油率的影响

不同溶剂对山核桃油的提取效果各不相同。在相同条件下，石油醚和正己烷具有较高的提取效率，所得油脂颜色较浅，杂质少。无水乙醇浸提所得山核桃油颜色深而浑浊，杂质较多。由图7-17可见，不同溶剂对出油率的影响效果大小排列为：石油醚>丙酮>正己烷>无水乙醚>无水乙醇。结合经济角度及出油率的高低来看，选择石油醚作为浸提溶剂是适宜的。

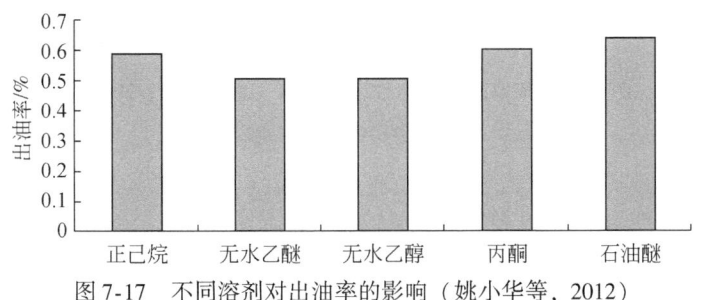

图7-17　不同溶剂对出油率的影响（姚小华等，2012）
Fig. 7-17　Effect of different solvents on oil yield

2. 提取物温度对出油率的影响

提取温度对浸提出油率的影响如图7-18所示，随着温度的升高，浸提效率增高，出油率呈现增长趋势，当温度达到55℃时，浸提出油率开始微弱下降，可以认为，温度的升高，使得溶剂挥发速度加快。温度越是升高，越是接近石油醚的沸程，但温度过高，可能影响所得油脂的性质，因此提取温度选择在55℃比较适宜。

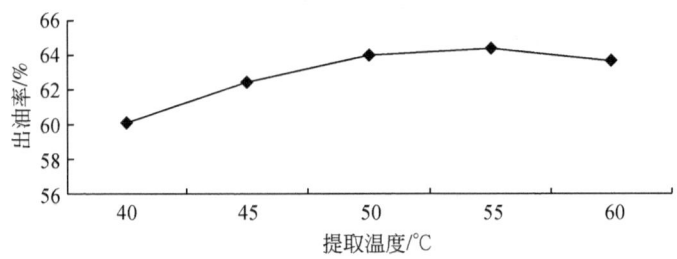

图 7-18　提取温度对出油率的影响（姚小华等，2012）

Fig. 7-18　Effect of extraction temperature on oil yield

3. 提取时间对出油率的影响

浸提时间对山核桃油的出油率影响如图 7-19 所示。由图可知，随着提取时间的延长，山核桃出油率平稳上升，在 6h 时达到最高值，随后出油率变化不大。因此，选择 6h 作为提取时间是适宜的。

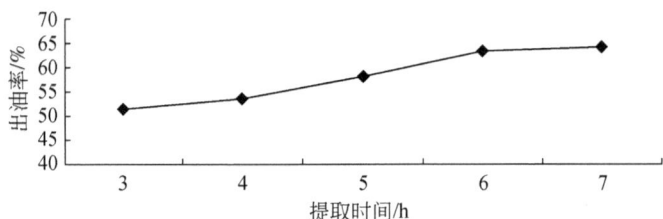

图 7-19　提取时间对出油率的影响（姚小华等，2012）

Fig. 7-19　Effect of extraction time on oil yield

4. 料液比对出油率的影响

料液比对山核桃出油率的影响如图 7-20 所示。料液比增加，出油率也随之提高，因此，选取料液比 1∶6 作为适宜条件。在此基础上进行正交试验。

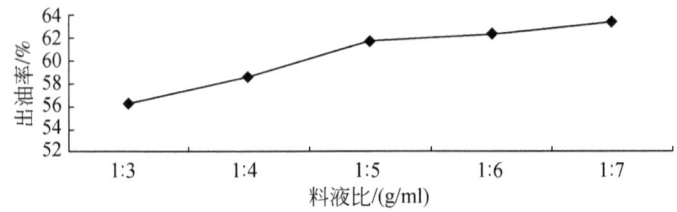

图 7-20　料液比对出油率的影响（姚小华等，2012）

Fig. 7-20　Effect of ratio of material to liquid on oil yield

5. 浸出法提取山核桃油工艺优化

由表7-8可知,正交试验中,对浸提出油率影响最大的因素是浸提时间,其次是浸提温度。各因素从大到小排列顺序为浸提时间>浸提温度>料液比。综合可得,浸提山核桃油浸提最优工艺参数为 $A_3+B_2+C_2$,即在浸提温度60℃,浸提时间6h,料液比为1:5的条件下能获得最大出油率。选取此工艺参数进行重复试验,得到的出油率分别为64.19%、63.98%,64.31%,平均出油率为64.16%。

浸提法出油率高,但由于浸提法制取油脂需要用到的有机溶剂多数属于易燃易爆品,其生产过程存在一定危险。此外,由于浸出毛油中残留有溶剂(一般小于500ppm),不能直接食用。

表7-8 浸出法制取山核桃油工艺正交设计方案及试验结果 (姚小华等,2012)
Table 7-8 Result of solvent extraction of pecan oil by orthogonal design experiment

试验编号	A 浸提温度/℃	B 浸提时间/h	C 料液比	D 空列	Y 出油率/%
1	1	1	1	1	61.25
2	1	2	2	2	63.69
3	1	3	3	3	62.26
4	2	1	2	3	61.64
5	2	2	3	1	62.78
6	2	3	1	2	63.35
7	3	1	3	2	63.10
8	3	2	1	3	64.03
9	3	3	2	1	63.44
K_1	62.4	61.98	62.88	62.85	
K_2	62.59	63.50	63.29	63.38	
K_3	63.89	63.38	62.71	62.64	
R	1.486	1.50	0.57	0.74	
Q	A_3	B_2	C_2		

四、水酶法制取山核桃油研究及工艺优化

水酶法是一种新兴的提油方法。其是在油料破碎后加水,以水作为分散相,酶在此相中进行水解使油脂从油料中逸出,利用固体粒子分散于水相而与油脂分离。该方法可以满足食用油生产"安全、高效、绿色"的要求。在水酶法工艺中影响清油提取率的主要因素有:原料的预处理、酶的选择、酶解的工艺参数和离心工艺条件等。

1. 酶的选择

在相同条件下,添加同等用量(2%,20ml/kg)的中性蛋白酶,纤维素酶,果胶酶进行反应,分别得到的出油率为26.14%,17.76%,10.21%。因此,选择中性蛋白酶作为本方法使用的酶。

2. 酶解温度

酶作为一种活性蛋白质,其活性受温度的影响比较明显。温度低于酶的最适温度,其活性低;温度超过酶的最适温度,蛋白质变性,导致酶失活。由图7-21可知,随着温度的上升,出油率缓慢上升,当温度达到55℃之后,继续升高温度,出油率反而下降。原因可能是温度过高,使得酶丧失活性。因此选用50℃较为适宜。

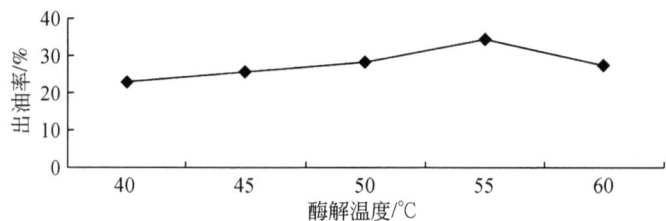

图7-21　酶解温度对出油率的影响(姚小华等,2012)

Fig. 7-21　Effect of enzymolysis temperature on oil yield

3. 酶解时间

由图7-22可知,在其他条件一致,酶解时间延长的情况下,出油率开始处于快速上升趋势,当酶解时间到达4h时,出油率增幅不再明显。因此,选择酶解4h比较适宜。

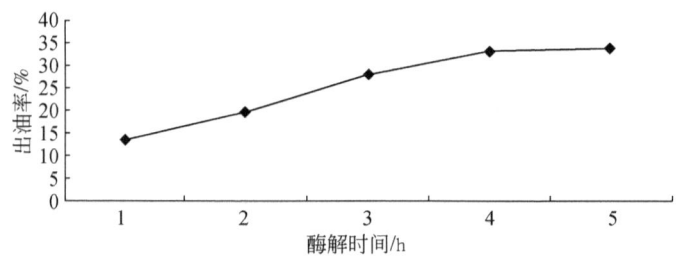

图7-22　酶解时间对出油率的影响(姚小华等,2012)

Fig. 7-22　Effect of enzymolysis time on oil yield

4. 料液比

在酶解条件下，料液比的大小直接影响着酶解的完全与否。料液比决定了酶解溶液的浓度，料液比低时，溶液浓度较高，从而使酶的相对浓度高，促进酶解；料液比增高时，溶液浓度降低，从而酶的浓度也降低，降低了酶解效率，使得出油率不会随着料液比的增加而无限制的提高，到达某一临界点时，出油率随之下降。结果如图7-23所示，在料液比1∶5以下时，出油率随着料液比增加而上升，超过1∶5之后，出油率反而下降。

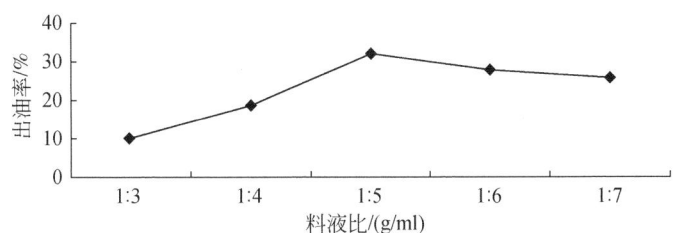

图7-23 料液比对出油率的影响（姚小华等，2012）
Fig. 7-23 Effect of ratio of material to liquid on oil yield

5. 水酶法提取山核桃油工艺正交试验优化

由表7-9可知，在酶解法制取山核桃油的过程中，影响酶解过程的各因素排列顺序为料液比＞酶解时间＞酶解温度。最优组合为 $A_3+B_2+C_2$，即在料液比为1∶5，酶解时间为4h，酶解温度50℃条件下可获得最大出油率，其最大出油率为35.77%。

水酶法的最大优势是在提取油的同时，能有效回收植物原料中的蛋白质（或其水解产物）及碳水化合物，不仅能快速实现酶法制油产业化，而且对提高山核桃果实利用率、增强企业效益有很大作用。与传统工艺相比，水酶法提油技术设备简单、操作安全，不仅可以提高效率，而且所得的毛油质量高、色泽浅、易于精炼。

表7-9 水酶法山核桃油工艺正交设计方案及试验结果（姚小华等，2012）
Table 7-9 Result of enzymatic hydrolysis extraction of pecan oil by orthogonal design experiment

试验编号	A 酶解时间/h	B 酶解温度/℃	C 料液比	D 空列	Y 萃取率/%
1	1	1	1	1	11.45
2	1	2	2	2	25.41
3	1	3	3	3	24.28

续表

试验编号	A 酶解时间/h	B 酶解温度/℃	C 料液比	D 空列	Y 萃取率/%
4	2	1	2	3	33.8
5	2	2	3	1	12.04
6	2	3	1	2	21.36
7	3	1	3	2	23.96
8	3	2	1	3	27.74
9	3	3	2	1	19.89
K_1	20.38	23.07	20.18		
K_2	22.40	21.73	26.36		
K_3	23.86	21.84	20.09		
R	3.48	1.34	6.27		
Q	A_3	B_2	C_2		

五、不同工艺制取山核桃油的品质对比

不同加工工艺对薄壳山核桃油脂的品质有很大影响。由表 7-10 可知,与其他 3 种工艺所得油脂相比,超临界 CO_2 萃取法萃取所得的山核桃油各项指标较为优异。从所得油脂外观来看,超临界萃取的山核桃油颜色透亮清澈,无其他杂质和异味,无任何溶剂残留,无需后续脱胶脱色处理,并且酸值和过氧化值较低,碘值较高。因碘值能表现化合物的不饱和程度,这表明超临界法所得山核桃油中脂肪酸不饱和程度更高,氧化稳定性好,更易于贮存。压榨法处理工艺简单,可连续生产,但应用此方法所得毛油油色较深,且油中杂质较多,酸价和过氧化值偏高,需要进一步精炼处理才能食用。浸提法所得山核桃油的出油率较高,但所得油脂中有少量溶剂残留,残留溶剂对健康有危害,需着力解决浸提法溶剂残留,或寻求低残留度的溶剂替代剂。

表 7-10 不同工艺制取山核桃油质量指标比较(姚小华等,2012)

Table 7-10 Comparison of pecan oil from different extraction techniques

品质指标 \ 工艺	超临界 CO_2 萃取法	液压榨法	浸提法	水酶法
透明度	较透明	透明度一般	较透明	较透明
颜色气味	呈透亮的金黄色,无杂质、异味	杂质多,颜色暗淡浑浊	颜色深黄,有微弱石油醚气味	具有油脂香气、略有溶剂气味
酸值(KOH)/(mg/g)	0.71	0.92	0.82	0.8
过氧化值/(mmol/kg)	0.01	0.029	0.016	0.014
碘值/(g/kg)	83.25	73.77	74.04	78.42
皂化值/(mg/g)	168.3	192.11	179.79	174.26

第四节 薄壳山核桃坚果贮藏技术

由于薄壳山核桃仁中不饱和脂肪酸含量较高，在加工和贮藏过程中极易发生氧化酸败，出现异味，使其营养价值和商品价值大大下降。酸败是油脂贮藏过程中遇到的主要问题，其实质是含有较多不饱和脂肪酸的油脂在贮藏过程中受环境、光照、氧气、水分、金属离子等因素的影响，最终被氧化生成低分子脂肪酸的过程。

不同山核桃含油变化规律如下。

1. 同一贮藏条件不同物种含油率变化规律

室温条件下，不同物种的带壳山核桃在贮藏过程中各月的含油率随着贮藏时间的增加而呈现出不同程度的波动性递减趋势。图 7-24 为室温贮藏不同物种山核桃含油率随贮藏时间变化规律，从图中可以看出 3 种山核桃在 3 种温度下的变化曲线。

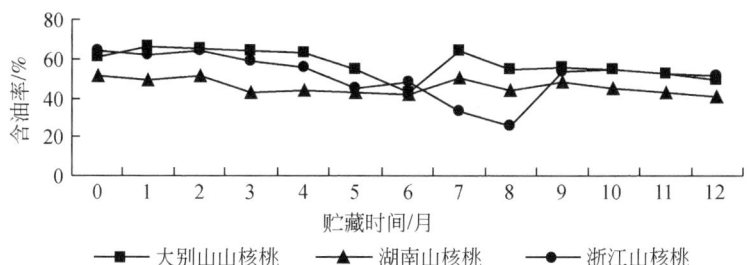

图 7-24 室温贮藏不同物种山核桃含油率随时间变化规律（姚小华等，2012）

Fig. 7-24 Changes of oil content of different Carya species stored at room temperature

储藏开始时，浙江山核桃的含油率在三个品种中最高，达 63.98%，且浸提所得油脂颜色较深。由图 7-24 可知，在室温条件下，储藏 2 个月时含油率变化不大，含量差异很小，在第 3 个月时含油率开始下降，至储藏 12 个月时，浙江山核桃含油率从初始的 63.98% 下降到 50.91%，平均每月减小幅度为 1.09%；大别山山核桃含油率从初始的 60.54% 下降到 48.75%，平均每月减小幅度为 0.98%。湖南山核桃含油率从初始的 50.99% 下降到 40.60%，平均每月减小幅度为 0.87%；由此可以看出，含油率减小幅度以浙江山核桃含油率下降幅度最大，大别山山核桃含油率下降幅度次之，湖南山核桃含油率下降幅度最小。

4℃冷藏条件下，不同物种的带壳山核桃在储藏过程中各月的含油率随着储藏时间的增加而呈不同程度的波动递减趋势，结果如图 7-25 所示。浙江山核桃含油率从初始的 63.98% 下降到 53.34%，平均每月减小幅度为 0.87%；大别山山核桃含油率从初始的 60.54% 下降到 51.70%，平均每月减小幅度为 0.74%。湖南山核桃含油率从初始的 50.99% 下降到 43.37%，平均每月减小幅度为 0.64%；由此可以看出，在冷藏条件下含油率减小幅度以大别山山核桃含油率降低幅度最大，浙江山核桃含油率下降幅度次之，湖南山核桃含油率下降幅度最小。

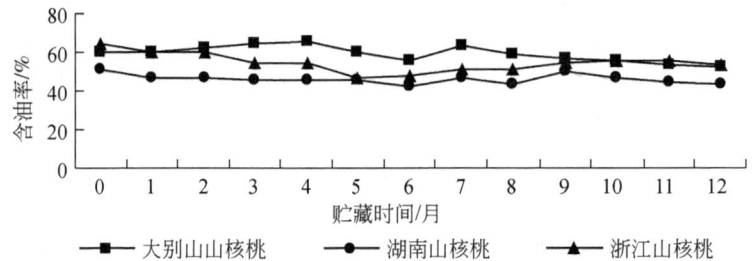

图 7-25　4℃贮藏不同物种山核桃含油率随时间变化规律（姚小华等，2012）

Fig. 7-25　Changes of oil content of different Carya species stored at cold temperature

−18℃冷藏条件下，不同物种的带壳山核桃在贮藏过程中各月的含油率随着贮藏时间的延长而呈不同程度的波动性递减趋势，结果如图 7-26 所示。浙江山核桃含油率从初始的 63.98% 下降到 55.74%，平均每月减小幅度为 0.69%；大别山山核桃含油率从初始的 60.54% 下降到 53.15%，平均每月减小幅度为 0.62%。湖南山核桃含油率从初始的 50.99% 下降到 45.30%，平均每月减小幅度为 0.47%；由此可以看出，含油率减小幅度以浙江山核桃含油率降低幅度最大，大别山山核桃含油率下降幅度次之，湖南山核桃含油率下降幅度最小。

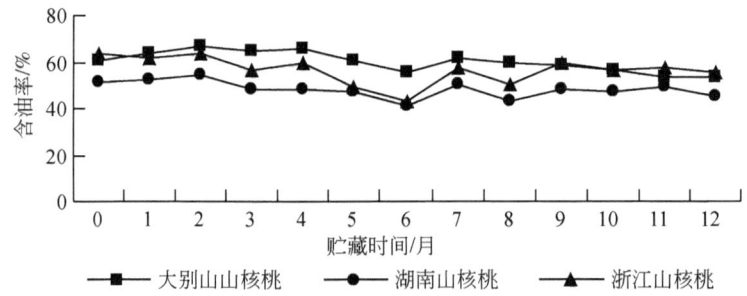

图 7-26　−18℃贮藏不同物种山核桃含油率随时间变化规律（姚小华等，2012）

Fig. 7-26　Changes of oil content of different *Carya* species stored at cold temperature

2. 同一物种不同贮藏条件含油率变化规律

对于单个物种的山核桃来说，在不同贮藏条件下，各月的含油率随着贮藏时间变化规律而有所变化，但总体上是随着贮藏时间的增长而呈现下降的趋势。图

7-27~图 7-29 为同一物种不同贮藏条件含油率随贮藏时间变化趋势。

由图 7-27 可知，大别山山核桃在整个贮藏期间室温和冷藏的含油率变化较大，大别山山核桃初始贮藏含油率为 60.54%，室温贮藏最低含油率时为 48.75%，差值为 11.78%，变化幅度达 0.98%；4℃冷藏的大别山山核桃含油率贮藏终值为 51.70%，与贮藏初始值相差 8.84%，变化幅度为 0.74%；-18℃贮藏的大别山山核桃含油率贮藏终值为 53.15%，与贮藏初始值相差 7.38%，变化幅度为 0.62%。可见与室温条件以及 4℃贮藏相比，在零下 18℃冷藏条件下贮藏的大别山山核桃含油率较为稳定，变化幅度小。

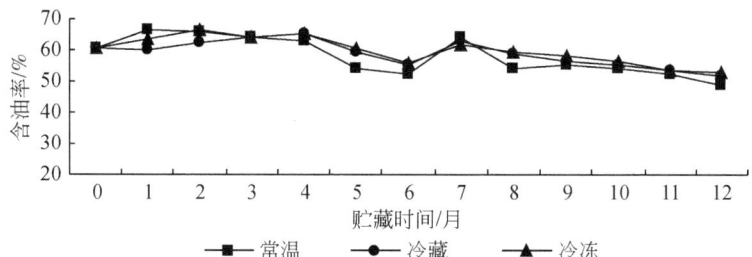

图 7-27 大别山山核桃不同贮藏条件下含油率变化规律（姚小华等，2012）

Fig. 7-27 Changes of oil content of *C. dabieshanensis* stored at room temperature

对于湖南山核桃而言（图 7-28），山核桃贮藏含油率的初始值为 50.99%，室温贮藏终值下降到 40.60%，平均月下降幅度为 0.87%；4℃条件下贮藏的山核桃含油率贮藏终值为 43.37%，平均月下降幅度为 0.64%；-18℃条件下贮藏的含油率终值为 45.30%，平均月下降幅度为 0.47%。可见在 3 种贮藏条件下，-18℃贮藏湖南山核桃种仁的含油率变化幅度最小，4℃贮藏次之，室温条件下贮藏含油率变化幅度最大。

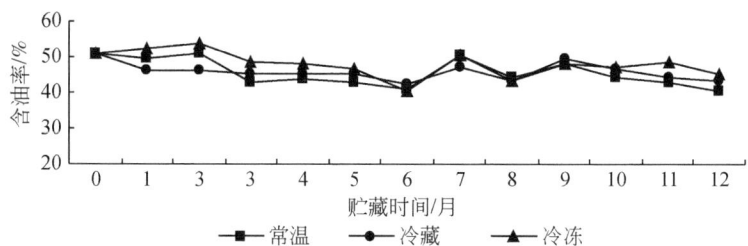

图 7-28 湖南山核桃不同贮藏条件下含油率变化规律（姚小华等，2012）

Fig. 7-28 Changes of oil content of *C. hunanensis* stored at room temperature

对于浙江山核桃而言（图 7-29），山核桃贮藏含油率的初始值为 63.98%，室温贮藏终值下降到 50.91%，平均月下降幅度为 1.09%；4℃条件下贮藏的山核桃含油率贮藏终值为53.34%，平均月下降幅度为0.87%；-18℃条件下贮藏的含油率终值为55.74%，平均月下降幅度为0.69%。可见在三种贮藏条件下，-18℃与4℃条件下贮藏浙江山核桃种仁的含油率变化幅度最小，室温条件下贮藏含油率变化幅度最大。

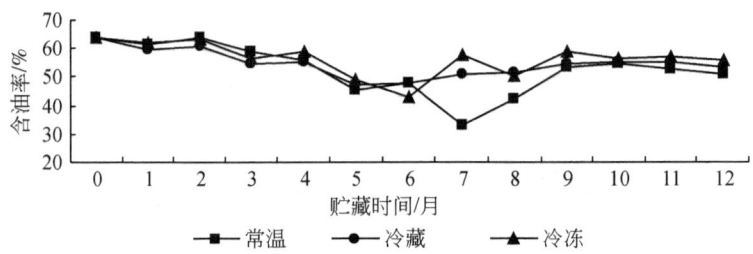

图7-29 浙江山核桃不同贮藏条件下含油率变化规律（姚小华等，2012）

Fig. 7-29 Changes of oil content of *Carya cathayensis* stored at room temperature

3. 各脂肪酸组成成分含量变化趋势

棕榈酸分子式为$C_{16}H_{32}O_2$，是饱和脂肪酸。在整个贮藏期间，同一贮藏条件下不同物种山核桃抽提油棕榈酸含量随着时间增加的变化规律有所不同。从图7-30可知，在室温条件下，大别山山核桃油棕榈酸含量从4.93%波动变化到5.02%，其中最大值为5.35%，呈现波动变化；湖南山核桃油棕榈酸含量从初始值的4.42%变化到4.46%，最大值为4.82%；浙江山核桃油棕榈酸含量随着贮藏时间的增加而增加，从初始值的4.30%增长到4.61%，平均增长幅度为0.026%；其中，浙江山核桃油棕榈酸含量变化最大。由图7-31可知，4℃贮藏条件下，大别山山核桃油棕榈酸含量从4.93%波动变化，最小值为3.97%，呈先降低再增高趋势；湖南山核桃油棕榈酸含量从初始值的4.42%增加到5.01%之后开始下降，直至4.50%，棕榈酸含量先增加后降低；浙江山核桃油棕榈酸含量随着贮藏时间的延长表现出先降低后升高的趋势，其值从初始的4.30%降低到2.09%，之后又上升到4.15%；其中，浙江山核桃油的棕榈酸含量变化最大，大别山山核桃油和湖南山核桃油棕榈酸含量变化不明显。由图7-32可知，在-18℃贮藏条件下，大别山山核桃油棕榈酸含量从4.93%波动变化，降低至最小值为3.93%，之后缓慢增加，呈先降低再增高趋势；湖南山核桃油棕榈酸含量从初始值的4.42%增加到5.10%之后开始下降，直至4.95%，棕榈酸含量与室温及4℃冷藏经历相似的先增加后降低过程；浙江山核桃油棕榈酸含量随着贮藏时间的增加而增加，从初始值的4.30%增加变化至4.47%，总体呈现上升趋势；其中，湖南山核桃油的棕榈酸含量始终比大别山山核桃油和湖南山核桃油棕榈酸含量高。

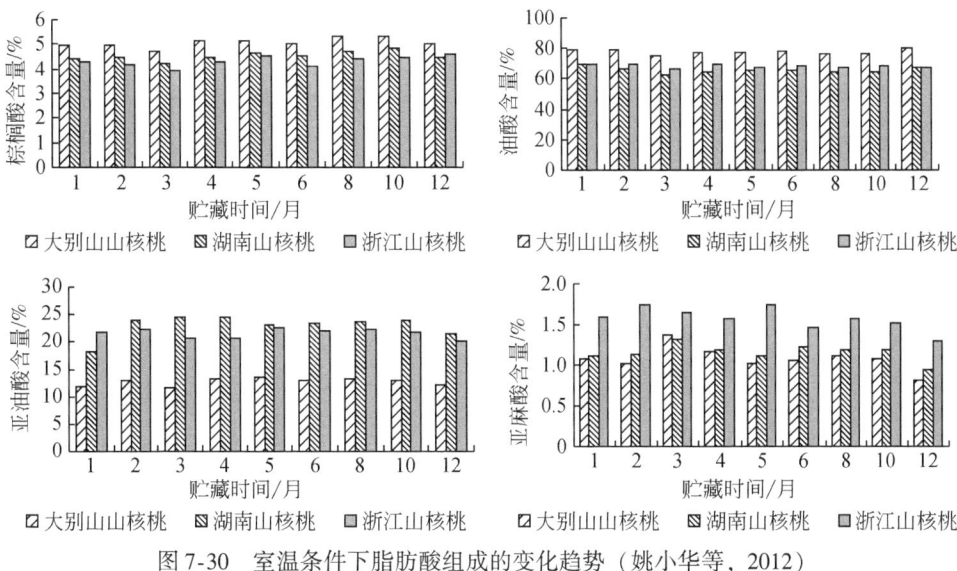

图 7-30　室温条件下脂肪酸组成的变化趋势（姚小华等，2012）

Fig. 7-30　Changes of fatty acid composition of oil stored at room temperature

油酸为单不饱和脂肪酸，分子式为 $C_{18}H_{34}O_2$。油酸是生命活动的重要物质之一，能给人体提供热量并参与细胞新陈代谢。在整个贮藏期间，同一贮藏条件下不同物种山核桃油油酸含量随着时间增加呈现不同的变化规律。从图 7-30 可看出，在室温条件下大别山山核桃油酸含量从 79.51% 波动变化到 79.74%，其中最低值为 75.67%，变化趋势不明显；湖南山核桃油油酸含量从初始值的 89.24% 变化到 67.37%，呈现出递减趋势；浙江山核桃油油酸含量从初始值的 69.09% 变化到 67.33%，变化趋势与湖南山核桃趋同；其中，大别山山核桃油的油酸始终高出其他两种山核桃油。由图 7-31 可知，4℃ 贮藏条件下，大别山山核桃油油酸含量呈现下降之后又上升的波动性变化，总体呈现递减趋势；湖南山核桃油油酸含量从初始值的 69.24% 变化到 67.23%，呈现出递减趋势；浙江山核桃油油酸酸含量从初始值的 69.09% 波动变化至 64.84% 之后缓慢上升；其中，大别山山核桃油的油酸含量始终高出其他两种山核桃。由图 7-32 可知，在 -18℃ 贮藏条件下，大别山山核桃油油酸含量从 79.51% 波动变化到 66.32%，含量递减；湖南山核桃油油酸含量从初始值的 69.24% 变化增加到 80.12%，含量增加；浙江山核桃油油酸含量从初始值的 69.08% 降低至 65.00%，变化趋势与大别山山核桃趋同；其中，湖南山核桃油的油酸含量始终高出其他两种山核桃油。

亚油酸为多不饱和脂肪酸，分子式为 $C_{16}H_{32}O_2$，属于人体必需脂肪酸。在整个贮藏期间，同一贮藏条件下不同物种山核桃抽提亚油酸含量随着时间增加的变化规律有所不同。由图 7-30 可知，在室温条件下大别山山核桃油亚油酸含量从

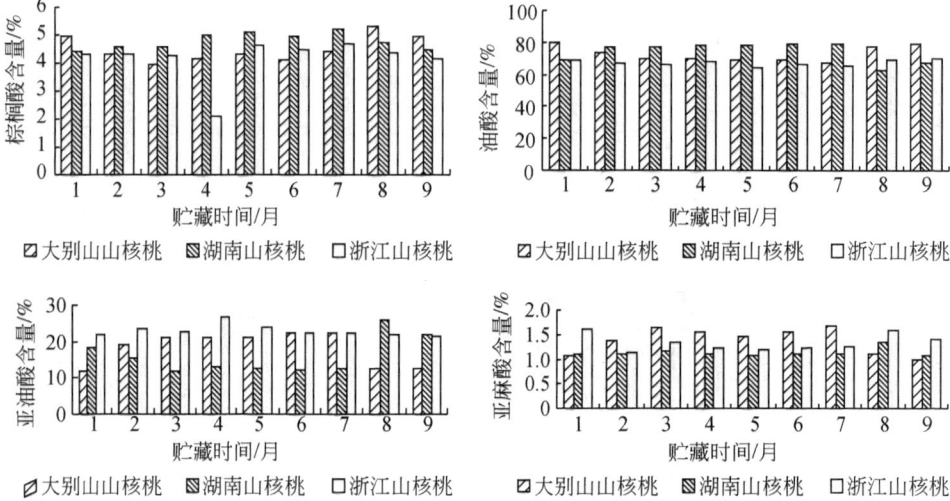

图 7-31 4℃条件下脂肪酸组成的变化趋势（姚小华等，2012）

Fig. 7-31 Changes of fatty acid composition of oil stored at 4℃

11.83%波动变化到11.99%，总体变化趋势为先上升后下降；湖南山核桃油亚油酸含量从初始值的18.15%增加到最大值24.51%，随后一直下降至21.57%；浙江山核桃油亚油酸含量从初始值的21.71%波动变化到20.11%，总体呈现降低变化趋势；其中，浙江山核桃的亚油酸含量比其他两种山核桃高，随着贮藏时间的延续，湖南山核桃油的亚油酸含量超过浙江山核桃油，大别山山核桃油的亚油酸含量在3种山核桃含量中最低。由图7-32可知，4℃贮藏条件下，大别山山核桃油亚油酸含量从11.83%变化增加至最高值22.20%，之后下降至12.64%，总体变化趋势为先上升后下降；湖南山核桃油亚油酸含量从初始值的18.15%下降至12.13%，之后波动变化；浙江山核桃油亚油酸含量呈现波动性变化；其中，浙江山核桃油的亚油酸含量比其他两种山核桃油高，大别山山核桃油的亚油酸含量在3种山核桃油含量中最低。由图7-32可知，在-18℃贮藏条件下，大别山山核桃油亚油酸含量从11.83%波动变化到22.82%，呈增加趋势；湖南山核桃油亚油酸含量从初始值的18.15%下降至11.72%；浙江山核桃油亚油酸含量从初始值的21.71%增加变化到24.46%，总体呈现稳定的上升趋势；其中，浙江山核桃油的亚油酸最高，大别山山核桃油亚油酸含量次之，湖南山核桃油亚油酸含量最低。

亚麻酸为多不饱和脂肪酸，为全顺式9，12，15十八碳三烯酸，它以甘油酯的形式存在于深绿色植物中，是构成人体组织细胞的主要成分，属于人体必需脂肪酸。由图7-30可知，在室温条件下大别山山核桃油亚麻酸含量从1.07%增加

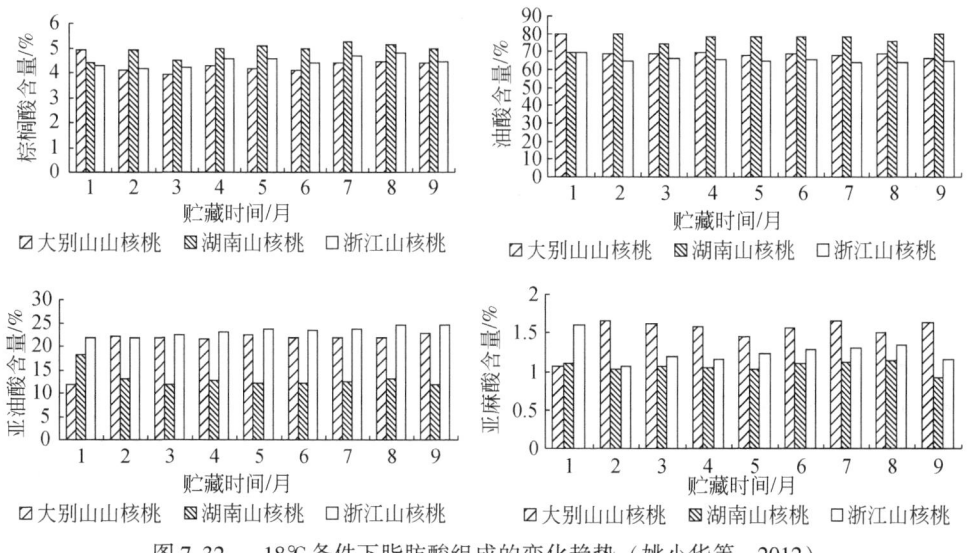

图 7-32 -18℃条件下脂肪酸组成的变化趋势（姚小华等，2012）

Fig. 7-32 Changes of fatty acid composition of oil stored at -18℃

到最大值 1.37%，之后一直降低到 0.82%，变化趋势为先上升后下降；湖南山核桃油亚麻酸含量从初始值的 1.10% 增加到最大值 1.31%，随后一直下降至 0.94%；浙江山核桃油亚麻酸含量从初始值的 1.60% 波动变化，最后降低至 1.30%，总体呈现降低趋势；其中，浙江山核桃油的亚麻酸含量与亚油酸含量一样，始终高于其他两种山核桃油，湖南山核桃油的亚麻酸含量次之，大别山山核桃油的亚油酸含量在 3 种山核桃油含量中最低。由图 7-31 可知，4℃ 贮藏条件下大别山山核桃油亚麻酸含量从 1.07% 增加到最大值 1.66%，之后一直降低到 0.98%，变化趋势为先上升后下降；湖南山核桃油亚麻酸含量从初始值的 1.10% 变化至 1.06%，呈下降趋势；浙江山核桃油亚麻酸含量从初始值的 1.60% 降低至 1.41%，总体呈现降低趋势，与在室温条件下变化一致；其中，大别山山核桃油的亚麻酸含量最高，浙江山核桃油次之，湖南山核桃油最低，与室温条件下变化趋势相反。由图 7-32 可知，在 -18℃ 贮藏条件下，大别山山核桃油亚麻酸含量从 1.07% 增加到最大值 1.62%，月增加幅度为 0.046%；湖南山核桃油亚麻酸含量从初始值的 1.10% 增加到最大值 1.31%，随后一直下降至 0.92%；浙江山核桃油亚麻酸含量从初始值的 1.60% 波动变化，最后降低至 1.14%，总体呈现降低趋势，不同环境条件下浙江山核桃油亚麻酸含量都是随着时间的延长而降低；其中，大别山山核桃油的亚麻酸含量始终高于其他两种山核桃油，浙江山核桃油的亚麻酸含量次之，湖南山核桃油的亚油酸含量在 3 种山核桃油含量中最低，但其变化幅度也最小。

第五节 山核桃油的稳定性研究

一、不同抗氧化剂对山核桃油的稳定性影响

食用油脂的抗氧化剂分为天然抗氧化剂和人工合成抗氧化剂两大类。本试验所用维生素 E 为天然抗氧化剂，在高等植物中广泛存在，工业上可由米糠油、大豆油等作为原料制取。维生素 E 具有中断氧化游离基团的作用，且热稳定性高，在较高温度下仍有良好抗氧化能力。植酸又名肌醇六磷酸，简称 PA，为新型天然抗氧化剂，特丁基对苯二酚（TBHQ）为合成抗氧化剂。如图 7-33 所示，在不添加任何抗氧化剂的条件下，山核桃油的氧化诱导时间很短，油脂稳定性很差，当添加了 0.01% 含量的不同抗氧化剂时，氧化诱导时间大大延长。如添加特丁基对苯二酚后，氧化诱导时间增加了两倍，添加植酸的山核桃油诱导时间也有所增加，但增加幅度不及特丁基对苯二酚，添加维生素 E 山核桃油的氧化诱导时间增幅最小。这表明，在同一浓度的抗氧化剂对山核桃氧化稳定性的影响中，特丁基对苯二酚效果最好，植酸次之，维生素 E 最低。

当抗氧化剂浓度增加至 0.02% 时，添加特丁基对苯二酚的山核桃油氧化诱导时间增加两倍，添加植酸的山核桃油氧化诱导时间仅有微弱的延长，添加维生素 E 的山核桃油氧化诱导时间与较低浓度下的氧化诱导时间差距不大。这表明，抗氧化剂浓度增加时，植酸与维生素 E 对氧化诱导时间的影响较小，而特丁基对苯二酚的浓度变化对抗氧化效果的影响十分明显。

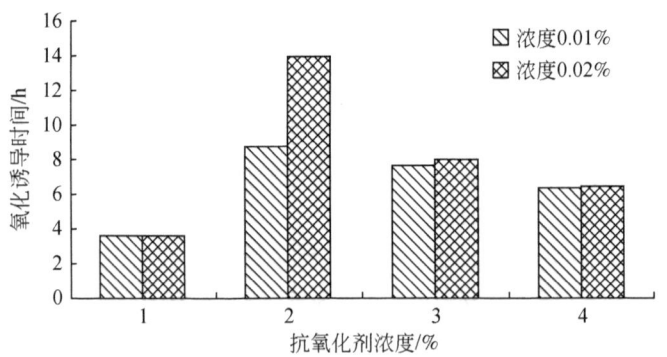

图 7-33 同一浓度不同抗氧化剂对氧化稳定性的影响（姚小华等，2012）
1：空白 2：特丁基对苯二酚 3：植酸 4：维生素 E
Fig. 7-33 Effect of antioxidant on oil stability

二、贮藏条件对油脂稳定性的影响

不同的贮藏条件下,油脂的稳定性不一。将山核桃油装入广口玻璃瓶内,并分别贮藏于4℃的冰箱中和室温下,探究油脂品质指标变化趋势。

1. 不同贮藏条件对脂肪酸组成的影响

在不同贮藏条件下,4℃条件下贮藏的山核桃油的棕榈酸含量始终高出于室温条件贮藏的山核桃油棕榈酸含量,并且呈现降低趋势。室温条件下贮藏的山核桃油硬脂酸含量前5个月始终高于4℃条件贮藏下的硬脂酸含量,从第6个月开始,4℃贮藏的山核桃油硬脂酸含量比贮藏在室温条件下高,并一直延续到贮藏结束。亚麻酸在室温条件下波动变化,总体呈现下降趋势,4℃条件下亦然,温度对亚麻酸在山核桃油中的含量影响不明显,原因可能在于亚麻酸自身具有抗氧化的功能,从而对温度变化不敏感。常温下油酸含量呈现先降低后升高的趋势,下降幅度为0.038%,4℃条件下变化趋势与室温相同,但下降幅度仅为0.0024%,比室温条件下下降幅度低。亚油酸的含量在常温下呈现波动下降趋势,4℃条件下变化趋势与之一致(图7-34)。

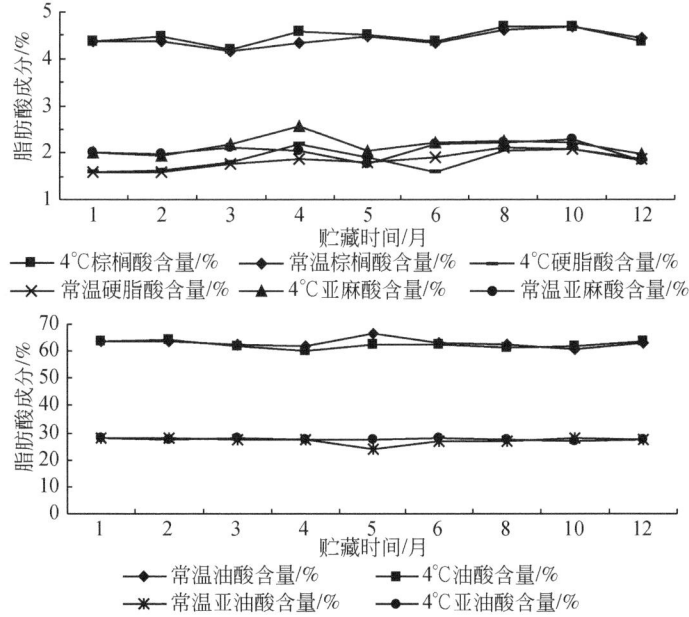

图 7-34 不同贮藏条件对脂肪酸组成的影响(姚小华等,2012)

Fig. 7-34 Effect of different storage conditions on fatty acid composition of oil

2. 不同贮藏条件对酸值的影响

酸值是检测油脂质量的重要指标，能反应油脂中游离脂肪酸的含量，酸值越高，游离脂肪酸含量越多，表明油脂质量越差。在不同温度条件下，山核桃油的酸值变化趋势如图7-35所示。

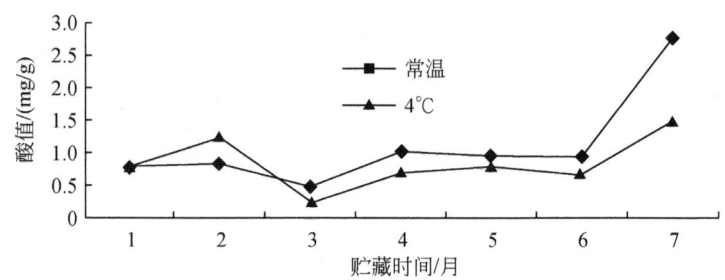

图 7-35　贮藏温度对酸值的影响（姚小华等，2012）

Fig. 7-35　Effect of storage temperature on acid value of oil

在贮藏开始时，常温下山核桃油的酸值变化不大，随着贮藏时间的逐渐延长，山核桃油酸值增幅变大；在4℃条件下贮藏的山核桃油酸值变化比较平稳，且酸值增长幅度低于常温下的增长幅度。这表明，常温下贮藏油脂不利于保持油脂性质的稳定，应选择低温进行贮藏。

3. 不同贮藏条件对过氧化值的影响

在不同条件下，油脂能缓慢地发生氧化反应，过氧化值能反应油脂氧化程度，过氧化值越高，油脂被氧化得越厉害，越不新鲜。在不同温度条件下，山核桃油的过氧化值变化趋势如图7-36所示。

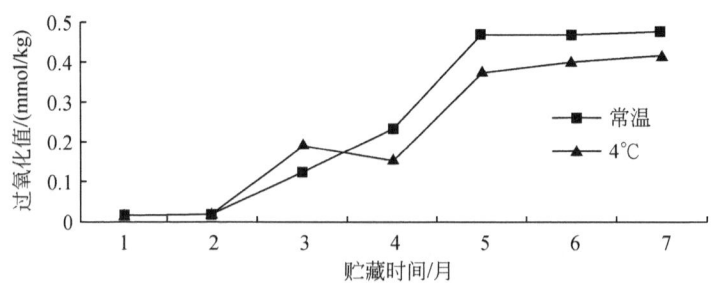

图 7-36　贮藏温度对过氧化值的影响（姚小华等，2012）

Fig. 7-36　Effect of storage temperature on peroxide value of oil

贮藏开始时，第1个月过氧化值增幅几乎持平，随着贮藏时间增加，常温下山核桃油的过氧化值迅速上升，这表明在常温下，油脂的氧化速度加快，4℃条件下贮藏的山核桃油过氧化值上下波动，最终趋于上升，且其过氧化值大小低于常温贮藏。

4. 油脂脂肪酸组成及成分与稳定性的关系

脂肪酸作为油脂的重要组成部分，对人类身体健康及生理有重要保健作用。山核桃油所含脂肪酸由饱和脂肪酸和不饱和脂肪酸组成，山核桃油饱和脂肪酸（SFA）包括棕榈酸（16:0）和硬脂酸（18:0），不饱和脂肪酸（UFA）由单不饱和脂肪酸和多不饱和脂肪酸组成。单不饱和脂肪酸包括棕榈烯酸（16:1Δ9C）和油酸（18:1Δ9C），多不饱和脂肪酸由亚油酸（18:2Δ9C，12C）、亚麻酸（18:3Δ9C，12C，15C）和花生四烯酸（20:4~5C，8C，11C，14C）组成。油脂的品质变化，直接影响脂肪酸的组成。

油脂氧化稳定性是表现油脂氧化程度的度量，能反应油脂的耐贮存性质。影响油脂稳定性的内部因素为油脂的组成成分，包括脂肪酸组成及内源性抗氧化剂成分，外部因素是油脂的贮藏环境。一般而言，油脂中的饱和脂肪酸成分不容易氧化，其含量越高，油脂稳定性越高，不饱和脂肪酸成分容易氧化，多不饱和脂肪酸比单不饱和脂肪酸更易氧化。因为多不饱和脂肪酸的双键容易被氧化，其含量越高，油脂越容易氧化，当不饱和脂肪酸已经氧化败时，饱和脂肪酸仍无变化。表7-11为不同品种山核桃油氧化稳定性与油脂中脂肪酸成分的关系，由表7-11可知，山核桃中脂肪酸组成并不符合一般规律，而是油脂中不饱和脂肪酸的含量越高，氧化诱导时间越长，其稳定性越好；饱和脂肪酸含量越高，诱导时间越短，油脂稳定性越差。原因可能在于山核桃油脂中含有内源性的抗氧化剂，不同品种的山核桃油中维生素E的含量由高到低排列顺序为湖南山核桃>浙江山核桃>大别山山核桃。维生素E在较低浓度下能减缓氧化进程，但浓度较高时，反而会产生促氧化作用。因此，大别山山核桃油中的维生素E含量低于其他两种，其抗氧化性反而更好，油脂氧化稳定性更高，而具有高含量维生素E的湖南山核桃油则具有较差的稳定性。

表7-11 脂肪酸组成与氧化稳定性的关系

Table 7-11 Relationship of fatty acid composition and oxidation stability

品种	氧化诱导时间/h	不饱和脂肪酸总含量ΣUFA/%	饱和脂肪酸总含量ΣSFA/%	M
浙江山核桃	2.46	93.82	5.70	16.45

续表

品种	氧化诱导时间/h	不饱和脂肪酸总含量 ΣUFA/%	饱和脂肪酸总含量 ΣSFA/%	M
湖南山核桃	2.13	92.22	7.92	11.64
大别山山核桃	5.07	94.19	6.23	15.11

注：不饱和脂肪酸（UFA）为 unsaturated fatty acid content；饱和脂肪酸（SFA）为 saturated fatty acid content；M 为 $\Sigma UFA/\Sigma SFA$。

第六节 我国栽培薄壳山核桃及同属近缘物种坚果含油率及脂肪酸组成比较分析

山核桃隶属胡桃科（Juglandaceae）山核桃属（*Carya* Nutt.），全世界约 18 个种，3 个亚种，主要分布于北美东部和亚洲东南部，我国分布有 5 种，分别是云南山核桃（*C. tonkinensis* Lecomte）、贵州山核桃（*C. kweichowensis* Kuang et A. M. Lu）、湖南山核桃（*C. hunanensis* Cheng et R. H. Chang）、浙江山核桃（*C. cathayensis* Sarg.）、大别山山核桃（*C. dabieshanensis* M. C. Liu et Z. J. Li），另有引进栽培 1 种：薄壳山核桃（*C. illinoensis* Koch）。本节主要研究对象的山核桃果实来自 7 个产地。于 2010 年 9~12 月山核桃果实成熟期间，分别采收自湖南（湖南山核桃）、金寨（大别山山核桃）、余杭（薄壳山核桃）、富阳（浙江山核桃）、建德（浙江山核桃）、宁国（浙江山核桃）、淳安（浙江山核桃），7 地地理概况见表 7-12。风干后测定山核桃果实含油率、脂肪酸成分等性状指标。

山核桃油的提取流程为：山核桃果实→破壳取仁→烘干→粉碎→索氏抽提（石油醚）→蒸发脱溶→粗山核桃油。气相色谱条件：色谱柱（30m×0.32mm×0.25μm）。升温程序：初始温度为 150℃，保持 1min，以 5℃/min 升至 190℃，保持 20min，进样量 1μl，分流比 1:10；柱流速 1ml/min，进样口 220℃，检测器为 220℃。

一、不同山核桃脂肪酸组成比较

1. 不同山核桃饱和脂肪酸含量及组成的比较

山核桃饱和脂肪酸由棕榈酸（16:0）和硬脂酸（18:0）组成。由表 7-13 可见，山核桃棕榈酸含量最高的是大别山山核桃，为 4.96%，最低的是浙江山核桃，为 4.27%。方差分析表明，薄壳山核桃与浙江山核桃之间的棕榈酸含量差异不显著（$P<0.05$）。硬脂酸含量最高的是湖南山核桃，为 3.48%，最低的是大别

山山核桃，为1.27%。方差分析表明，湖南山核桃与大别山山核桃之间的硬脂酸含量显著性差异（$P<0.05$）。饱和脂肪酸含量最高的是湖南山核桃，为7.92%，最低的是浙江山核桃，为5.89%，浙江山核桃与湖南山核桃之间的饱和脂肪酸含量显著性差异（$P<0.05$）。

2. 不同山核桃单不饱和脂肪酸含量及组成的比较

核桃单不饱和脂肪酸由棕榈烯酸（16：1Δ9C）和油酸（18：1Δ9C）组成。由表7-13可见，棕榈烯酸含量最高的是浙江山核桃和湖南山核桃，为0.08%，最低的是薄壳山核桃，为0.04%，3种山核桃品种间的棕榈烯酸含量不显著。油酸含量最高的是大别山山核桃，为79.56%，最低的是薄壳山核桃，为63.46%，大别山山核桃和薄壳山核桃之间的油酸含量显著性差异（$P<0.05$）。表7-14可见，单不饱和脂肪酸含量最高的是大别山山核桃，为79.61%，最低的是薄壳山核桃，为65.39%，大别山山核桃和薄壳山核桃品种间的油酸含量显著性差异（$P<0.05$）。

3. 不同山核桃多不饱和脂肪酸含量及组成的比较

山核桃多不饱和脂肪酸由亚油酸（18：2Δ9C，12C）、亚麻酸（18：3Δ9C，12C，15C）和花生四烯酸（20：4～5C，8C，11C，14C）组成。由表7-13可知，亚油酸含量最高的是薄壳山核桃，为26.31%，含量最低的是大别山山核桃，为12.83%，薄壳山核桃和大别山山核桃之间亚油酸含量显著性差异（$P<0.05$）。亚麻酸含量最高的是浙江山核桃，为1.81%，最低的是大别山山核桃，为1.02%，浙江山核桃和大别山山核桃之间的亚麻酸含量显著性差异（$P<0.05$）。花生四烯酸含量最高的是薄壳山核桃，为0.22%，最低的是湖南山核桃，为0.07%，薄壳山核桃和湖南山核桃的花生四烯酸含量显著性差异（$P<0.05$）。多不饱和脂肪酸含量最高的是薄壳山核桃，为25.92%，最低的是大别山山核桃，为13.97%，见表7-14。

4. 不同山核桃总脂肪含量比较

由表7-14可知，湖南山核桃的总脂肪含量最高，为63.88%，最低的是大别山山核桃，为51.00%，方差分析结果表明，大别山山核桃和湖南山核桃之间的总脂肪含量显著性差异（$P<0.05$）。

表 7-12 薄壳山核桃地理、气候因子概况（姚小华等，2012）

Table 7-12 Survey of geography and climate in distribution area of pecan

地点	经度	纬度	海拔/m	土壤类型	年平均气温/℃	1月平均气温/℃	7月平均气温/℃	年降雨量/mm	年均相对湿度/%
淳安	119°20′	29°11′	172	红黄壤	17.0	3.8	28.2	1430	76.0
富阳	120°09′	29°44′	11	红黄壤	16.1	3.8	28.6	1453	69.6
湖南	109°97′	27°56′	300	黄红壤	16.4	4.7	28.4	1400	81.0
建德	119°23′	29°28′	168	紫砂土	16.9	4.7	28.1	1500	83.0
金寨	116°11′	31°61′	500	黄壤	15.4	1.0	28.4	1381	78.0
宁国	118°44′	30°56′	200	黄壤	15.4	2.7	28.1	1400	78.5
余杭	119°58′	30°15′	50	黄红壤	15.6	5.4	29.0	1478	82.0

表 7-13 不同山核桃脂肪酸组成多重比较

Table 7-13 Multiple comparisons of fatty acid composition of different species oil

品种	脂肪酸组成/%						
	棕榈酸	棕榈烯酸	硬脂酸	油酸	亚油酸	亚麻酸	顺-11-二十碳烯酸
浙江山核桃	4.27±0.10a	0.08±0.03a	1.62±0.19bc	67.65±2.63b	23.95±2.46a	1.81±0.17a	0.12±0.02b
湖南山核桃	4.44±0.22a	0.08±0.08a	3.48±0.21a	66.35±1.71b	24.08±1.53a	1.13±0.06b	0.07±0.06b
大别山山核桃	4.96±0.18a	0.05±0.04a	1.27±0.02c	79.56±0.24a	12.83±0.24b	1.02±0.05b	0.13±0.03b
薄壳山核桃	5.00±0.60a	0.04±0.04a	1.98±0.36b	63.46±5.98b	26.31±5.72a	1.34±0.27b	0.22±0.05a
均值	4.81±0.59	0.05±0.04	1.94±0.52	65.38±6.35	24.96±5.73	1.41±0.33	0.18±0.07
变异系数/%	12.05	80	26.89	9.70	22.96	23.06	37.42

注：同一列标注不同字母者显著性差异（SNK 法多重比较，$P<0.05$）。下同。

表 7-14 不同山核桃脂肪及脂肪酸含量比较（姚小华等，2012）

Table 7-14 Compare of fatty acid content in different species oil

品种	脂肪	饱和脂肪酸	单不饱和脂肪酸	多不饱和脂肪酸	不饱和脂肪酸
浙江山核桃	62.72±1.79a	5.89±0.19c	67.72±2.64b	25.88±2.57a	93.62±0.55a
湖南山核桃	63.88±0.55a	7.92±0.12a	66.43±1.78b	25.27±1.64a	91.71±1.21b
大别山山核桃	51.00±0.70b	6.23±0.17c	79.61±0.21a	13.97±0.23b	93.59±0.02a
薄壳山核桃	53.04±1.82b	6.94±0.48b	65.39±4.70b	25.92±4.48a	91.31±0.40b
均值	59.83±5.32	6.38±0.77	68.91±5.21	24.1±4.88	93.01±1.07
变异系数/%	8.89	12.14	7.56	20.28	1.15

二、薄壳山核桃不同无性系的含油率及脂肪酸组成

从1986年开始，中国林业科学研究院亚热带林业研究所在亚热带各地建立试验点，其中浙江省余杭区长乐林场西山基地是最早开始薄壳山核桃新一代品种材料引进嫁接、栽培地之一。试验点内共收集了93个无性系，本试验随机选择了23个无性系作为研究对象。23个薄壳山核桃无性系核仁（干核仁）平均含油率为56.70%，最高是无性系30号（65.40%），最低是无性系44号（45.36%），变异系数为9.25%，其中干仁含油率在60%以上有4个无性系，介于50%~60%有17个无性系，其余2个无性系都在50%以下。

薄壳山核桃脂肪酸主要由饱和脂肪酸和不饱和脂肪酸组成，共检测分析出7种脂肪酸，其中饱和脂肪酸2种，包括棕榈酸和硬脂酸；不饱和脂肪酸5种，包括棕榈烯酸、油酸、亚油酸和顺-11-二十碳烯酸。从表7-15可以看出，各脂肪酸组成变异系数大小顺序为：棕榈烯酸＞顺-11-二十碳烯酸＞亚油酸＞亚麻酸＞硬脂酸＞油酸＞棕榈酸。薄壳山核桃平均饱和脂肪酸为6.80%，其中，平均棕榈酸为4.88%，最高为无性系7号（6.11%），最低为无性系41号（4.03%），变异系数为10.92%；平均硬脂酸为1.92%，最高为无性系20号（2.56%），最低为无性系3号（1.31%），变异系数为17.33%。23个薄壳山核桃无性系的平均不饱和脂肪酸为91.40%，在不饱和脂肪酸组成中，油酸含量最高，其次是亚油酸、亚麻酸、顺-11-二十碳烯酸，含量最低的是棕榈烯酸。其中平均油酸为62.19%，最高为无性系21号（70.72%），最低为无性系7号（41.40%），变异系数为11.04%；平均亚油酸为27.57%，最高为无性系7号（47.07%），最低为无性系41号（19.39%），变异系数为23.79%；平均亚麻酸为1.39%，最高为无性系41号（2.13%），最低为无性系26号（0.87%），变异系数为22.72%；平均顺-11-二十碳烯酸为0.20%，最高为无性系41号（0.40%），最低为无性系7号（0.15%），变异系数为24.29%；平均棕榈烯酸为0.05%，最高为无性系21号（0.12%），其中没检测出棕榈烯酸的有无性系30号、31号、33号、35号、41号、42号、48号，变异系数为75.36%。

三、不同采样地浙江山核桃含油率及脂肪酸组成

在浙江山核桃中共检测分析出7种脂肪酸，从表7-16可以看出，各脂肪酸组成变异系数大小顺序为：棕榈烯酸＞顺-11-二十碳烯酸＞硬脂酸＞亚油酸＞亚麻酸＞油酸＞棕榈酸。浙江山核桃平均饱和脂肪酸为6.19%，其组成成分中，棕榈酸平均含量为4.37%，最高为采自淳安（4.40%），建德（4.40%）的山核桃样品，最低为富阳山核桃样品（4.30%），变异系数为2.33%；硬脂酸平均含量为

表 7-15 余杭长乐林场薄壳山核桃果实含油率及脂肪酸组成（姚小华等，2012）

Table 7-15 The fatty acid composition and oil content of pecan in Changle forest farm of Yuhang county

无性系号	含油率（干仁）/%	脂肪酸组成/%						
		棕榈酸	棕榈烯酸	硬脂酸	油酸	亚油酸	亚麻酸	顺-11-二十碳烯酸
Y1	54.45	4.81	0.08	2.14	65.31	24.52	1.19	0.21
Y3	53.68	5.09	0.06	1.31	60.09	30.50	1.20	0.17
Y7	50.98	6.11	0.09	1.42	41.40	47.07	1.94	0.15
Y11	55.52	5.80	0.08	1.72	64.61	25.19	1.04	0.22
Y12	56.88	5.03	0.09	1.78	65.27	24.52	1.30	0.21
Y19	61.51	4.86	0.07	2.19	57.27	32.24	1.40	0.16
Y20	51.72	5.80	0.09	2.56	60.21	28.03	1.42	0.19
Y21	51.19	4.09	0.12	2.16	70.72	19.63	1.41	0.20
Y22	57.41	4.97	0.07	1.66	54.62	35.18	1.64	0.16
Y26	63.39	4.73	0.05	1.42	68.44	22.80	0.87	0.20
Y29	59.31	4.98	0.05	1.80	63.66	27.37	1.19	0.20
Y30	65.40	4.55	0	2.06	67.15	23.54	1.19	0.17
Y31	59.71	5.01	0	1.78	56.02	33.70	1.71	0.17
Y33	58.52	4.29	0	2.27	63.80	26.39	1.44	0.16
Y34	54.76	4.25	0.05	1.76	66.44	24.37	1.23	0.20
Y35	59.33	4.98	0	1.82	68.80	21.42	1.27	0.22
Y37	58.03	5.02	0.07	1.98	60.64	29.48	1.46	0.20
Y41	59.02	4.03	0	1.99	64.38	19.39	2.13	0.40
Y42	57.83	4.73	0	2.21	65.35	24.55	1.49	0.21
Y44	45.36	5.26	0.07	1.75	48.43	40.16	2.01	0.18
Y46	64.97	5.05	0.05	1.65	66.23	25.74	1.05	0.22
Y47	59.20	4.32	0.05	2.54	65.85	24.20	1.14	0.22
Y48	45.93	4.46	0	2.15	65.71	24.19	1.30	0.20
平均值	56.70	4.88	0.05	1.92	62.19	27.57	1.39	0.20
变异幅度	45.36~65.40	4.03~6.11	0~0.12	1.31~2.56	41.40~70.72	19.39~47.07	0.87~2.13	0.15~0.40
变异系数	9.25	10.92	75.36	17.33	11.04	23.79	22.72	24.29

表 7-16 浙江山核桃含油率及脂肪酸组成（姚小华等，2012）

Table 7-16 The fatty acid composition and oil content of Chinese hickory

无性系号	含油率（干仁）/%	脂肪酸组成/%					
		棕榈酸	棕榈烯酸	硬脂酸	油酸	亚油酸	亚麻酸	顺-11-二十碳烯酸
淳安	62.83	4.40	0.10	1.66	67.56	23.43	1.89	0.14
富阳	63.98	4.30	0.12	2.00	69.09	21.71	1.60	0.22
建德	63.88	4.40	0.12	1.80	68.06	22.63	1.76	0.33
宁国	63.53	4.39	0.10	1.84	62.98	27.58	2.01	0.17
均值	63.56	4.37	0.11	1.82	66.92	23.84	1.81	0.22
变异幅度	61.55~65.37	4.09~4.42	0.04~0.12	1.37~1.97	62.46~70.14	21.53~28.76	1.46~2.04	0.10~0.16
变异系数/%	1.72	2.33	36.08	11.80	3.89	10.27	9.10	14.55

1.82%，最高为富阳山核桃样品（2.00%），最低为淳安山核桃样品（1.66%），变异系数为11.80%。4个产地浙江山核桃平均不饱和脂肪酸为92.9%，在不饱和脂肪酸组成中，油酸含量最高，其次是亚油酸、亚麻酸、顺-11-二十碳烯酸，含量最低的是棕榈烯酸。油酸平均含量为66.92%，最高为富阳山核桃样品（69.09%），最低为宁国山核桃样品（62.98%），变异系数为3.89%；亚油酸平均含量为23.84%，宁国山核桃样品（27.58%）最高，富阳山核桃样品（21.71%）最低，变异系数为10.27%；亚麻酸平均含量为1.81%，最高为宁国山核桃（2.01%），最低为富阳山核桃（1.60%），变异系数为9.10%；平均顺-11-二十碳烯酸为0.22%，最高为建德山核桃（0.33%），最低为淳安山核桃（0.14%），变异系数为14.55%；平均棕榈烯酸为0.11%，各个产地间棕榈烯酸含量变化不大，变异系数仅为36.08%。从上述数据中可知，脂肪酸含量是有规律的，饱和脂肪酸含量随着经纬度增加而增加；单不饱和脂肪酸含量随着经纬度增加而增加，多不饱和脂肪酸含量随着纬度增加而增加，随着经度增加而减少。

第七节　薄壳山核桃副产品利用

在美国，薄壳山核桃是一种重要的农作物，大约有20万hm^2土地用于种植薄壳山核桃。在坚果加工企业，薄壳山核桃坚果肉作为食品，有很大的经济效益。然而，除了可食用的坚果仁，有坚果总重的50%~55%是剩余物（主要是坚果壳和内隔膜），美国每年有上万吨薄壳山核桃坚果剩余物，是很廉价的副产物，目前仍没有被广泛地开发利用，其在美国山核桃加工业中的存在量很大，如2001年美国收获31.5亿磅山核桃，产生约15.8亿磅的壳。这些剩余物可以用于园艺覆盖、生产胶黏剂和燃料等。

一、山核桃果皮的研究利用

山核桃的外果皮有毒，研究表明外果皮有毒是因为含有砷，正常人过量服用会导致死亡，但患有癌症的人服用可以治病。除此之外，外果皮中还含有多种对人体有益的不饱和脂肪酸，包括十六碳酸（18.30%）、十八碳酸（3.03%）、十六碳烯酸（2.93%）、十八碳烯酸（1.45%）、十八碳二烯酸（14.36%）、十八碳三烯酸（3.21%）等。山核桃的外果皮含有酚类化合物、鞣质、生物碱、氨基酸、肽蛋白质等9大类化合物，并含有较多的钾盐，可从中提取碳酸钾和焦磷酸。冯炎龙研究利用废薄壳用于碳酸钾的提取和焦磷酸钾的生产。碳酸钾在各种化学反应中可以被广泛应用，焦磷酸钾能用于无毒电镀的生产过程，随着国家工业现代化的发展，焦磷酸钾的需求量日益增加。利用山核桃等薄壳生产碳酸钾和焦磷酸钾,既避免了山核桃果皮等对生态环境的污染,又能创造经济价值,提高山核桃产品的综合经济效益,可谓是一举两得。

二、山核桃籽粕的研究利用

采用压榨法将山核桃榨油后的油饼中残存有一定量油脂,可用作肥料或饲料,也可用于提取油料蛋白。油料蛋白能否利用主要在于两方面,即营养成分与功能特性。山核桃籽粕的营养成分由于品种、制油工艺不同而有差异,但是所含主要成分大致是相同的。一般籽粕中含有丰富的蛋白质(40%~50%)、无氮抽取物[包括糖类、色素、无机物等(20%~25%)]、粗脂肪(0.5%~6%)、纤维素(4%~20%)及水分10%左右。油料蛋白具有吸水性、胶凝性、乳化性及发泡性等,在食品工业中应用广泛。

三、山核桃坚果壳的研究利用

1. 牛饲料

早在1973年,美国Cullison等研究将10%的坚果壳粉碎加入牛饲料中,可以给牛提供更好的能量物质,能较好预防肉牛肝病的发生。

2. 活性炭

在坚果加工企业,山核桃壳是廉价副产物,目前仍没有被开发利用,其在美国山核桃加工业中的存在量很大,如2001年美国收获31.5亿磅山核桃,产生约15.8亿磅的壳。然而,考虑到其中的木质素含量相对较高,山核桃壳可以成为一种良好的能增值的活性炭原料。这种活性炭可以通过对有机和无机污染物的选择吸收,净化饮用水和废水。有效吸附地下水中的常规杀虫剂和重金属离子(Cu^{2+}、Zn^{2+}、Pb^{2+})。与商业参考相比,山核桃壳生产的活性炭有更高的总表面积,更好的孔径分布,更多的可用表面电荷。

薄壳山核桃壳生产的活性炭的密度、硬度均高于普通的商业脱色炭,矿物质含量和pH与普通的商业脱色炭相近,也适合于作为蔗糖的脱色剂。薄壳山核桃壳生产的优质活性炭可以广泛用于自来水厂、污水处理厂、纯净水厂、制药厂、化工厂、食品厂、柠檬酸厂、染料厂、溶剂厂、饭店、家庭等,随着经济的快速发展,对活性炭的需求也越来越大,核桃壳制成活性炭的应用前景将会更加广阔。

3. 胶黏剂

现代使用的酚醛树脂、脲醛树脂等木材胶黏剂均以有限资源的苯酚、尿素、三聚氰胺等石化产品为原料，为此，人们寻求可以取代石化原料的再生性生物资源作为新一代环境友好性木材胶黏剂的原料及其制备方法。早在1950年，美国就对利用薄壳山核桃坚果壳和内隔膜加工胶黏剂的技术进行了研究。对薄壳山核桃的壳及其内隔膜进行粉碎、水萃取、过滤得到水溶性酚类物质，然后与甲醛在酸性条件下反应，得到的酚醛树脂经脱水和再粉碎，溶于乙醇中得到醇溶性酚醛树脂，用作纸张、木材等的胶黏剂。这在工业上已经在国内外得到了广泛使用。

4. 高级抛光剂

在金属清洗行业，薄壳山核桃壳经过处理后可以用作金属的清洗和抛光材料。比如飞机引擎、电路板及轮船和汽车的齿轮装置都可以用处理后的核桃壳清洗。核桃壳被粉碎后具有一定的弹性、恢复力和巨大的承受力，因此适合在气流冲洗操作中作为研磨剂。在石油行业中，断裂地带和松散地质部分的石油钻探和开采比较困难，可以用核桃壳超细粉末作为堵漏剂填充，以利于钻探或开采的顺利进行。

参 考 文 献

常君.2008.美国山核桃苗木根系生长规律研究.重庆：西南大学硕士学位论文.
常君,李川,王开良,等.2012a.薄壳山核桃无性系开花物候特性观测.江西农业大学学报,34（4）：730-735.
常君,王开良,姚小华,等.2012b.不同基质、不同容器对薄壳山核桃苗木根系生长影响的研究.西南师范大学学报（自然科学版）,37（8）：086-091.
常君,姚小华.2013.薄壳山核桃丰产栽培与加工利用.北京：金盾出版社.
常君,姚小华,王开良,等.2009a.不同无性系美国山核桃种子对苗木根系生长的影响的研究.西南师范大学学报,34（1）：109-114.
常君,姚小华,王开良,等.2009b.美国山核桃根段育苗试验.浙江林业科技,29（3）：61-63.
常君,姚小华,杨水平,等.2007.美国山核桃不同品种接穗对嫁接苗木根系生长发育影响的研究.西南大学学报,（29）10：105-108.
常君,姚小华,杨水平,等.2009c.水分胁迫对美国山核桃苗木生长的影响.林业科学研究,22（1）：134-138.
丛玲美,姚小华,费学谦,等.2007.长期贮藏对茶油酸值和过氧化值的影响.林业科学研究,20（2）：246-250.
董凤祥,王贵禧.2003.美国薄壳山核桃引种及栽培技术.北京：金盾出版社.
董润泉,王卫斌,习学良,等.1994.野生东京山核桃嫁接美国山核桃试验报告.云南林业科技,4：34-36.
董润泉,习学良,张雨,等.2004.美国山核桃在云南的引种适应性报告.西部林业科学,33（1）：49-53.
杜香莉,郭军战.2003.我国核桃资源的综合利用研究.西北林学院学报,18（3）：82-85.
樊怀福,李娟,郭世荣,等.2007.外源NO对NaCl胁迫下黄瓜幼苗生长和根系谷胱甘肽抗氧化酶系统的影响.西北植物学报,27（8）：1611-1618.
樊卫国,安华明,龙令炉,等.2007.野生湖南山核桃的营养成分研究.中国野生植物资源,26（5）：64-65.
傅松玲,丁之恩,周根土,等.2003.安徽山核桃适生条件及丰产栽培研究.经济林研究,21（2）：1-4.
傅松玲,吴照柏.2001.美国山核桃嫁接与栽培技术研究.经济林研究,19（4）：11-13.
高新一.2009.果树嫁接技术图解.北京：金盾出版社.
耿国民,周久亚,王国祥,等.2010.薄壳山核桃常规育苗方法改良技术研究.林业实用技术,（12）：26-27.
郭书奎,赵可夫.2001.NaCl胁迫抑制玉米光合作用的可能机理.植物生理学报,27（6）：461-466.
贺澄日,滕文军.1991.玉米花粉不同干燥方法试验.作物杂志,（4）：36-37.
侯冬培,习学良,石卓功.2007.我国薄壳山核桃研究概况.山东林业科技,（4）：53-55.

胡适宜.1993.植物胚胎学实验方法（一）花粉生活力的测定.植物学通报，70（2）：60-62.
黄有军，王正如，郑炳松，等.2006.植物生长调节剂对薄壳山核桃硬枝扦插生根的影响.西南林学院学报，26（5）：42-45.
金雅琴，李东林，丁雨龙，等.2011.盐胁迫对乌桕幼苗光合特性及叶绿素含量的影响.南京林业大学学报（自然科学版），35（1）：29-33.
柯裕州，周金星，卢楠，等.2009.盐胁迫对桑树幼苗光合生理生态特性的影响.林业科学，8：61-66.
黎章矩.2003.山核桃栽培与加工.北京：中国农业科学技术出版社.
李川.2012.薄壳山核桃主要无性系开花物候及花粉特性研究.重庆：西南大学硕士学位论文.
李川，辜夕荣，姚小华，等.2012.3个薄壳山核桃无性系花粉活力与显微结构比较研究.江西农业大学学报，34（2）：324-328.
李川，姚小华，王开良，等.2011a.12个薄壳山核桃无性系果（核）性状以及产量的比较.西南大学学报（自然科学版），33（6）：40-44.
李川，姚小华，王开良，等.2011b.薄壳山核桃无性系果实性状指标简化研究.江西农业大学学报，33（4）：0696-0700.
李春林，姚小华，杨水平，等.2011.普通油茶花粉形态及花粉管活体萌发的研究.中国油料作物学报，33（3）：242-246.
李海，黄伟雄，罗建波.2002.花生油品质变化对脂肪酸组成影响的研究.中国公共卫生，18（3）：352.
李俊南，熊新武，习学良，等.2008.美国山核桃单芽腹接技术.中国南方果树，37（6）：65-66.
李雪，徐迎春，李永荣，等.2011.贮藏条件对薄壳山核桃4个品系花粉活力影响.林业科技开发，25（1）：70-73.
李扬，姚小华，王开良，等.2009.野生香榧种实性状变异研究.浙江林业科技，29（3）：35-38.
李永荣，文龙，刘永芝.2009.薄壳山核桃种质资源的开发利用.安徽农业科学，37（27）：13 306-13 308，13 316.
林树燕，丁雨龙，张昊.2008.5种竹子花粉萌发率及开花特性.林业科学，44（10）：159-163.
刘存存，方学智，姚小华，等.2011.油茶籽油精炼过程中主要营养成分的变化.中国油脂，36（2）：36-38.
刘建福.2007.NaCl胁迫对澳洲坚果叶片生理生化特性的影响.西南师范大学学报（自然科学版），32（4）：25-29.
刘剑锋，柳福柱，程云清，等.2006.5种秋子梨品种的花粉形态观测.西北农林科技大学学报（自然科学版），34（5）：153-156.
刘梦华，郭忠仁，耿国民，等.2009.薄壳山核桃育苗技术及其研究概述.江苏林业科技，36（2）：52-54.

聂明, 杨水平, 姚小华, 等.2010.不同加工方式对油茶籽油理化性质及营养成分的影响.林业科学研究, 23 (2): 165-169.

齐莉, 巨艳秋, 李微, 等.2007.梨花柱头可授性和花粉活力的研究.牡丹江师范学院学报（自然科学版）, (4): 29-30.

任列花, 程三虎, 张登福, 等.2005.15个早实核桃品种花粉粒形状、大小及生活力测定初报.北方园艺, (2): 56-57.

邵慰忠, 李川, 常君, 等.2011.薄壳山核桃优质砧木的培育技术.经济林研究, 29 (4): 111-115.

宋丹, 张华新, 耿来林, 等.2006.植物耐盐种质资源评价及耐盐生理研究进展.世界林业研究, 19 (1): 37-44.

孙强, 芦建国, 沈永宝, 等.2008.非洲菊花粉和柱头生物学习性初步研究.上海交通大学学报（农业科学版）, 26 (1): 78-80.

唐仕斌, 刘永根, 喻爱林.2009.美国薄壳山核桃的理化特性及栽培技术.现代农业科技, (21): 103-107.

王白坡, 钱根才, 戴文圣, 等.1995.美国山核桃实生引种后代的变异.浙江林学院学报, 12 (4): 337-342.

王伏雄.1995.中国植物花粉形态.2版.北京：科学出版社.

王开发, 王宪曾.1983.孢粉学概论.北京：北京大学出版社.

王开良, 姚小华, 任华东, 等.2006.余甘子雌雄花空间分布规律研究.江西农业大学学报, 28 (2): 244-248.

王曼, 李贤忠, 宁德鲁, 等.2009.薄壳山核桃研究概况及发展趋势.林业调查规划, 34 (6): 93-95.

王敏, 徐永星, 邵慰忠, 等.2010.薄壳山核桃大砧木嫁接技术.江苏林业科技, 37 (2): 44-46.

王年金, 陈军, 姜俊马, 等.2011.山核桃与薄壳山核桃种间杂交F_1代果实及苗木性状变异分析.南京林业大学学报（自然科学版）, 35 (3): 141-144.

王树凤, 陈益泰, 孙海菁, 等.2008.盐胁迫下弗吉尼亚栎生长和生理生化变化.生态环境, 17 (2): 747-750.

王文莉.2004.玫瑰花粉形态学及生活力研究.泰安：山东农业大学硕士学位论文.

王翔, 刘庆华, 王奎玲, 等.2008.耐冬山茶（*Camellia japonica* L.）花粉活力和柱头可授性研究.西南农业学报, 21 (4): 1078-1080.

王志春, 梁正伟.2003.植物耐盐研究概况与展望.生态环境, 12 (1): 106-109.

王遵亲, 祝寿泉, 俞仁培, 等.1993.中国盐渍土.北京：科学出版社.

吴国良, 陈丽霞, 段良骅, 等.2005.美国山核桃.山西果树, 1 (1): 35-36.

吴国良, 张凌云, 潘秋红, 等.2003.美国山核桃及其品种性状研究进展.果树学报, 20 (5): 404-109.

习学良, 范志远, 邹伟烈, 等.2006.10个美国山核桃品种的引种研究初报.浙江林学院学报, 23 (4): 382-387.

熊新武，李俊南，习学良，等.2008.4个美国山核桃品种在云南漾濞的引种初报.中国果树，(6)：26-28.

阳志慧，张孝岳，李先信.2009.果树花粉形态研究进展.湖南农业科学，(3)：133-136.

杨劲松.2008.中国盐渍土发展历程与展望.土壤学报，9：837-845.

杨萍，罗庆熙，张珂珂，等.2010.外源维生素对盐胁迫下黄瓜种子发芽特性的影响.西南师范大学学报（自然科学版），35（3）：103-105.

姚小华，王开良，任华东，等.2004.薄壳山核桃优新品种和无性系开花物候特性研究.江西农业大学学报，26（5）：675-680.

姚小华，王年金，刘微，等.2012.山核桃高效栽培技术.北京：金盾出版社.

姚小华，王亚萍，王开良，等.2011.地理经纬度对油茶籽中脂肪及脂肪酸组成的影响.中国油脂，36（4）：31-34.

余琳，张卫斌，余兵妹，等.2009.山核桃不同砧穗组合嫁接苗造林效果及结实情况分析.南京林业大学学报，33（3）：143-145.

袁德义，谭晓风，邹锋，等.2009.油茶花粉生活力检测方法比较.西南林学院学报，29（4）：10-12.

张建忠，姚小华，任华东，等.2006.香樟扦插繁殖试验研究.林业科学研究，19（5）：665-668.

张鹏.2012.山核桃的果实特性及制油工艺的研究.长沙：中南林业科技大学硕士学位论文.

张鹏，钟海雁，姚小华，等.2012.四种山核桃种仁含油率及脂肪酸组成比较分析.江西农业大学学报，34（3）：0499-0504.

张其德.2000.盐胁迫对植物及其光合作用的影响.植物杂志，1：28-29.

张日清，吕芳德.2002.美国山核桃在原产地分布、引种栽培区划及主要栽培品种分类研究概述.经济林研究，20（3）：53-55.

张日清，吕芳德，陈亮明.2003.美国山核桃优质丰产高效栽培技术.经济林研究，(4)：87-89.

张日清，吕芳德，何方，等.2002.美国山核桃引种栽培区划研究（Ⅱ前期引种效果）.中南林学院学报，22（2）：17-20.

张日清，吕芳德，何方.2001a.美国山核桃引种栽培区划研究（Ⅰ原生境与新生境，自然条件比较）.中南林学院学报，21（2）：1-5.

张日清，吕芳德，何方.2001b.美国山核桃及其在我国的适应性研究.江苏林业科技，28（4）：45-47.

张毅，裘银伟，郭永伟，等.2007.山核桃离体花粉活力初步研究.江苏林业科技，34（6）：12-14.

赵靖明，孙凡，姚小华，等.2012.NaCl胁迫对薄壳山核桃幼苗生长及光合生理特性的影响.西南师范大学学报（自然科学版），37（12）：93-97.

周柏玲，李蕾，孙秋雁，等.2004.玉米醇溶蛋白复合膜包衣对核桃仁酸败抑制效果的研究.农业工程学报，20（3）：180-183.

庄瑞林，周启仁，姚小华.2008.中国油茶.2版.北京：中国林业出版社.

邹伟烈, 习学良, 范志远, 等. 2006. 美国山核桃容器苗造林试验. 中国南方果树, 35 (6): 57-58.

Agricultural Statistics. 2002. USDA, National Agricultural Statistics Service, Washington DC: US Government Printing Office.

Ahmedna M, Clarke S J, Rao R M, et al. 1997a. Use of filtration and buffers in raw sugar color measurements. Journal of the Science Food and Agriculture, 75: 109-116.

Ahmedna M, Johns M M, Clarke S J, et al. 1997b. Potential of agricultural by-product-based activated carbons for use in raw sugar decolourisation. Journal of the Science of Food and Agriculture, 75 (1): 117-124.

Ahmedna M, Nori M. 2005. Pecan shell-based activated carbons for drinking purification: Carbon production and properties. Session 18F, Product Development: General, 2005 IFT Annual Meeting, July 15-20 - New Orleans, Louisiana.

Bagnall C R. 1975. Species identification among pollen grains of Abies, Picea, and Pinus in the Rocky Mountain (A scanning electron microscope study). Rev Palaeobotany Palynology, 19: 203-220.

Baldwin E A. 2006. Use of edible coating to preserve pecan at room temperature. Hortscience, 41 (1): 188-192.

Bansodea R R, Lossoa J N, Marshallb W E, et al. 2003. Adsorption of metal ions by pecan shell-based granular activated carbons. Bioresource Technology, 89: 115-119.

Chun J, Lee J, Ye L, et al. 2002. Effects of Variety and Crop Year on Tocopherols in Pecans. Journal of Food Science, 67 (4): 1356-1359.

Cullison A E, Park C S, Wheeler W E, et al. 1973. Pecan shells as a roughage in steer ration and use of rib cut density in estimating energy gain. Journal of Animal Science, 37 (3): 858-862.

Erdtman G. 1969. Handbook of palynology——an introduction to the study of pollen grains and spores. Munksgaard, Copenhagen.

Erickson M C. 1994. Pecan Technology. New York: Chapman and Hall.

Farquhar G D, Shsrkkey T D. 1982. Stomatal conductance and photosynthesis. Annual Review of Plant Physiology, 33: 317-345.

Goldstein G, Drake D R, Alpha C, et al. 1996. Growth and photosynthetic responses of Scaevola, a Hawaiian coastal shrub, to substrate salinity adn salt spray. International Journal of Plant Sciences, 157 (2): 171-179.

Golf W D. 1998. Pecan production in the southeast. Cooperative Extension System, Aubum.

Haddada E, Jambazianb P, Karuniac M, et al. 2006. A pecan-enriched diet increases γ-tocopherol/cholesterol and decreases thiobarbituric acid reactive substances in plasma of adults. Nutrition Research, 26 (8): 397-402.

Lima M I, Mcaloon A, Boateng A A. 2008. Activated carbon from brom broiler litter: Process description and cost of production. Biomass and Bioenergy, 32: 568-572.

Lopez A, Pique M T. 1995. Influence of cold-storage conditions on the quality of unshelled walnuts. International Journal of Refrigeration, 18 (8): 544-549.

L. H. 麦克丹尼尔斯［美］. 1990. 坚果栽培. 北京：中国林业出版社.

Mahesh V. 2004. Chemical composition of select pecan ［*Carya illinoinensis*（Wangenh.）K. Koch］ varieties and antigenic stability of pecan proteins. The Florida State University, Florida.

Meredith F I. 1974. Amino acid composition and quality in selected varieties of pecans Carya illinoensis. Proceedings of the Florida State Horticultural Society, 87: 362-365.

Nelson S O, Payne J A. 1982. RF dielectric heating for pecan weevil control. Transactions of the ASABE, 25（2）: 456-458.

Perry E, Steven Sibbett G. 2010. Harvesting and Storing Your Home Orchard's Nut Crop: Almonds, Walnuts, Pecans, Pistachios, and Chestnuts. University of California Agriculture and Natural Resources, Los Angeles.

Riantong W. 2002. Pecan ［*Carya illinoinensis*（Wangenh.）K. Koch］ maturity investigations. PhD Thesis of the University of Queensland, Queensland.

Ryanl E, Galvinl K, O'Connorl T P, et al. 2006. Fatty acid profile, tocopherol, squalene and phytosterol content of brazil, pecan, pine, pistachio and cashew nuts. International Journal of Food Sciences and Nutrition, 57（3-4）: 219-228.

Senter S D, Hdrvat R J. 1976. Lipida of pecan nutmeats. Journal of Food Science, 41: 1201-1203.

Senter S D. 1976. Mineral composition of pecan nutmeats. Journal of Food Science, 41（4）: 963-964.

Stone E D. 1963. Pollen size in hickories（carya）. National Science Foundation Grant No. G-17603, 15（6）: 208-215.

Venkatachalam M, Roux K H, Sathe S K. 2008. Biochemical Characterization of Soluble Proteins in Pecan ［*Carya illinoinensis*（Wangenh.）K. Koch］. Journal of Agricultural and Food Chemistry, 56（17）: 8103-8110.

Williams B. 2001. Raising Top Quality Pecans. Printed in Korea: Capstone Publishers.

Woodroof J G. 1967. Tree Nuts Production, Processing, Products. Westport, Connecticut: The AVI Publishing Company, INC.

附 录 1

部分薄壳山核桃品种（无性系）搜集、引进及保存一览表

序号	品种/无性系编号	保存地点	备注
1	长林 1 号		
2	长林 8 号		
3	长林 9 号		
4	长林 12 号		
5	长林 13 号		
6	长林 20 号		
7	建德 50 号		
8	建德 11 号		
9	金华 1 号		
10	绍兴 1 号		
11	绍兴 2 号		
12	余姚 1 号		
13	浙选 4 号		
14	浙选 1 号		20 世纪七八十年代由余杭区长乐林场、中国林业科学研究院林业研究所和中国林业科学研究院亚热带林业研究所陆续引进、收集和保存
15	钟山 25 号	浙江余杭	
16	钟山 26 号		
17	钟山 35 号		
18	老钟山		
19	中山 1 号		
20	南京 135 号		
21	中山 3 号		
22	南京 148 号		
23	鼓浪 1 号		
24	鼓浪 3 号		
25	九江 2 号		
26	鼓浪 5 号		
27	鼓浪 6 号		
28	南京 1 号		
29	南京 9 号		
30	南京 15 号		

续表

序号	品种/无性系编号	保存地点	备注
31	亚所 32 号		
32	亚所 195 号		
33	天飞 2 号		
34	钟山 114 号		20 世纪七八十年代由余杭区长乐林场、中国林业科学研究院林业研究所和中国林业科学研究院亚热带林业研究所陆续引进、收集和保存
35	农大 4 号	浙江余杭	
36	农大 1 号		
37	顺昌 1 号		
38	顺昌 2 号		
39	横溪 3 号		
40	Creek		
41	Kanza		
42	Lakota		
43	Pawnee		
44	Greenriver		
45	Oconee		
46	Waco		
47	Mohawk		
48	McMillan		
49	Forkert	浙江省金华市东方红林场、浙江省建德市更楼街道洪宅村	由中国林业科学研究院亚热带林业研究所于 2005~2013 年逐步从美国引进,并进行扩繁、保存。目前,其中部分良种已开展全国区域性试验
50	Gloria Grande		
51	Syrup Mill		
52	Choctaw		
53	Carter		
54	Major		
55	Elliott		
56	Navaho		
57	Osage		
58	Silverback		
59	Colby		
60	Surprise		
61	Yoder		

续表

序号	品种/无性系编号	保存地点	备注
62	Hican-Henke		
63	Barton		
64	Caddo		
65	Shawnee		
66	Surprize		
67	Dumbell Lake Best		
68	Warren 346		
69	Bolten's S-24		
70	Deerstand		
71	Martzahn		
72	Henke		
73	Caha		
74	McAllister		
75	Wilson		
76	Walters	浙江省金华市东方红林场、浙江省建德市更楼街道洪宅村	由中国林业科学研究院亚热带林业研究所于2005~2013年逐步从美国引进，并进行扩繁、保存。目前，其中部分良种已开展全国区域性试验
77	Porter		
78	Henry		
79	Ross		
80	Chexopa		
81	Candy		
82	Siouz-6		
83	Chetopa		
84	Silverback-8		
85	Campbell NC-4		
86	Dumbell Lake Best		
87	Yates 152		
88	Buggs		
89	Mandan		
90	Burkett		
91	Shoshon		
92	Success		

续表

序号	品种/无性系编号	保存地点	备注
93	Shoshoni		
94	Desirable		
95	Gormely		
96	GraKing		
97	Hopi		
98	Jayhawk		
99	Jenkins		
100	Kiowa		
101	Lakota		
102	Maramec		
103	Nacono		
104	Peruque		
105	Podsednik		
106	Poseym		
107	Stuart	浙江省金华市东方红林场、浙江省建德市更楼街道洪宅村	由中国林业科学研究院亚热带林业研究所于2005～2013年逐步从美国引进，并进行扩繁、保存。目前，其中部分良种已开展全国区域性试验
108	Yates 152		
109	Gafford		
110	Houma		
111	Mount		
112	Norton		
113	Yates 68		
114	Lucas		
115	Mullahy		
116	Shepherd		
117	Cheyenne		
118	Sauber		
119	Cape Fear		
120	Moore		
121	OK 642		
122	Chyenne 11		
123	Posey		

续表

序号	品种/无性系编号	保存地点	备注
124	Pounds		
125	Giles		
126	Kanza		
127	Wichita		
128	Faith		
129	Gtainger		
130	Grainger		
131	Stuart-22		
132	Oswego-8		
133	Dumbell Other		
134	Amling	浙江省金华市东方红林场、浙江省建德市更楼街道洪宅村	由中国林业科学研究院亚热带林业研究所于2005~2013年逐步从美国引进，并进行扩繁、保存。目前，其中部分良种已开展全国区域性试验
135	Shepherd		
136	Deeratand		
137	Jayhawk 10		
138	McAllister Hican		
139	Salopek		
140	Mohawk×Stark		
141	Farley		
142	Schley		
143	Starking Hardy Giant		
144	Western		
145	Mahan		
146	Moneymaker		
147	Chickasaw		
148	01号	浙江省建德市洪宅村	由中国林业科学研究院亚热带林业研究所实生选育，并进行扩繁保存。目前，其中绝大部分表现良好的无性系已经开展全国区域性试验，部分地点已经开花结果
149	05号		
150	09号		
151	11号		
152	12号		
153	13号		
154	17号		

续表

序号	品种/无性系编号	保存地点	备注
155	19号		
156	20号		
157	21号		
158	26号		
159	27号		
160	28号		
161	29号	浙江省建德市洪宅村	由中国林业科学研究院亚热带林业研究所实生选育，并进行扩繁保存。目前，其中绝大部分表现良好的无性系已经开展全国区域性试验，部分地点已经开花结果
162	32号		
163	34号		
164	35号		
165	36号		
166	99号		
167	102号		
168	103号		
169	104号		
170	黄山1号	浙江省建德市洪宅村	由安徽省黄山市林业科学研究所选育，中国林业科学研究院亚热带林业研究所引进并进行区域试验
171	黄山2号		
172	方02号		
173	方03号		
174	方05号		
175	方06号		
176	方22号	浙江省建德市建德林场、金华市东方红林场、江苏东台通源种苗场（部分保存）	由中国林业科学研究院亚热带林业研究所国外引进、国内实生选育，部分已进行全国区域性试验，部分省已开花、结果
177	方23号		
178	方24号		
179	方25号		
180	方27号		
181	方28号		
182	方29号		
183	方30号		
184	方31号		

续表

序号	品种/无性系编号	保存地点	备注
185	方 32 号		
186	方 40 号		
187	方 41 号		
188	方 42 号		
189	方 43 号		
190	方 45 号		
191	方 48 号		
192	方 49 号		
193	方 07 号		
194	方 08 号		
195	方 12 号		
196	方 13 号		
197	方 14 号		
198	方 15 号	浙江省建德市建德林场、金华市东方红林场、江苏东台通源种苗场（部分保存）	由中国林业科学研究院亚热带林业研究所国外引进、国内实生选育，部分已进行全国区域性试验，部分省已开花、结果
199	方 20 号		
200	方 50 号		
201	方 51 号		
202	方 52 号		
203	方 53 号		
204	方 54 号		
205	方 56 号		
206	方 62 号		
207	方 63 号		
208	方 64 号		
209	方 65 号		
210	方 67 号		
211	方 71 号		
212	方 72 号		
213	方 80 号		
214	方 100 号		

续表

序号	品种/无性系编号	保存地点	备注
215	亚1号		
216	亚2号		
217	亚3号		
218	亚4号		
219	亚5号		
220	亚6号		
221	亚7号		
222	亚8号		
223	亚9号		
224	亚10号		
225	亚11号	浙江省金华市东方红林场、江苏省东台市通源种苗场	由中国林业科学研究院亚热带林业研究所牵头，在全国范围的优株古树中选育，已进行扩繁并进行区域试验
226	亚12号		
227	亚13号		
228	亚14号		
229	亚15号		
230	亚16号		
231	亚17号		
232	亚18号		
233	亚19号		
234	亚20号		
235	亚21号		
236	亚22号		

附 录 2

薄壳山核桃全国引种、区域试验一览表

省（市、区）	市、县	试验材料来源或引种单位
上海市	崇明岛	中国林业科学研究院亚热带林业研究所
浙江	建德市、金华市、兰溪市、绍兴市、松阳县、衢州市、萧山区、安吉县、桐庐县、余杭区、丽水市、海宁县等	中国林业科学研究院亚热带林业研究所
江苏	东台市、泗洪市、盱眙县、六合、常州市等	中国林业科学研究院亚热带林业研究所、江苏省农业科学研究院等
云南	保山市、腾冲县、玉溪市、富源市、易门县、楚雄州、大理等	中国林业科学研究院亚热带林业研究所、云南省林业科学院等
安徽	合肥市、阜阳市、黄山市、滁州市、舒城县、宁国市等	中国林业科学研究院亚热带林业研究所，黄山市林业科学研究所，阜阳林业局等
江西	贵溪市	中国林业科学研究院亚热带林业研究所
贵州	兴义市、黎平县、安顺市等	中国林业科学研究院亚热带林业研究所
四川	广安市、凉山州、攀枝花等	中国林业科学研究院亚热带林业研究所
湖北	武汉市、罗田县、秭归县等	中国林业科学研究院亚热带林业研究所、湖北省林业科学研究院
湖南	浏阳市、张家界市、靖州县等	中国林业科学研究院亚热带林业研究所，中南林业科技大学等
河南	信阳市、驻马店、南阳市、洛宁县等	中国林业科学研究院亚热带林业研究所、中国林业科学研究院林业研究所
福建	建阳市等	中国林业科学研究院亚热带林业研究所，福建省林业科学研究院
山东	泰安市、聊城市等	中国林业科学研究院亚热带林业研究所、泰安林业科学研究院、中国林业科学研究院林业研究所
广西	河池市	中国林业科学研究院亚热带林业研究所

附 录 3

世界山核桃属植物一览表

序号	拉丁名	中文名	分布
1	*Carya illinoensis* (Wangenh) K. Koch.	薄壳山核桃、美国山核桃、长山核桃	原产北美洲；我国浙江、安徽、云南、江苏、江西、河南、山东、河北、福建、湖南、四川等省有引种和栽培
2	*C. cathayensis* Sarg.	山核桃、小核桃	产于我国浙江和安徽。适生于山麓疏林中或腐殖质丰富的山谷，海拔可达400～1200m
3	*C. hunanensis* Cheng et R. H Chang	湖南山核桃	产于湖南（城步、通道、靖县）、贵州（黎平、锦屏、天柱、德江等）、广西（三江）。多野生于500～1000m海拔的平缓山谷、江河两侧土层深厚之地，其中以怀化、靖州有较多分布和栽培
4	*C. kweichowensis* Kuang et A. M. Lu	贵州山核桃	产于贵州安龙、望谟、册亨、兴义等县。生于海拔1300m的山坡林中
5	*C. tonkinensis* H. Lec.	越南山核桃	产于广西、云南南部到西北部，以及越南北部。生长于海拔1300～2200m的山坡
6	*C. dabieshanensis* M. C. Liu et Z. J. Li. sp. nov.	大别山山核桃	主要分布于大别山区安徽金寨县南部、霍山及湖北罗田等相邻的山区。是我国山核桃树种中分布于花岗岩化土壤的树种
7	*C. myristiciformis* (Michx. f) Nutt.	肉豆蔻山核桃	从南卡罗来纳州到阿肯色州和墨西哥州
8	*C. aquatica* (Michx. f) Nutt.	水山核桃	弗吉尼亚州到伊利诺伊州，南到佛罗里达州和得克萨斯州
9	*C. cordiformis* (Wangh) K. Koch.	心果山核桃，苦果山核桃	魁北克省到明尼苏达州，南到佛罗里达州和路易斯安那州
10	*C. palmeri* Manning.	帕卖山核桃	墨西哥州
11	*C. glabra* (Mill.) Sweet	光山核桃	缅因州到安大略省，南到佛罗里达州和密西西比州

续表

序号	拉丁名	中文名	分布
12	*C. glabra var. odorata* [*C. Ovalis*]	红山核桃	马萨诸塞州到威斯康星州,南到佐治亚州和密西西比州
13	*C. laciniosa* (Michx.) Loud	大糙皮山核桃	纽约州到衣阿华州,南到亚拉巴马州和俄克拉何马州
14	*C. pallida* (Ashe) Engl. & Graebn.	沙地山核桃	亚拉巴马州和田纳西州
15	*C. tomentosa* Nutt. [*C. alba*]	毛山核桃	马萨诸塞州到安大略省和内布拉斯加州,南到佛罗里达州和得克萨斯州
16	*C. ovata* (Mill.) C. Koch.	小糙皮山核桃	魁北克省到明尼苏达州,南到佛罗里达州西北部和得克萨斯州
17	*C. floridana* Sarg.	佛罗里达山核桃	佛罗里达州的伊比黑亚半岛
18	*C. texana* Buckl.	黑山核桃	得克萨斯州到俄克拉荷马州和阿肯色州

图版 I

浙江缙云黄龙寺薄壳山核桃古树（王开良摄）

浙江缙云黄龙寺薄壳山核桃古树（尼克松访华赠送）（王开良摄）

薄壳山核桃黄山1号树体（安徽黄山）（姚小华摄）

安龙县普坪镇30年生薄壳山核桃树干（姚小华摄）

安龙县普坪镇30年生薄壳山核桃树体（王开良摄）

薄壳山核桃黄山1号树干（安徽黄山）（姚小华摄）

薄壳山核桃黄山2号树体（安徽黄山）（姚小华摄）

杭州灵隐寺停车场边上薄壳山核桃实生大树(姚小华摄)

淳安千岛湖林场薄壳山核桃优株（常君摄）

金华后徐薄壳山核桃优株树冠（常君摄）

金华后徐薄壳山核桃优株树干（常君摄）

兰溪薄壳山核桃优株（常君摄）

临安阴山薄壳山核桃优株树干（常君摄）

图版 III

临安阴山薄壳山核桃优株树冠（常君摄）

美国北卡州立大学薄壳山核桃（任华东摄）

浙江金华东方红林场优株树干
（常君摄）

浙江金华东方红林场优株树冠（常君摄）

浙江丽水林校薄壳山核桃优株
（常君摄）

浙江松阳原林科所院内薄壳山核桃
优株（常君摄）

图版 IV

薄壳山核桃良种果实（常君摄）

薄壳山核桃良种树体（常君摄）

薄壳山核桃良种果实（常君摄）

薄壳山核桃良种树体（常君摄）

薄壳山核桃良种果实（常君摄）

薄壳山核桃良种树体（常君摄）

图版 V

薄壳山核桃良种马罕果实（姚小华摄）

薄壳山核桃良种马罕树体（姚小华摄）

长乐林场薄壳山核桃遗传改良研究基地
（常君摄）

金华1号果实（常君摄）

6年生威士顿树干胸径（姚小华摄）

绍兴1号果实（常君摄）

图版 VI

实生选育薄壳山核桃优树果实（浙江建德）
（姚小华摄）

威士顿果实（姚小华摄）

浙江建德薄壳山核桃种质资源搜集圃（姚小华摄）

浙江金华薄壳山核桃种质资源收集圃
（任华东摄）

钟山 25 号果实（常君摄）

图版 VII

薄壳山核桃幼苗培育大棚（建德更楼）
（姚小华摄）

嫁接工具（姚小华摄）

薄壳山核桃大棚容器苗4个月龄（姚小华摄）

裸地薄壳山核桃实生苗培育（常君摄）

薄壳山核桃容器基质滴灌1年生苗(浙江萧山)
（姚小华摄）

空气截根容器苗木根系（常君摄）

图版 VIII

薄壳山核桃容器嫁接苗（姚小华摄）

薄壳山核桃抗性试验（姚小华摄）

薄壳山核桃容器嫁接大苗（安徽阜阳）
（姚小华摄）

浙江萧山薄壳山核桃容器育苗（常君摄）

薄壳山核桃大棚内芽接苗培育（常君摄）

地窖存放薄壳山核桃接穗
（姚小华摄）

图版 IX

薄壳山核桃穗条储藏（浙江建德）（姚小华摄）

江苏东台薄壳山核桃大砧木改接
（姚小华摄）

文本作者在美国进行薄壳山核桃香
蕉皮接学习（姚小华摄）

薄壳山核桃大砧嫁接效果（姚小华摄）

东台头灶镇薄壳山核桃大树移植（姚小华摄）

安徽合肥薄壳山核桃大树改接（常君摄）

图版 X

薄壳山核桃催芽(姚小华摄)

安徽阜阳薄壳山核桃大砧嫁接效果
(姚小华摄)

薄壳山核桃良种结果性状(姚小华摄)

基质、容器苗木根系(常君摄)

安徽黄山薄壳山核桃幼树高接采穗圃
(姚小华摄)

江苏东台薄壳山核桃大砧木改接采穗园(接后第2年)(姚小华摄)

图版 XI

嫁接苗营建的薄壳山核桃采穗圃（常君摄）

南京盱眙薄壳山核桃高密度采穗圃
（姚小华摄）

浙江建德薄壳山核桃高接配置授粉品种
（姚小华摄）

浙江建德改接配置雄先型授粉品种
（姚小华摄）

浙江建德马罕配置授粉品种后结果状
（姚小华摄）

浙江建德薄壳山核桃花粉干燥处理
（姚小华摄）

图版 XII

薄壳山核桃花粉摊晒处理（姚小华摄）

浙江建德薄壳山核桃人工点粉授粉试验（姚小华摄）

浙江建德薄壳山核桃杂交试验（姚小华摄）

浙江建德薄壳山核桃杂交试验（姚小华摄）

浙江松阳茶叶间种薄壳山核桃（姚小华摄）

浙江松阳薄壳山核桃茶叶间种（姚小华摄）

图版 XIII

江苏东台薄壳山核桃区域试验（姚小华摄）

薄壳山核桃林套种紫薯（王开良摄）

云南新平薄壳山核桃区试结果状（蒋志东摄）

湖北秭归薄壳山核桃区域试验（姚小华摄）

江苏东台薄壳山核桃区域试验
（姚小华摄）

云南大理薄壳山核桃结果状
（常君摄）

江西贵溪薄壳山核桃基地（任华东摄）

省院合作发展茶园套作种薄壳山核桃启动仪式
（王开良摄）

浙江安吉薄壳山核桃基地（常君摄）

浙江建德薄壳山核桃基地（常君摄）

安徽滁州薄壳山核桃行道树（常君摄）

图版 XV

美国达拉斯绿化用薄壳山核桃
（金继良摄）

黄山市新安桥路道路绿化（常君摄）

南京中山植物园行道树（常君摄）

薄壳山核桃采收配套传输设备（王亚萍摄）

薄壳山核桃坚果收集装置（王亚萍摄）

薄壳山核桃人工地面捡果设备（王亚萍摄）

薄壳山核桃脱青皮装置（王亚萍摄）

薄壳山核桃小型采收设备（王亚萍摄）

薄壳山核桃振摇设备（王亚萍摄）

安徽宁国山核桃仁产品（姚小华摄）

安徽宁国山核桃油（姚小华摄）

图版 XVII

薄壳山核桃专家 Bill 等于安徽宁国（姚小华摄）

薄壳山核桃专家 Bill 在浙江建德（姚小华摄）

美国 Daniel J. Zedan 等专家访华（姚小华摄）

美国 William A. Gustafson 专家访华
（王开良摄）

美国农业部 L.J. Grauke 专家访华
（王开良摄）

美国原产地考察学习（姚小华摄）

图版 XVIII

美国原产地学习嫁接技术（姚小华摄）

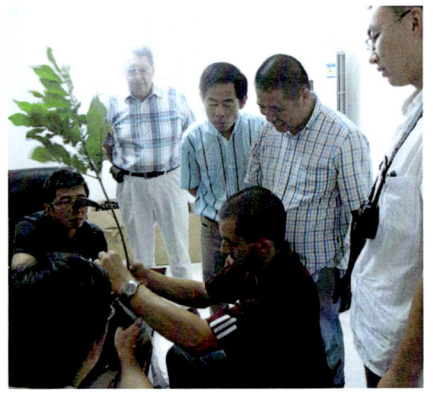
美国专家指导嫁接育苗技术（姚小华摄）

安徽金寨天堂寨野生大别山山核桃林
（常君摄）

浙江金华白龙桥薄壳山核桃优株结果状
（姚小华摄）

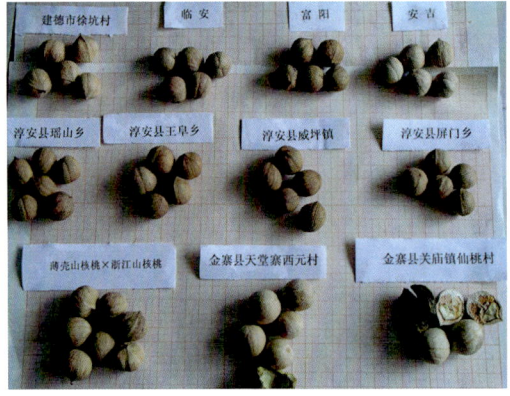
不同产地浙江山核桃与大别山山核桃对比
（常君摄）

湖北罗田大别山山核桃野生分布状况
（姚小华摄）

图版 XIX

大糙皮山核桃（安徽阜阳）
（姚小华摄）

湖北罗田大别山山核桃优株
（常君摄）

湖北罗田野生大别山山核桃林
（常君摄）

湖南靖州定植10年湖南山核桃嫁接浙江山核桃结果状（邵慰忠摄）

浙江建德湖南山核桃砧木培育
（姚小华摄）

浙江山核桃异砧嫁接采穗圃
（姚小华摄）

山核桃种间嫁接（湘加皖-薄加皖-皖加皖-皖加薄-浙加皖-皖加浙）（浙江金华）
（姚小华摄）

图版 XX

浙江山核桃（薄壳山核桃作砧木）嫁接苗
（王开良摄）

湖南靖州山核桃接浙江山核桃
（邵慰忠摄）

浙江富阳山核桃结果状（王开良摄）

贵州安顺浙江山核桃区域试验结果状
（姚小华摄）

浙江建德山核桃嫁接苗
（王开良摄）

浙江建德山核桃嫁接苗愈合状
（姚小华摄）

浙江金华山核桃无性系区域
试验（姚小华摄）